高等学校大数据专业系列教材

Python程序设计基础与项目实践 微课视频版

王莹莹 主编

郑永爱 王咏梅 秦晓燕 陈勇 赵志敏 副主编

清华大学出版社

北京

内 容 简 介

本书将 Python 程序设计基础与项目实践相结合,任务驱动、由浅入深、循序渐进地引导读者掌握 Python 的基础语法,培养严谨的程序设计思想以及项目实践能力。

全书共 11 章,分别为初识 Python、Python 基础、程序控制语句、序列、函数、文件 IO、面向对象的程序设计、异常、图形用户界面开发、数据库编程。为了帮助学生更好地将理论知识应用于实际项目中,第 11 章详细讲解了基于 Python 的图书管理系统的设计与实现。本书每个知识点都有相应的任务与实例,每章都配有习题,帮助学生进行知识的巩固与技能的提升。

本书可作为全国高等学校计算机类相关专业的教材,也可以作为高等学校的专业通识教材,以及计算机编程爱好者的自学参考书。

图书在版编目(CIP)数据

Python 程序设计基础与项目实践:微课视频版 / 王莹莹主编. -- 北京:清华大学出版社,2025. 1.--(高等学校大数据专业系列教材). -- ISBN 978-7-302-68028-4

Ⅰ. TP312.8

中国国家版本馆 CIP 数据核字第 2025Z2X397 号

责任编辑:陈景辉
封面设计:刘 键
责任校对:李建庄
责任印制:刘 菲

出版发行:清华大学出版社
      网　　　址:https://www.tup.com.cn,https://www.wqxuetang.com
      地　　　址:北京清华大学学研大厦 A 座　　邮　　编:100084
      社 总 机:010-83470000　　邮　　购:010-62786544
      投稿与读者服务:010-62776969,c-service@tup.tsinghua.edu.cn
      质量反馈:010-62772015,zhiliang@tup.tsinghua.edu.cn
      课件下载:https://www.tup.com.cn,010-83470236
印 装 者:天津鑫丰华印务有限公司
经　　销:全国新华书店
开　　本:185mm×260mm　　印　　张:17　　　　　　字　　数:444 千字
版　　次:2025 年 1 月第 1 版　　　　　　　　　　印　　次:2025 年 1 月第 1 次印刷
印　　数:1~1500
定　　价:59.90 元

产品编号:106950-01

高等学校大数据专业系列教材
编 委 会

前　言

党的二十大报告强调"必须坚持科技是第一生产力、人才是第一资源、创新是第一动力,深入实施科教兴国战略、人才强国战略、创新驱动发展战略,开辟发展新领域新赛道,不断塑造发展新动能新优势"。

在人工智能、大数据时代,Python已经成为最受欢迎的编程语言之一。它简洁明了的语法、丰富的库和工具,使其在软件开发、数据分析、人工智能、自动化运维、网络爬虫等领域得到了广泛的应用。

本书主要内容

本书是一本以任务驱动为导向的Python基础书籍,旨在帮助读者快速掌握Python编程的核心知识和技能。

全书共分为11章。

第1章　初识Python。主要介绍Python编程语言的起源、特点和应用领域;Python开发环境的搭建以及开发工具的使用;最后,在不同环境下完成第一个Python程序的编写与运行,让读者初步体验Python的魅力。

第2章　Python基础。主要介绍Python的编码规范、语法基础以及常用的内置函数。通过该章的学习,读者将掌握如何使用Python进行基本的数学运算和数据处理。

第3章　程序控制语句。主要介绍Python中的程序控制语句,包括条件语句、循环语句等。通过该章的学习,读者将掌握如何根据不同的条件执行不同的代码,以及如何使用循环语句重复执行代码。

第4章　序列。主要介绍Python中的复合数据类型:列表、元组、字典、集合以及字符串的创建、操作及使用。通过该章的学习,读者将掌握如何操作序列,如何进行序列的切片、索引、添加、删除等操作,以及如何进行字符串的处理,为后期的学习打下坚实的基础。

第5章　函数。主要介绍Python中的函数,包括函数定义、调用函数、传递参数、递归函数、匿名函数等。通过该章的学习,读者将掌握如何使用函数进行代码的封装和复用,提高编程效率。

第6章　文件IO。主要介绍Python中的文件读写操作,包括文件的打开、关闭、读取、写入等;如何使用Python处理文本文件和二进制文件;如何进行目录的操作等。通过该章的学习,读者将掌握文件以及目录操作,为后期学习Python数据的分析技术以及Python自动化办公技术等奠定基础,提高工作效率。

第7章　面向对象的程序设计。主要介绍Python中的面向对象编程,包括类、对象、属性、方法等。通过该章的学习,读者将掌握面向对象编程的基本原理,并能够运用这些知识设计更加灵活和可扩展的Python程序,提高开发效率。

第8章　异常。主要介绍Python中的异常处理机制,包括如何捕获异常、处理异常、抛出异常等。通过该章的学习,读者将学会如何编写健壮的代码,提高程序的稳定性和可靠性。

第9章　图形用户界面开发。主要介绍Tkinter GUI开发的基本步骤,使用Tkinter库创建窗口、按钮、文本框等控件。通过该章的学习，读者将掌握如何设计美观、易用的图形用户界面。

第 10 章 数据库编程。主要介绍 Python 中的数据库编程，包括使用 SQLite 3 库与 PyMySQL 库进行数据库的创建、表的创建、数据的增、删、改、查等操作。通过该章的学习，读者将掌握如何使用 Python 管理和操作数据库。

第 11 章 基于 Python 的图书管理系统的设计与实现。详细地介绍了项目的设计、功能模块的划分、代码实现等。通过该章的学习，读者将掌握如何将前面所学知识应用到实际项目中，提高解决实际问题的能力。

本书特色

（1）任务导向，理实并重。

本书以实际任务为切入点，引入经典算法、竞赛真题等，注重应用能力培养，旨在激发学习兴趣，培养计算机思维。

（2）重点突出，优化教学。

结合多年一线教学经验，对教学环节进行多模块配置，如任务导入、新知学习、项目实战、练习题等，巩固所学知识。

（3）思想引领，育人育德。

在实践环节中引入思想引领案例，旨在弘扬中华文化，增强民族自信，培养学生爱岗敬业的精神，做到课程育人。

配套资源

为便于教与学，本书配有微课视频、源代码、教学课件、教学大纲、教案、教学进度表、习题题库、期末试卷及答案。

（1）获取微课视频方式：先刮开本书封底的文泉云盘防盗码并用手机版微信 App 扫描，授权后再扫描书中相应的视频二维码，观看教学视频。

（2）获取源代码、全书网址、彩色图片和环境搭建文档方式：先刮开本书封底的文泉云盘防盗码并用手机版微信 App 扫描，授权后再扫描下方二维码，即可获取。

源代码　　　　　　全书网址　　　　　　彩色图片　　　　　　环境搭建文档

（3）其他配套资源可以扫描本书封底的"书圈"二维码，关注后回复本书书号，即可下载。

读者对象

本书可作为全国高等学校计算机类相关专业的教材和专业通识教材，以及计算机编程爱好者的自学参考书。

限于个人水平和时间仓促，书中难免存在疏漏之处，欢迎广大读者批评指正。

作　者

2025 年 1 月

目　录

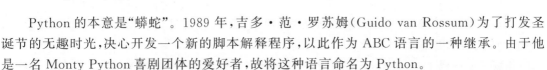

第 1 章

初识Python

任务一：认识 Python

任务描述：

  Python 自 1991 年发布以来,历时 30 多年,逐步受到大家的喜爱,目前 Python 超越了 Java、C、C++、JavaScript 等,成为最受欢迎的编程语言。那到底什么是 Python? 它有什么特点? 它可以用来做什么?

新知准备：

  ◇ Python 的版本情况;

  ◇ Python 的特点;

  ◇ Python 的应用领域。

1.1　Python 概述

视频讲解

1.1.1　Python 简介

  Python 的本意是"蟒蛇"。1989 年,吉多·范·罗苏姆(Guido van Rossum)为了打发圣诞节的无趣时光,决心开发一个新的脚本解释程序,以此作为 ABC 语言的一种继承。由于他是一名 Monty Python 喜剧团体的爱好者,故将这种语言命名为 Python。

  1991 年 Python 的第一个版本发行,它是纯粹的自由软件,源代码和解释器都遵循 GPL (GNU General Public License)协议。目前,Python 有 Python 2. x 和 Python 3. x 两大版本。Python 2 于 2000 年 10 月 16 日发布,稳定版本是 Python 2.7。2020 年 Python 2. x 系列停止支持,只支持 Python 3. x 系列。Python 3. x 系列相比 Python 2. x 系列在语法层面和解释器内部都有了很多重大的改进,语句输出、编码、运算和异常等方面也有了一些调整,因此,Python 3. x 系列的代码无法向下兼容 Python 2. x 系列。本教材选用目前流行的 Python 3. x (3.10)系列进行开发。

  由图 1-1 所示的 TOP10 编程语言的走势图可知,自从 2004 年开始,Python 的使用率逐年增长,到 2020 年 Python 已经超越 C 以及 Java 位居编程语言的榜首。截至书稿完成时,即 2024 年 4 月的排行榜来看,Python 在编程语言中稳居第一位,如图 1-2 所示。

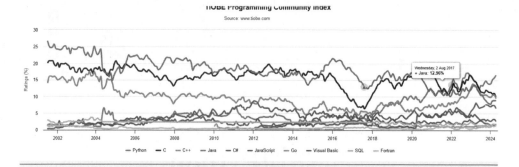

图 1-1　TOP10 编程语言的走势图

Apr 2024	Apr 2023	Change		Programming Language	Ratings	Change
1	1			Python	16.41%	+1.90%
2	2			C	10.21%	-4.20%
3	4	^		C++	9.76%	-3.20%
4	3	v		Java	8.94%	-4.29%
5	5			C#	6.77%	-1.44%
6	7	^		JavaScript	2.89%	+0.79%
7	10	^		Go	1.85%	+0.57%
8	6	v		Visual Basic	1.70%	-2.70%
9	8	v		SQL	1.61%	-0.06%
10	20	^		Fortran	1.47%	+0.88%

图 1-2　编程语言排行榜

1.1.2　Python 特点

Python 因为其简单、易学、免费、可移植等特点，受到人们的喜爱，使其在各个领域得到了广泛的应用。

1. 简单、易学

Python 语法简单、直观，层次结构清晰、规范，代码易写易读。相较于其他编程语言，Python 的代码量更小，可读性更强，可以使初学者快速上手。

相较于 C++ 或 Java，Python 具有更少的关键字。Python 的关键字主要集中在语言的核心结构上，如流程控制语句（if、elif、else、while、for）、数据类型（int、float、str、list、dict、set），以及一些基本的语句（pass、return、raise、assert）等。Python 在 C++ 或 Java 的基础上进行了精简。例如，删除了循环结构中的 do-while 结构，选择结构中的 switch-case 结构，函数的定义也相对简单，只需要使用 def 关键字即可。

关键字减少了，但是 Python 的功能并没有减少。Python 拥有丰富的标准库和第三方库，通过它们来实现广泛的功能，这些功能在 C++ 和 Java 中可能需要更多的关键字和复杂的语法来实现。

2. 免费、开源

Python 是一种免费的、源代码开放的编程语言，任何人都可以在官方网站下载 Python 解释器和标准库。用户可以使用 Python 进行学习、开发和部署，不需要支付任何费用。

Python 遵循 GNU 开源协议，其源代码是公开的，任何人都可以查看、修改。另外，Python 有一个庞大的开发者社区，提供了大量的教程、文档、论坛和库，可以帮助新手和有经验的开发者提高技能。

3. 面向对象

Python 既支持面向过程编程，也支持面向对象编程。在 Python 中，一切皆为对象，即使是基本数据类型也可以使用面向对象的方法进行操作。Python 通过类来封装数据和行为，支持继承与多态，这使得 Python 的面向对象编程非常灵活和强大，能够帮助开发者设计出结构清晰、易于维护和扩展的程序。

4. 高级语言

Python 是一种高级编程语言，在使用 Python 编写程序时，程序员无须过多地考虑底层细节问题。Python 具有自动内存管理功能，开发者无须手动管理内存分配和释放。Python 使用不同的内存分配策略来优化性能。例如，对于小对象，它使用快速分配策略，而对于大对象，则使用较慢的分配策略，但可以减少内存碎片。

5. 解释性语言

Python 编写的程序不需要编译为二进制的代码，可以直接从源代码运行程序。在计算机内部，Python 解释器将源代码转换为字节码的中间形式，可以直接翻译运行。

解释型语言通常不需要为不同的平台编译不同的可执行文件。而 Python 程序可以在任何安装了 Python 解释器的平台上运行，只需要保证该平台支持 Python 即可，这同时体现了 Python 的可移植性。Python 程序可以被移植在许多的平台上，如 Linux、Windows、FreeBSD、Macintosh、Solaris、OS/2、Amiga、AROS、AS/400 等。

另外，解释型语言通常具有更简单的语法和更少的复杂性，对初学者更加友好。

6. 丰富的库

Python 既具有丰富的标准库，又具有功能强大的第三方库。

标准库中包含了大量的模块和函数，覆盖了网络编程、文件操作、系统管理、数据序列化、多线程、正则表达式等多个领域，为开发者提供了大量的基础功能，使得用户可以轻松地实现各种编程任务，而不需要从头编写代码。

第三方库是由社区开发者创建和维护的库，其涵盖了各种应用领域，从网络爬虫到数据分析、从 web 开发到机器学习等。例如，用于网络爬虫的 Scrapy 库；用于数据分析的 Pandas 库；用于数据可视化的 Matplotlib 库；用于 Web 开发的 Django 库等。

7. 可扩展性

Python 具有强大的 C 语言接口，其允许开发者使用 C 语言编写扩展模块，这些模块可以添加新的功能或优化性能。通过 C 语言扩展，Python 可以调用底层的系统库，实现对硬件资源的直接控制，或者提供其他语言编写的库的接口。

1.1.3 Python 应用场景

Python 的应用场景较为广泛，很多大型的互联网公司都在使用 Python 进行开发。例如，国外的 Google、Youtube、Dropbox，国内的百度、新浪、搜狐、腾讯、网易、知乎、豆瓣、汽车之家、美团等。目前，Python 主流的应用场景主要有网络爬虫、数据分析与挖掘、Web 应用开发、人工智能、自动化运维等。

1. 网络爬虫

Python 为网络爬虫提供了丰富的第三方库和框架，如 Requests、BeautifulSoup、Scrapy 等，这些库和框架可以方便地完成爬虫相关的任务，实现从网站抓取相关的数据与信息。

2. 数据分析与挖掘

Python 提供了大量的数据分析与数据科学库，如 Numpy、Pandas、Matplotlib、Scikit-learn 和 Spicy 等，这些库和框架可以完成数据清洗、数据分析、数据可视化以及数据的统计分析和数据挖掘任务。

3. Web 应用开发

Python 具有很丰富的 Web 开发框架，如 Django、Flask 和 Tornado 等，使用这些库和框架可以快速完成一个网站的开发和 Web 服务。

4. 人工智能

Python 在人工智能领域的应用主要体现在机器学习、自然语言处理、图像识别。

Python 是机器学习领域的首选语言之一，拥有 TensorFlow、Keras、PyTorch、Scikit-learn 等众多强大的机器学习库和框架。这些工具使得 Python 用户能够轻松实现机器学习算法，包括监督学习、无监督学习、强化学习等，以及进行数据预处理、模型训练、评估和部署。

Python 在自然语言处理领域同样拥有丰富的库，如 NLTK、SpaCy、Gensim 等，它们支持文本分析、语义理解、情感分析、机器翻译、文本生成等任务。这些库提供了预训练模型和工具，使得处理和分析大量文本数据变得简单、高效。

目前，Python 在图像处理和计算机视觉领域也取得了显著进展。例如，OpenCV、Pillow、TensorFlow 的图像识别 API，使得 Python 用户能够进行图像分类、目标检测、图像分割、面部识别等任务。

5. 自动化运维

Python 提供了大量的库和框架来支持自动化运维，如 Saltstack、Ansible、Paramiko 等，使用这些库可以进行系统管理、网络监控、日志分析、自动化部署等任务。

任务二：搭建与使用 Python 开发环境

任务描述：

工欲善其事，必先利其器。正式学习 Python 之前，应搭建好开发环境。要进行 Python 开发，需要安装 Python 解释器，请访问 Python 官网下载安装包，完成 Python 解释器（3.10）的安装。通常情况下，为了提高开发效率，需要使用相应的开发工具，请安装常用的 Python 开发工具，如 PyCharm、Jupyter Notebook 等。

视频讲解

新知准备：

　　◇ 安装 Python 自带开发环境；

　　◇ 安装 Anaconda；

　　◇ 安装 PyCharm。

1.2　Python 开发环境的搭建与使用

　　本节主要介绍 Python 开发环境的搭建与使用，主要包括 Python 开发环境的安装与使用、Anaconda 的安装与使用、PyCharm 的安装与使用。各种工具的详细安装步骤，读者可参考本书提供的电子资源《Python 开发环境的搭建》文档（详见前言二维码）。

1.2.1　Python 开发环境的使用

　　Python 开发环境安装完成之后，可以通过 Python 的命令行或 IDLE 来使用，但是这两种方式代码编写效率较低，不适合复杂程序的编写。

1. Python 命令解释器

　　Python 安装完成之后需要检测是否安装成功。相关操作步骤如下。

　　（1）按住键盘上的 Windows 键不松开，同时按下字母 R 键，快速打开运行对话框。

　　（2）在运行对话框中输入 cmd，然后按 Enter 键，打开命令提示符窗口。

　　（3）在命令提示符窗口中输入命令 where Python，按 Enter 键执行。

　　（4）命令执行后，会显示安装的 Python 的路径。如果出现 Python 的安装路径，则说明 Python 已经安装成功。在命令行下查看 Python 位置，如图 1-3 所示。用户可以在自己计算机上安装多个版本的 Python。

```
C:\Users\50545>where Python      可查看系统所有安装的Python
F:\software\Anaconda\python.exe
D:\0-Python\python.exe
C:\Users\50545\AppData\Local\Microsoft\WindowsApps\python.exe
```

图 1-3　在命令行下查看 Python 位置

　　在命令行输入 Python，可以启动 Python 解释器，当出现“>>>”就可以输入 Python 代码了，但是该环境只能运行一些简单的测试语句，不适合用来开发 Python 工程项目，如图 1-4 所示。

```
F:\0-Python>python      1. 打开Python解释器
Python 3.10.5 (tags/v3.10.5:f377153, Jun 6 2022, 16:14:13) [MSC v.1929 64 bit (AMD64)] on win32
Type "help", "copyright", "credits" or "license" for more information.
>>> print("hello world!!")      2. 编写代码
hello world!!
>>>
```

图 1-4　启动 Python 解释器

2. Python 自带的 IDLE

　　在安装 Python 的同时，系统会自动安装一个 IDLE。它是一个 Python Shell（可以在打开的 IDLE 窗口的标题栏上看到），程序开发人员可以利用 Python Shell 与 Python 交互。IDLE 窗口如图 1-5 所示。

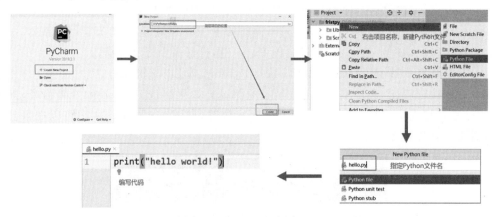

图 1-5　IDLE 窗口

1.2.2　PyCharm 的使用

PyCharm 是一种专门为 Python 开发的 IDE。PyCharm 带有一整套可以帮助用户在使用 Python 开发时提高其效率的工具，比如调试、语法高亮、项目管理、代码跳转、智能提示、自动完成、单元测试、版本控制。

完成了 PyCharm 的安装后，开始创建 Python 项目，编写 Python 程序并运行。

1. 创建 Python 项目

启动 PyCharm 后，需要创建 Python 项目。具体步骤如下：

（1）如图 1-6 所示，直接选择 Create New Project 选项（或选择 File→New Project 选项）打开 Create Project 对话框。

图 1-6　创建 Python 项目与新建 Python 文件

（2）在 Create Project 对话框中，指定项目的位置与名称，单击 Create 按钮。

（3）项目创建成功后，右击左侧栏中的项目名，选择 New→Python File 选项，在弹出的 New Python file 对话框中填写 Python 文件的名字（注意：文件扩展名为".py"），即可创建一个 Python 源文件，在代码编辑区编写 Python 程序即可。

2. 设置解释器

如要运行程序，需要在 PyCharm 中配置 Python 解释器。具体步骤如下。

（1）在 PyCharm 中打开新建的项目，然后选择 File→Settings 选项，打开设置对话框。

（2）在设置对话框中，选择 Project：项目名称→Project Interpreter 选项，此时右侧会展开 Project Interpreter 信息，显示当前项目中已配置的 Python 解释器。

（3）在设置对话框的右侧，单击齿轮图标（右上角），选择 Add 选项，打开 Add Python Interpreter 对话框。

（4）在 Add Python Interpreter 对话框中，用户可以选择以下两种方式来配置解释器：

① System Interpreter：系统解释器，即从系统已安装的 Python 解释器中选择一个。用户可以选择已安装的 Python 版本，PyCharm 会自动填充解释器路径。

② Virtualenv Environment：虚拟环境，如果用户需要为一个项目创建一个独立的 Python 环境，可以选择该种方式。这时需要指定虚拟环境的路径，可以选择创建新的虚拟环境或选择已有的虚拟环境。

（5）单击 OK 按钮，等待 PyCharm 下载所需的 Python 解释器和依赖包。

完成以上步骤，如图 1-7 所示，即可成功配置 Python 解释器。如果需要更换 Python 解释器，只需在 Project Interpreter 页面中重复以上步骤即可。

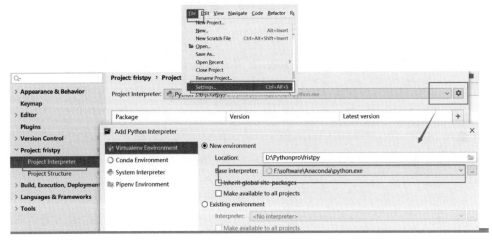

图 1-7　设置 Python 解释器

3. 运行程序

代码编写完成之后，右击代码区域，选择 Run 'hello' 即可运行程序，如图 1-8 所示。

1.2.3　Jupyter Notebook 的使用

Anaconda 是一个强大的 Python 数据科学环境，它不仅包含了 Python 解释器，还预装了超过 180 个用于数据分析的第三方库。通过 conda 命令，用户可以方便地安装额外的库，并创建多个独立的环境，避免了烦琐的库安装过程。此外，Anaconda 还整合了 Jupyter Notebook 等工具，为数据科学工作者提供了便利和高效的开发环境。

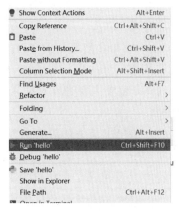

图 1-8　Python 程序的运行

Jupyter Notebook 是一个基于网页的交互式计算应用程序，可用于全方位的计算任务，包括开发、文档编写、代码执行和结果展示。用户可以直接在网页界面中编写和运行代码，代码块下方即时显示执行结果，使得代码编写和结果展示更加直观和便捷。

在完成 Anaconda 的安装之后，其自带的 Jupyter Notebook 也默认安装完成，可以启动 Jupyter Notebook 进行 Python 程序的编写与运行。

1. 创建 ipynb 文件

打开 Jupyter Notebook，并进入相关目录下，选择 New→Python 3 选项，创建".ipynb"格

图 1-9　创建".ipynb"格式
的笔记本文件

式的笔记本文件，如图 1-9 所示。

2. 认识编辑页面

新建笔记本文件后，浏览器自动打开一个新的页面，如图 1-10 所示。自上而下分别有文件名、菜单栏、工具栏、单元格。

（1）文件名。默认文件名为 Untitled，双击文件名可以进行修改。

（2）菜单栏。菜单栏中有 File、Edit、View、Insert、Cell、Kernel、Navigate、Widgets、Help。

图 1-10　页面布局

File 菜单主要是针对文件的相关操作，如文件的新建、文件的保存以及下载等。

Edit 菜单主要是针对单元格的相关操作，如单元格的复制、剪切、粘贴、删除、上移、下移等。

View 菜单主要是针对 Jupyter Notebook 的显示效果进行调整，如工具栏的显示与隐藏，单元格代码行号的显示与隐藏，单元格工具栏的显示与隐藏。

Insert 菜单主要是针对插入单元格的相关操作，如在特定单元格前面或者后面插入新的单元格。

Cell 菜单主要是针对单个单元格的相关操作，如修改单元格类型、运行选定单元格、运行所有单元格等。

Kernel 菜单主要是针对当前笔记本内核的管理和控制，如选择内核、重新启动内核等。

Navigate 菜单通常不直接出现为独立的菜单选项，它包含在主要的菜单栏中的几个不同的部分，这些部分帮助用户导航笔记本中的不同单元格和文档。

Widgets 菜单提供了一系列用于创建和交互式显示控件工具，如 sliders、dropdowns、buttons 等。

Help 菜单提供关于 Jupyter Notebook 的帮助信息，如 Jupyter Notebook 中的所有快捷键、Jupyter Notebook 的所有功能和特性的详细说明等。另外，Help 菜单还可能包含一些额外的链接，如 Jupyter 项目的 GitHub 仓库、社区论坛和其他资源。

（3）工具栏。工具栏中的功能基本上在菜单中都可以实现，这里是为了能满足用户享有更快捷的操作，将一些常用按钮陈列出来。例如，保存按钮、插入单元格按钮、复制按钮、粘贴按钮、单元格上移按钮、单元格下移按钮、程序运行按钮、程序中断按钮等。工具栏中的下拉菜单，用于修改选定单元格的状态，主要有 4 个选项：代码（Code）、文本（Markdown）、原生笔记本转换器(Raw NBConvert)以及标题(Heading)。

代码(Code):代码单元格用于编写和执行代码。

文本(Markdown):文本单元格用于编写文本,包括标题、段落、列表、链接和图片引用等。

原生笔记本转换器(Raw NBConvert):这并不是一个单元格类型,而是一个用于转换笔记本的工具。可以通过命令行参数或配置文件来指定输出格式。

标题(Heading):标题单元格是 Markdown 单元格的一种,用于创建不同级别的标题。

(4)单元格。在单元格中,可以编辑文字、编写代码、绘制图片等。每个单元格有两种模式:编辑模式(Edit Mode)与命令模式(Command Mode)。在不同模式下,用户可以进行不同的操作。在编辑模式下,右上角出现一支铅笔的图标,如图 1-11 所示,单元左侧边框线呈现出绿色,按 Esc 键或运行单元格,即可切换回命令模式。在命令模式下,铅笔图标消失,单元左侧边框线呈现蓝色,如图 1-12 所示,按 Enter 键或者双击单元格变为编辑状态。

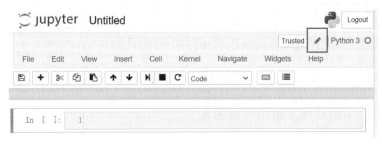

图 1-11 单元格编辑模式

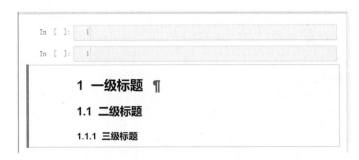

图 1-12 单元格命令模式

3. 编写并运行程序

单击工具栏中的 ➕ 按钮可以新建单元格。在单元格中编写代码,代码编写完成后按工具栏中的 ▶ 按钮或者同时按下 Ctrl 键和 Enter 键可以运行程序,选中单元格按 ▲ 和 ▼ 按钮可以实现单元格的上移与下移。

1.3 本章实践

实践一:命令行环境下输出"正式开启 Python 学习之旅!"

(1)启动 Python 解释器:打开命令行环境,输入 Python,进入 Python 开发环境。

(2)编写代码并运行程序:输入代码,按 Enter 键。

程序运行结果如图 1-13 所示。

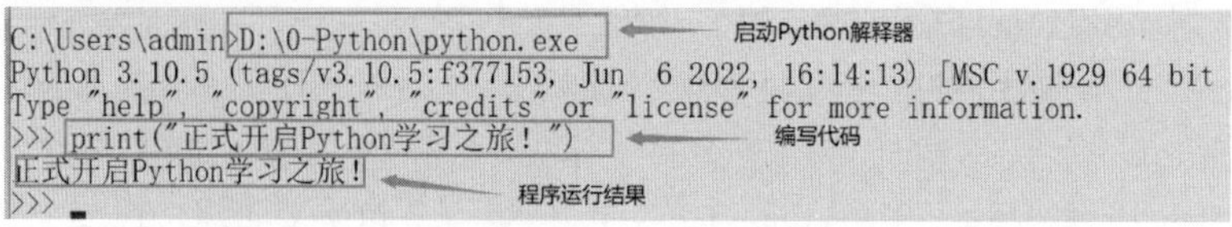

图 1-13　命令行方式下编写程序

实践二：IDLE 环境下输出自我介绍

（1）启动 IDLE 环境：从开始菜单找到 IDLE 并启动。

（2）编写代码并运行程序：输入代码，按 Enter 键运行程序。程序运行结果如图 1-14 所示。

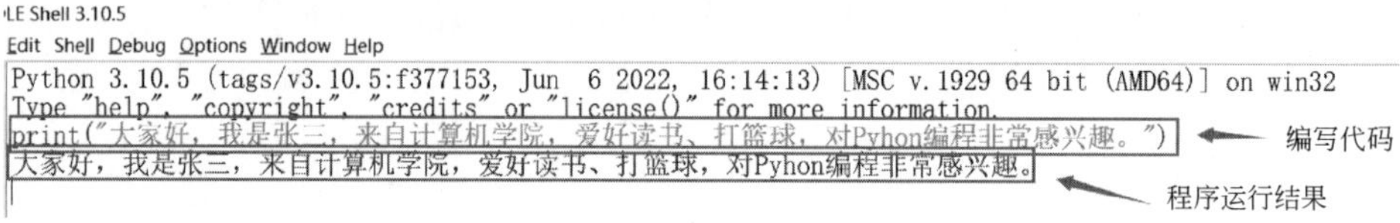

图 1-14　IDLE 环境下编写程序

实践三：PyCharm 环境下输出一首古诗

（1）启动 PyCharm。

（2）创建项目，创建源文件：在 PyCharm 中完成项目与 Python 源文件的创建。

（3）编写代码并运行程序：打开源文件进行代码的编写，代码编写完成后，运行程序。程序运行结果如图 1-15 所示。

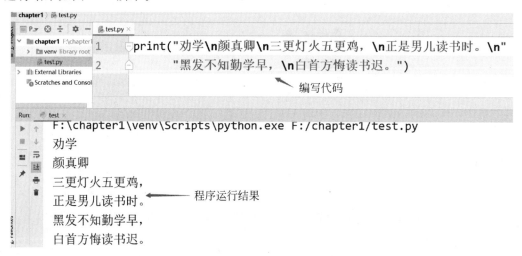

图 1-15　PyCharm 环境下编写程序

实践四：Jupyter Notebook 环境下输出一句谚语

（1）启动 Jupyter Notebook。

（2）创建 ipynb 格式的文件。

（3）编写代码并运行程序：在单元格中输入代码，单击"运行"按钮或按 Ctrl＋Enter 组合键运行程序，程序运行结果如图 1-16 所示。

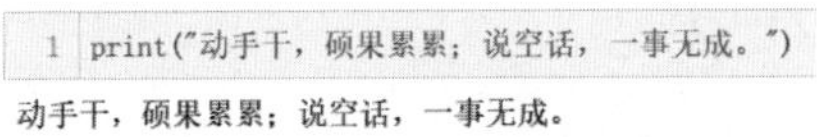

```
1  print("动手干，硕果累累；说空话，一事无成。")
```

动手干，硕果累累；说空话，一事无成。

图 1-16 Jupyter Notebook 下编写程序

1.4 本章习题

判断题

1. Python 是一种跨平台、开源、免费的高级动态编程语言。 （　）

2. Python 3.x 完全兼容 Python 2.x。 （　）

3. Python 3.x 和 Python 2.x 唯一的区别就是：print 在 Python 2.x 中是输出语句，而在 Python 3.x 中是输出函数。 （　）

4. 在 Windows 平台上编写的 Python 程序无法在 UNIX 平台运行。 （　）

5. 不可以在同一台计算机上安装多个 Python 版本。 （　）

6. 在 Linux 平台上编写的 Python 程序无法在 macOS 平台运行。 （　）

7. 利用 Python 可以编写多种类型的程序，应用领域非常广泛，因此被称为通用性语言。 （　）

8. Python 只能在它自带的 IDEL 集成环境中运行。 （　）

9. Python 是支持"人工智能应用"的主流语言。 （　）

10. Python 采用 IDLE 进行交互式编程，其中">>>"符号的含义是命令提示符。 （　）

第 **2** 章

Python基础

2.1　Python 编码规范

视频讲解

2.1.1　Python 注释

　　恰当的注释可以帮助编码者和读者更好地理解代码，Python 中的注释主要分为单行注释、多行注释以及特殊注释。

1. 单行注释

　　在 Python 中，"♯"被用作单行注释符号，在代码中使用时，它右边的任何数据都会被忽略，当作是注释。如下所示，第一行以♯开头，不会被执行。

```
♯打印出"hello world!"
print("hello world!")
```

2. 多行注释

　　在 Python 中，也会有注释有很多行的时候，在这种情况下，就需要批量多行注释符了。

Python 中,多行注释使用三个单引号(''')或者三个双引号(""")表示。

```
"""本程序具有 3 个功能:
功能 1:
功能 2:
功能 3:"""
```

3. 中文注释

在 Python 编写代码时,常会用到中文注释,特别是在涉及多语言交流或注释内容时。为了确保中文注释能正确显示和解析,必须在文件开头声明编码格式。如果不指定,Python 默认使用 ASCII 编码,这会导致含有中文的代码出现乱码问题。解决方法是在文件第一行或第二行加上中文编码声明注释。在代码首行添加中文注释的方法如下:

```
# coding = utf - 8
或者:
# coding = gbk
```

2.1.2 代码缩进

C 以及 Java 采用花括号({})来分隔代码块,而 Python 采用代码缩进和冒号(:)来区分代码块之间的层次。

在 Python 中,对于类定义、函数定义、流程控制语句、异常处理语句等,行尾的冒号和下一行的缩进,表示下一个代码块的开始,而缩进的结束则表示此代码块的结束,如图 2-1 所示。

注意:同一个级别的代码块的缩进量必须相同。Python 中实现对代码的缩进,可以使用 4 个空格或者一个 Tab 键实现 1 次缩进量。

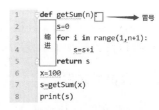

图 2-1 Python 缩进

2.1.3 标识符命名规范

Python 中标识符的命名必须遵守一定的命令规则,主要规则列举如下。

(1) 标识符是由字符(A～Z 和 a～z)、下画线和数字组成,但第一个字符不能是数字。

(2) 标识符不能包含空格、@、%以及 $ 等特殊字符。

(3) 标识符区分大小写,如 age 与 Age 是不同的标识符。

(4) 标识符不能使用 Python 中的保留字。Python 中的保留字如表 2-1 所示。

表 2-1 Python 中的保留字

and	as	assert	break	class
def	del	elif	else	except
or	from	False	global	if
in	is	lambda	nonlocal	not
or	pass	raise	return	try
continue	finally	import	None	True
while	with	yield	while	

2.1.4　文件扩展名

Python 程序实质上是一个文件，其文件的扩展名决定了该程序如何被解析和编译。常见的 Python 文件扩展名包括".py"".pyc"".pyw"".pyd"。这些扩展名指明了文件类型，确保 Python 解释器能够正确地处理它们。

1. ".py"文件

".py"文件是 Python 源代码的标准文件扩展名。这些文件由 Python 解释器直接解释和执行。任何以".py"结尾的文件都代表一个尚未编译的 Python 程序，意味着它可以被 Python 解释器直接解析和执行。例如，如果读者在 D 盘上创建了一个名为"hello.py"的文件，那么你就可以在命令行中通过输入"Python D:\hello.py"来运行这个程序。

2. ".pyc"文件

".pyc"文件是 Python 编译过的字节码文件。由于它们是编译过的，因此不能直接通过文本编辑器查看其内容。".pyc"文件的一个主要用途是加快 Python 程序的运行速度，通过在第一次导入模块时生成这些文件，从而在之后的运行中省去编译步骤。

注意：".pyc"文件加速的是模块的加载时间，而非程序的整体执行时间。

3. ".pyw"文件

".pyw"扩展名的文件通常用于图形用户界面应用程序。这类文件在执行时不会显示命令行窗口，使得用户体验更为流畅，尤其是在不需要与用户交互的后台服务程序中。

4. ".pyd"文件

".pyd"文件是 Python 的动态链接库，它们是 Python 写的二进制扩展模块。这些文件可以被 Python 解释器直接调用，以扩展 Python 的功能。".pyd"文件通常用于加速 Python 代码的执行，或者提供 Python 无法直接实现的特定功能，如图形渲染或者与操作系统底层的交互。

任务二：计算 BMI 指数

任务描述：

身体质量指数（BMI）又称为体重指数、体质指数，通过体重（千克）除以身高（米）的平方计算得到，它在一定程度上可以反映人体密度。因计算方式简单，现在被普遍用于评价人体的营养状况、胖瘦程度或身体发育水平。

请编写程序，输入自己的身高与体重，计算出 BMI 值，并参照表 2-2 对自己的体重状况做出判断。通过"科学饮食，规律作息，锻炼身体"等方式来保持身体健康。

表 2-2　中国成人 BMI 与体重状况对照表

BMI 值	体重状况	BMI 值	体重状况
<18.5	偏瘦	30～34	肥胖Ⅰ级
18.5～24	正常	35～39	肥胖Ⅱ级
25～29	过重	≥40	肥胖Ⅲ级

2.2 Python 语法基础

视频讲解

2.2.1 常量与变量

简单来说，变量就是可以变化的量，常量则是不变的量。

1. 变量

在 Python 中，不需要事先声明变量名及其类型，直接对变量赋值就可以创建各种类型的对象变量。对变量赋值后，Python 解释器会根据赋值或运算来自动推断变量类型。例如，要定义变量 age 来表示年龄，不需要声明其为整型数据，直接对其赋值就可以，如 age＝20。

在 Python 中，使用内置函数 type()可以返回变量的数据类型。isinstance()函数用于判断变量是否为某个数据类型，其中第一个参数为要判断的变量名，第二个参数为要判断的数据类型，如 int、float、str。

【例 2-1】 变量的定义以及数据类型判断。

```
x = 5
y = "Python"
z = 1.356
print("x 的数据类型为:",type(x))
print("y 是整型吗?:",isinstance(y,int))
print("y 是字符串类型吗?:",isinstance(y,str))
```

程序运行结果如下所示。

```
x 的数据类型为:< class 'int'>
y 是整型吗?:False
y 是字符串类型吗?:True
```

如例 2-1 所示，分别定义了 x、y、z 3 个变量，并没有声明它们的数据类型，通过调用 type(x)函数，来查看 x 的数据类型，输出结果为整型。调用 isinstance(y,int)函数判断变量 y 是否为整型，若是则返回 True，不是则返回 False。

2. 常量

在 Python 中，并没有像其他一些编程语言那样使用语法强制定义常量。这意味着，在 Python 中，所谓"常量"实际上就是普通的变量。在 Python 中，习惯将常量的名称全部使用大写字母，这主要是为了区分普通变量和常量，从而提高代码的可读性。但请注意，这只是一个编程习惯，并不是语言层面的强制规定。如例 2-2 所示，name 与 age 为定义的变量，COUNTRY、MAX、MIN 则为定义的常量。

【例 2-2】 常量的定义。

```
name = "zhangsan"
age = 18
COUNTRY = 'china'
MAX = 100
MIN = 20
```

3. Python 的内存管理机制

Python 的内存管理机制主要是通过自动内存管理和垃圾回收来实现的，从而使开发者能够更加专注于程序逻辑的编写，而无须过多关注内存管理的问题。

（1）Python 采用基于值的内存管理模式。

在 Python 中，一切皆为对象，所有的数据，包括变量、函数或者类全都是对象。任何一个 Python 对象都有标签、类型和值这 3 个属性。标签从对象创建到内存回收一直保持不变，可以将标签理解为内存地址。Python 在给变量赋值时，会把赋值对象的内存地址赋值给变量，即 Python 的变量是地址引用时的变量。

在 Python 中可以通过运算符"＝＝"、"is"或者 id()函数来判断是否引用的是同一个内存地址的变量。在例 2-3 中，分别定义两个变量 x、y，将其都赋值为 9，再分别调用 id()函数输出它们的内存地址，由输出结果可以发现二者的内存地址相同。换言之，当把某个值赋给多个变量时，这个值在内存中只有一份，即多个变量指向同一个内存地址。因此，Python 采用的是基于值的内存管理模式。

【例 2-3】 输出变量的内存地址。

```
x = 9
y = 9
print("x 的内存地址",id(x))
print("y 的内存地址",id(y))
```

程序运行结果如下所示。

```
x 的内存地址 1906008480
y 的内存地址 1906008480
```

（2）Python 中函数参数传递的是对象的引用。

Python 中函数参数的传递既不采用值传递的模式，也不采用引用传递的模式，而是一种赋值传递（或者称为对象的引用传递）。这意味着当用户向函数传递一个参数时，实际上是将该参数引用的对象的地址传递给了函数。

对于不可变对象（如数字、字符串、元组）和可变对象（如列表、字典），这种参数传递方式有不同的影响。当一个不可变对象在函数内部被修改，Python 会创建一个新的对象来存储修改后的值，并且函数内部使用这个新的对象，原始对象不会发生改变。当一个可变对象在函数内部被修改时，Python 则直接在原始对象上进行修改。如例 2-4 所示，调用 modify_list()函数直接修改了 my_list 列表元素的值，这样在函数外部也可以看到修改的结果。

【例 2-4】 可变对象，函数内部修改会影响原对象。

```
def modify_list(my_list):
    my_list.append(4)
```

```
my_list = [1, 2, 3]
modify_list(my_list)
print(my_list)            #可以看到列表的元素被修改为[1, 2, 3, 4]
```

（3）Python具有自动内存管理功能。

对于没有任何变量指向的值，Python自动将其删除。作为程序员，就不需要太多考虑内存管理的问题。但是显式使用del命令删除不需要的值或显式关闭不再需要访问的资源，仍是一个好的习惯，同时也是一个优秀程序员的基本素养之一。

2.2.2　数据类型

Python中的数据类型主要有Number（数值）、String（字符串）、List（列表）、Tuple（元组）、Dictionary（字典）、Set（集合）等。

在Python中，常见的数据类型包括：

（1）整数（int）：表示整数。例如，5，−3，100。

（2）浮点数（float）：表示带有小数点的数。例如，3.14，−0.5，2.0。

（3）布尔值（bool）：表示真或假。例如，True、False。

（4）字符串（str）：表示文本数据，用引号括起来。例如，"hello"，'Python'，"123"。

（5）列表（list）：有序的可变集合，可以包含不同类型的元素，用方括号括起来。例如，[1，"hello"，True]。

（6）元组（tuple）：有序的不可变集合，用圆括号括起来。例如，(1，2，3)。

（7）字典（dict）：无序的键值对集合，用花括号括起来。例如，{"name"："Alice"，"age"：30}。

（8）集合（set）：无序的不重复元素集合，用花括号括起来。例如，{1，2，3}。

这些数据类型在Python中具有不同的定义和特点，可以根据具体的需求选择合适的类型来存储和操作数据。

2.2.3　运算符与表达式

运算符用于对变量和值执行操作，是一些特殊的符号，主要用于数学计算、比较大小以及逻辑运算等。而表达式是值、变量、运算符的组合。

Python中的运算符主要分为算术运算符、赋值运算符、比较运算符、逻辑运算符、身份运算符、成员运算符、位运算符。

1. 算术运算符

算术运算符是用于处理四则运算的符号。表2-3列出了Python中常用的算术运算符。

表 2-3　Python 中的算术运算符

运　算　符	说　　　明
＋	加：两个对象相加
−	减：得到负数或一个数减去另一个数
*	乘：两个数相乘或是返回一个被重复若干次的字符串
/	除：x 除以 y
％	取余：返回除法的余数
**	幂：返回 x 的 y 次幂
//	取整除：返回商的整数部分（向下取整）

"＋"除了用于算术加法以外，还可以用于列表、元组、字符串的连接符，但不支持不同类型的对象之间相加或连接。

在命令行模式下编写程序，如例 2-5 所示，"＋"运算符对于数值型数据而言，表示"加法运算符"；对于字符串、列表、元组等序列而言，则是作为"连接符"；当不同的数据类型执行"＋"操作，则会报 TypeError 错误。

【例 2-5】　算术运算符"＋"的使用。

```
>>> 7 + 9
16
>>> 'hello' + 'world'
'helloworld'
>>> [1,2,4] + [2,5,7]
[1, 2, 4, 2, 5, 7]
>>> (1,2,3) + (4,5,6)
(1, 2, 3, 4, 5, 6)
>>> 1 + 'a'
Traceback (most recent call last): File "< stdin >", line 1, in < module > TypeError: unsupported
operand type(s) for + : 'int' and 'str'
```

"＊"运算符不仅可被用于数值乘法，当列表、字符串或元组等类型变量与整数进行"＊"运算时，表示对内容进行重复，并返回重复后的新对象。

如例 2-6 所示，"＊"运算符对于数值型数据而言，表示"乘法运算符"；对于字符串、列表、元组等序列而言，实现元素的重复。

【例 2-6】　算术运算符"＊"的使用。

```
>>> 8 * 8
64
>>> 'hello' * 3
'hellohellohello'
>>> [1,3,5] * 2
[1, 3, 5, 1, 3, 5]
>>> (1,5,8) * 3
(1, 5, 8, 1, 5, 8, 1, 5, 8)
```

Python 中的除法有两种，"/"表示除法运算，"//"表示整除运算。

在命令行模式下编写程序，如例 2-7 所示，5/2 表示除法运算，其结果为 2.5；5//2 表示整除运算，其结果为 2。

【例 2-7】　算术运算符"/"与"//"的使用。

```
>>> 5/2
2.5
>>> 5//2
2
>>> - 5/2
- 2.5
>>> - 5//2
- 3
```

2. 赋值运算符

赋值运算符只有一个，即"＝"，它的作用是把等号右边的值赋给左边，如 x＝1。Python

可以同时为多个变量赋同一个值,也可以将多个值赋值给多个变量,如例 2-8 所示。

【例 2-8】 "="的使用。

```
>>> x = y = z = 10          #同时为多个变量赋相同值
>>> x
10
>>> y
10
>>> z
10
>>> a,b = 6,8               #多个值赋给多个变量
>>> a
6
>>> b
8
```

3. 比较运算符

比较运算符,也称作关系运算符,主要用于判断变量或表达式的结果之间的大小关系或真假状态,并返回相应的布尔值。这些运算符通常在编写条件语句时扮演关键角色。Python 中的比较运算符如表 2-4 所示。

表 2-4　Python 中的比较运算符

运　算　符	说　　明
＝＝	检查两个操作数的值是否相当
！＝	检查两个操作数的值是否不相等
＞	检查左操作数的值是否大于右操作数的值
＜	检查左操作数的值是否小于右操作数的值
＞＝	检查左操作数的值是否大于或等于右操作数的值
＜＝	检查左操作数的值是否小于或等于右操作数的值

注意:在 Python 中比较运算符是可以连用的。如例 2-9 中,表达式"1＜5＜8"等价于"1＜5 and 5＜8"。

【例 2-9】 比较运算符的使用。

```
>>> 1 < 5 < 8
False
>>> 3 < 5 < 8
True
>>> 'a'<'b'<'c'
True
```

4. 逻辑运算符

逻辑运算用于对布尔型变量进行运算,其结果也是布尔型。

运算顺序,遵循从左到右的原则,先运算左右两边的表达式得出布尔值,再进行逻辑运算。逻辑运算符有 and(与)、or(或)和 not(非),如表 2-5 所示。

表 2-5　Python 中的逻辑运算符

运　算　符	逻辑表达式	描　　述
and	x and y	布尔"与",如果 x 为 False,x and y 返回 False;否则返回 y 的计算值

续表

运　算　符	逻辑表达式	描　　述
or	x or y	布尔"或"，如果 x 为 True，返回 True；否则返回 y 的计算值
not	not x	布尔"非"，如果 x 为 True，返回 False；如果 x 为 False，返回 True

5. 身份运算符

身份运算符 is 在 Python 中用来比较两个对象是否为同一个实例，检查两个对象是否指向内存中的同一个位置。如果两个对象是同一个，即它们具有相同的内存地址，返回 True；如果它们是不同的实例，则返回 False。身份运算符常用于判断两个变量是否引用同一对象，而不是判断它们的值是否相等。身份运算符及其功能描述如表 2-6 所示。

表 2-6　Python 中的身份运算符

运　算　符	功　能　描　述
is	判断两个数据引用对象是否一致
is not	判断两个数据引用对象是否不一致

6. 成员运算符

成员运算符 in 用于成员测试，即测试一个对象是否为另一个对象的元素。相关运算符及其描述如表 2-7 所示。

表 2-7　成员运算符

运　算　符	描　　述
in	如果在指定的序列中找到值，返回 True；否则返回 False
not in	如果在指定的序列中没有找到值，返回 True；否则返回 False

在命令行模式下编写程序，如例 2-10 所示，要判断子字符串"a"是否是字符串"hello"的成员，若是返回 True，不是则返回 False。

【例 2-10】　成员运算符的使用。

```
>>> 'e' in 'hello'
True
>>> 'a' in 'hello'
False
>>> 'a' not in 'hello'
True
>>> 1 in [1,2,3]
True
```

7. 位运算符

位运算符用于比较（二进制）数字，因此需要将执行运算的数据转换为二进制，然后才能执行运算。常用的位运算符及其含义说明如表 2-8 所示。

表 2-8　Python 中的位运算符

运　算　符	含　义　说　明	实　　例
&	按位与	如果两个位均为 1，则将每个位设为 1

运　算　符	含 义 说 明	实　　例
|	按位或	如果两位中的一位为1,则将每个位设为1
^	按位异或	如果两个位中只有一位为1,则将每个位设为1
~	按位取反	反转所有位
<<	按位左移	通过从右侧推入零来向左移动,推掉最左边的位
>>	按位右移	通过从左侧推入最左边的位的副本向右移动,推掉最右边的位

8. 运算符优先级

在 Python 中,运算符的优先级是用来指导计算机在计算表达式时执行运算的顺序。Python 中运算符的优先级从高到低依次为括号、指数、正负号、乘除法、取模、加减法、字符串连接。当表达式中包含多个运算符时,先执行优先级高的运算符,然后依次执行优先级低的运算符。如果运算符优先级相同,则按照从左到右的顺序进行计算。掌握运算符的优先级规则,可以帮助我们更准确地计算表达式的值,避免出错。表 2-9 按照从高到低的顺序给出了 Python 运算符的优先级。

表 2-9　Python 中的运算符的优先级(从高到低)

运　算　符	含 义 说 明
**	幂
+、-	正号和负号
*、/、//、%	算术运算符
+、-	算术运算符
<<、>>	位运算符中的位左移及位右移
&	位运算符中的位与
^	位运算符中的位异或
|	位运算符中的位或
>、>=、<、<=、=、!=	比较运算符

2.2.4　基本输入与输出

1. input()函数

input()是 Python 中的内置函数,用于从用户那里获取输入,以字符串的形式返回。

input()函数的语法格式如下:

```
input(prompt = '', default = '')
```

input()函数的主要参数及其含义如下:

(1) prompt:显示在用户输入之前的提示文本。

(2) default:输入提示中的默认值,用户可以直接按 Enter 键来选择这个默认值。

当用户输入内容后,按 Enter 键,程序才会继续执行。所输入的内容会以字符串的形式返回。如果想要接收数值型数据,则需要将接收到的字符串进行数据类型转换,如例 2-11 中变量 age 值的获取。

【例 2-11】 input()函数的使用。

```
>>> name = input("请输入您的名字:\n")
请输入您的名字:
Lily
>>> print(name)
Lily
>>> age = int(input("请输入您的年龄:\n"))
请输入您的年龄:
18
>>> print(age)
18
```

2. print()函数

在 Python 中,print()函数的作用是在屏幕上显示信息,经常用于输出变量、文本和其他内容。

print()函数的语法格式如下:

```
print( * objects, sep = ' ', end = '\n', file = sys. stdout, flush = False)
```

print()函数的主要参数及其含义如下:

（1） * objects:指通过逗号分隔传递给 print()函数的多个对象。可以使用 sep 和 end 参数来自定义这些对象之间的分隔符和对象后面的字符。

（2）sep:指定分隔符,默认 sep = ' '(空格)。

（3）end:指定结尾标志,默认 end = '\n'。

【例 2-12】 print()函数的使用。

```
name = "张三"
print("hello",name)
print("hello",name,sep = " - ")
print("hello",name,end = ",")
print("nice to meet you!")
```

程序运行结果如下所示。

```
hello 张三
hello - 张三
hello 张三,nice to meet you!
```

2.2.5 字符串的格式化输出

字符串的格式化输出是一种将变量值插入字符串中的方法,以便在输出时能够以特定格式显示。在 Python 中,有以下几种方式可以实现字符串的格式化输出。

1. %形式

"%"运算符也可用于字符串格式化,与 C 中的 printf()样式格式非常相似,虽然该种方式在 Python 3. x 中仍然可用,但旧式格式已从语言中删除,%形式不推荐使用,只需要了解其含义就可以,其使用格式如下:

```
"xxxxxx % s xxxxxx % s" % (value1, value2)
```

%s是格式化符,表示把后面的值格式化为字符类型,类似的格式化符还有%d、%f等。后面的value1、value2就是要格式化的值,不论是字符还是数值,都会被格式化为格式化符对应的类型,一般情况下建议将多个值放在元组中。如例2-13所示,%s对应要格式化的值为name,%d对应要格式化的值为age,%.2f对应要格式化的值为score。

【例2-13】 %形式格式化输出。

```
name = "张三"
age = 20
score = 92.5
print("你好,我的名字是 % s,我今年 % d 岁了,本次考了 % . 2f 分。" % (name,age,score))
```

程序运行结果如下所示。

```
你好,我的名字是张三,我今年 20 岁了,本次考了 92.5 分。
```

2. format 形式

自 Python 2.6 开始,新增了一种用于格式化字符串的 str. format()函数,它通过花括号({})和冒号(:)来代替%,使用{}标记变量将被替换的位置。当然也可以在{}中指定变量的位置,如例2-15所示。

(1) 使用位置参数。按照位置传参(默认方式),传入的参数与{}一一对应,其使用格式如下:

```
"xxxxxx {} xxxxxx{}" .format (value1, value2)
```

字符串中的第一个{}为value1的值,第二个{}为value2的值。其具体使用可以参照例2-14。

【例2-14】 format 形式使用位置参数进行变量输出。

```
name = '张三'
age = 18
print('my name is {},I am {} years old.'.format(name,age))
```

程序运行结果如下所示。

```
my name is 张三,I am 18 years old.
```

【例2-15】 format 形式使用指定变量位置进行数据输出。

```
name = '张三'
age = 18
print('my name is {1},I am {0} years old.'.format(age,name))
```

程序运行结果如下所示。

```
my name is 张三,I am 18 years old.
```

(2) 使用关键字。在 format()函数中也可以使用关键字参数来格式化字符串。即在 format()函数的参数列表中,使用给参数赋值的方法来定义值列表,并在格式化字符串中使用参数名来传递值。其使用格式如下:

```
"xxxxxx {val1} xxxxxx{val2}" .format (val1 = value1, val2 = value2)
```

{}中的 val1 与 val2 为关键字，value1 与 value2 为关键字所对应的值，其使用方法可参照例 2-16。

【例 2-16】 使用关键字进行 format 格式化输出。

```
name = '张三'
age = 18
print('hello everyone,my name is {n},I am {a} years old.'
                              .format(n = name,a = age))
```

程序运行结果如下所示。

```
hello everyone,my name is 张三,I am 18 years old.
```

另外，可用字典当关键字参数传入值，字典前加 ** 即可，具体使用可以参照例 2-17。

【例 2-17】 使用关键字进行 format 格式化输出。

```
student = {'name':'lily','age':20}
print('hello everyone,my name is {name},i am {age} years old.'.format( ** student))
```

程序运行结果如下所示。

```
hello everyone,my name is lily,i am 20 years old.
```

（3）通过下标方式访问。在输出序列内容时，可以通过下标的方式进行访问。如例 2-18 所示，其中 0 表示的是参数的位置，0[0]则表示第一个参数的下标为 0 的元素。

【例 2-18】 通过下标方式访问并输出未知参数相关数据。

```
student = ['lily',20]
print('hello everyone,my name is {0[0]},i am {0[1]} years old.'
.format(student))
```

程序运行结果如下所示。

```
hello everyone,my name is lily,i am 20 years old.
```

（4）填充与格式化。format 不仅可以输出字符串，还可以设置输出字符串的填充以及对齐方式。其使用格式如下：

```
{:填充字符 对齐方式'< >'[字符宽度]}.format()
```

":"后面为指定的填充字符，只能是一个字符，默认为空格。对齐方式有^、<、>,分别表示居中、左对齐、右对齐。具体使用可参照例 2-19。

【例 2-19】 format 填充与格式化。

```
print('{: * > 20}'.format('hello'))
#运行结果为: * * * * * * * * * * * * * * * hello
print('{: > 20}'.format('hello'))
#运行结果为:          hello
print('{:#< 20}'.format('hello'))
#运行结果为:hello # # # # # # # # # # # # # # #
print('{: * ^20}'.format('hello'))
#运行结果为: * * * * * * * hello * * * * * * * *
```

（5）精度与进制。在输出数值型数据时，可以控制输出数据的精度与进制。例如，将一个数值转换为二进制、八进制、十六进制等输出，表 2-10 列举了精度与进制相关的符号及其含义。其使用格式如下：

```
{:符号}.format()
```

表 2-10　精度与进制相关符号

符　　号	含　　义
b	将十进制整数自动转换成二进制表示，然后格式化
c	将十进制整数自动转换为其对应的 Unicode 字符
d	十进制整数
o	将十进制整数自动转换成八进制表示然后格式化
x	将十进制整数自动转换成十六进制表示然后格式化（小写 x）
X	将十进制整数自动转换成十六进制表示然后格式化（大写 X）
,	将数据进行千分位格式化

例 2-20 分别输出了十进制数据 12 所对应的二进制、八进制与十六进制数。{0:.2f}可以控制输出数字的精度为浮点型数据，保留小数点后 2 位，{0:,}可以实现将输出的数据进行千分位格式化。

【例 2-20】 format 精度与进制。

```
print('{0:b},{1:o},{2:x}'.format(12,12,12))        # 结果为 1100,14,c
print('{0:.2f}'.format(1/3))                       # 结果为 0.33
print('{0:,}'.format(102345475956))                # 结果为 102,345,475,956
```

2.2.6　任务实现

1. 任务分析

要计算用户的 BMI 指数，首先应该获取用户的身高以及体重参数，然后根据公式进行计算，最后将计算结果输出。主要编程思路如下所示。

（1）调用 input()函数分别获取用户输入的身高与体重数据，并进行数据类型的转换。

（2）根据公式计算出 BMI 的值。

（3）调用 print()函数将结果输出。

2. 编码实现

任务实现代码如下所示。

```
height = float(input("请输入您的身高(单位为(米)):"))
weight = float(input("请输入您的体重(单位为(千克)):"))
bmi = weight/(height * height)
print("您的身高为{0}米,体重为{1}千克。\n计算出您的 bmi 值为{2:.2f}。".format(height,
weight,bmi))
```

用户输入身高 1.65、体重 54 后，运行结果如下所示。

```
请输入您的身高(单位为(米)):1.65
请输入您的体重(单位为(千克)):54
您的身高为 1.65 米,体重为 54.0 千克。
计算出您的 bmi 值为 19.83。
```

任务三：计算两点间的欧氏距离

任务描述：

　　欧氏距离是最常用的距离公式，就是真实距离，也叫作欧几里得距离。在图像中画两个点，用直尺测量这两个点之间的距离，得到的结果就是欧氏距离。它其实是两个特征向量长度平方和的平方根。具体公式为

$$d = \sqrt{(x_1 - x_2)^2 + (y_1 - y_2)^2}$$

　　请编写程序，分别输入两个点的坐标，计算并输出两点间的欧氏距离。

新知准备：

　　◇ Python 常用内置函数。

视频讲解

2.3　Python 内置函数

2.3.1　Python 内置函数概述

　　Python 解释器自带的函数叫作内置函数，这些函数不需要导入（import），就可以直接使用。表 2-11 按照字母顺序列出了 Python 3.x 中常用的内置函数。

表 2-11　Python 3.x 中常用的内置函数

A	E	L	reversed()
abs()	enumerate()	len()	round()
aiter()	eval()	list()	
all()	exec()	locals()	S
any()			set()
anext()	F	M	setattr()
ascii()	filter()	map()	slice()
	float()	max()	sorted()
B	format()	memoryview()	staticmethod()
bin()	frozenset()	min()	str()
bool()			sum()
breakpoint()	G	N	super()
bytearray()	getattr()	next()	
bytes()	globals()		T
		O	tuple()
C	H	object()	type()
callable()	hasattr()	oct()	
chr()	hash()	open()	V
classmethod()	help()	ord()	vars()
compile()	hex()		
complex()		P	Z
	I	pow()	zip()
D	id()	print()	
delattr()	input()	property()	
dict()	int()		
dir()	isinstance()	R	
divmod()	issubclass()	range()	
	iter()	repr()	

调用 help() 函数可以查询函数的帮助文档，例如，要查询内置函数 zip() 的使用可以调用 help(zip)，如图 2-2 所示。

```
1  help(zip)
```

Help on class zip in module builtins:

class zip(object)
 | zip(iter1 [,iter2 [...]]) --> zip object
 |
 | Return a zip object whose .__next__() method returns a tuple where
 | the i-th element comes from the i-th iterable argument. The .__next__()
 | method continues until the shortest iterable in the argument sequence
 | is exhausted and then it raises StopIteration.
 |
 | Methods defined here:
 |
 | __getattribute__(self, name, /)
 | Return getattr(self, name).
 |

图 2-2 help()函数用于查询内置函数

2.3.2 常用内置函数

Python 的内置函数是 Python 解释器内置提供的函数，可以直接在代码中使用，无须额外导入模块。这些内置函数提供了各种功能，可以帮助开发人员更高效地处理数据和执行操作。以下是一些常用的内置函数及其功能。

1. 数据类型相关内置函数

与数据类型转换相关的内置函数及其描述，如表 2-12 所示。

表 2-12　数据类型相关的内置函数

函　　数	描　　述	函　　数	描　　述
bool()	将参数转换为布尔型	tuple()	将序列转换为元组型
int()	将参数转换为整型	dict()	将序列转换为字典型
str()	将参数转换为字符串类型	list()	将序列转换为列表型
float()	将参数转换为浮点型	set()	将序列转换为列集合类型
bytes()	将参数转换为字节型数组	zip()	将参数转换为可迭代对象聚合
bytearray()	将参数转换为字数数组		

2. 进制转换相关内置函数

与进制转换相关的内置函数及其描述，如表 2-13 所示。

表 2-13　进制转换相关的内置函数

函　　数	描　　述	函　　数	描　　述
bin()	将参数转换成二进制	hex()	将参数转换成十六进制
oct()	将参数转换成八进制		

3. 数学运算相关内置函数

与数学运算相关的内置函数及其描述，如表 2-14 所示。

表 2-14　数学运算相关的内置函数

函　　数	描　　述	函　　数	描　　述
abs()	返回绝对值	sum()	求和
divmode()	返回商和余数	min()	求最小值
round()	四舍五入	max()	求最大值
pow(a, b)	求 a 的 b 次幂		

4. map()函数

在 Python 中，map()函数用于对一个可迭代对象（如列表、元组等）中的每个元素执行一个指定的函数，并将结果收集成一个新迭代器。

map()函数的语法格式如下：

```
map(function, iterable)
```

map()函数的主要参数及其含义如下：

（1）function：表示应用于每个元素的函数。这个函数应该接收一个或多个参数，并且返回一个结果。map()函数会将这个函数应用于迭代器的每个元素。

（2）iterable：表示要应用函数的可迭代对象，如列表、元组、集合或任何可迭代的数据结构。map()函数会遍历这个可迭代对象中的每个元素，并将它们分别传递给 function 函数。

如例 2-21 所示，列表中的元素为字符串类型，调用 map()函数第 1 个参数为 int，则实现将列表中的每一个元素转换为整型数据，返回一个 map 对象，最后调用 list()函数将其转换为列表。

【例 2-21】　map()函数的使用。

```
y = list(map(int,['12','34','56']))
print(y)                 #结果为[12,34,56]
```

5. eval()函数

eval()函数用来执行一个字符串表达式，并返回表达式的值。如例 2-22 所示，直接将字符串表达式作为 eval()函数的参数，直接返回表达式的结果。

【例 2-22】　eval()函数的使用。

```
print(eval("1 + 5 ** 2 - 34 + 67/2"))          #结果为 25.5
```

2.3.3　任务实现

1. 任务分析

要计算两点间的欧氏距离，首先需要获取两个点的坐标，然后根据公式计算结果并返回。主要编程思路如下所示。

（1）分别获取两个点的坐标 (x_1, y_1) 与 (x_2, y_2)，并进行数据类型转换。

（2）根据公式计算距离：$d = \sqrt{(x_1 - x_2)^2 + (y_1 - y_2)^2}$。

（3）输出结果。

2. 编码实现

任务实现代码如下所示。

```
x1 = int(input("请输入第一个点的 x 坐标"))
y1 = int(input("请输入第一个点的 y 坐标"))
x2 = int(input("请输入第二个点的 x 坐标"))
y2 = int(input("请输入第二个点的 y 坐标"))
d = pow(pow(x1 - x2,2) + pow(y1 - y2,2),0.5)
print("({},{})与({},{})之间的欧氏距离为{:.2f}".format(x1,y1,x2,y2,d))
```

计算(1,1)与(2,2)两个点之间的欧氏距离,程序运行结果如下所示。

```
请输入第一个点的 x 坐标1
请输入第一个点的 y 坐标1
请输入第二个点的 x 坐标2
请输入第二个点的 y 坐标2
(1,1)与(2,2)之间的欧氏距离为1.41
```

2.4 本章实践

实践一:计算圆的周长与面积

圆的周长和面积是数学中的基本概念,这些概念不仅在学术领域中有着广泛的应用,而且在日常生活和各种科学技术领域中也具有重要意义。

请编写代码,获取用户输入的半径,计算并输出计算结果。

实现思路如下所示。

(1) 定义一个变量表示圆的半径,并通过键盘获取用户输入,进行数据类型的转换。

(2) 根据圆的周长与面积公式,进行计算。

(3) 输出计算结果。

任务实现代码如下所示。

```
r = float(input("请输入圆的半径: "))
PI = 3.14
per = 2 * PI * r
areas = PI * r * r
print("圆的周长为:{:.2f}".format(per))
print("圆的面积为:{:.2f}".format(areas))
```

运行程序,输入半径,按 Enter 键,输出周长与面积值。

```
请输入圆的半径:2
圆的周长为:12.56
圆的面积为:12.56
```

实践二:计算各科成绩平均分

在学校教育中,学生的平均分是衡量学生在某时间段内学习成果的重要参考指标之一。平均分成绩可以反映学生的学习态度、理解能力和努力程度等因素。

请编写代码，计算三科成绩的平均分。

实现思路如下所示。

（1）定义 3 个变量分别表示三科成绩，并通过键盘获取用户输入，进行数据类型的转换。

（2）计算平均成绩。

（3）输出计算结果。

任务实现代码如下所示。

```
sub1 = float(input("请输入科目 1 的成绩： "))
sub2 = float(input("请输入科目 2 的成绩： "))
sub3 = float(input("请输入科目 3 的成绩： "))
avg = (sub1 + sub2 + sub3)/3
print("三科平均成绩为:",avg)
```

运行程序，输入三门功课的成绩，按 Enter 键，输出平均成绩，结果如下：

```
请输入科目 1 的成绩: 90
请输入科目 2 的成绩: 85
请输入科目 3 的成绩: 95
三科平均成绩为: 90.0
```

实践三：根据父母身高预测子女身高

从遗传学的角度来看，子女的身高受到父母身高的影响。根据父母的身高，大致可以估算子女的潜在身高范围，以下是一个简单的估算方法。

```
男孩身高 = (父亲身高 + 母亲身高 + 13) ÷ 2,然后加或减 5 厘米。
女孩身高 = (父亲身高 + 母亲身高 - 13) ÷ 2,然后加或减 5 厘米。
```

请编写代码，根据父母的身高来估算子女的身高。

实现思路如下所示。

（1）定义两个变量，分别表示父亲、母亲身高，并通过键盘获取用户输入，进行数据类型的转换。

（2）根据公式计算儿子或者女儿的身高。

（3）输出计算结果。

任务实现代码如下所示。

```
father = float(input("请输入父亲身高(cm):"))
mather = float(input("请输入母亲身高(cm):"))
son = (father + mather + 13)/2
daughter = (father + mather - 13)/2
print("儿子的身高大约在{}cm 到{}cm".format(son - 5,son + 5))
print("女儿的身高大约在{}cm 到{}cm".format(daughter - 5, daughter + 5))
```

假设父亲身高 178cm，母亲身高 162cm，程序运行结果如下所示。

```
请输入父亲身高(cm): 178
请输入母亲身高(cm): 162
儿子的身高大约在 171.5cm 到 181.5cm
女儿的身高大约在 158.5cm 到 168.5cm
```

实践四：计算跳绳的热量消耗

跳绳是一种非常好的有氧运动。它可以提高心肺功能,增强肌肉力量和耐力,消耗热量。消耗多少热量取决于你的身体重量和跳绳的时间。估算跳绳热量消耗的公式如下:

$$\text{热量}=\text{体重(kg)}\times\text{跳绳时间(min)}\times\text{MET 值} \qquad (2\text{-}1)$$

其中,MET 值是代表运动强度的一个数值。跳绳的 MET 值一般为 $10\sim12$,取决于你的跳绳速度和强度。

请编写代码,输入自己的体重以及跳绳时间,计算自己的热量消耗,假设 MET 值为 11。

实现思路如下所示。

(1) 定义两个变量,分别表示体重与跳绳时间,并通过键盘获取用户输入,进行数据类型的转换。

(2) 根据式(2-1)计算消耗的热量值。

(3) 输出计算结果。

任务实现代码如下所示。

```python
weight = float(input("请输入体重(kg):"))
time = float(input("请输入跳绳时间(min):"))
MET = 11
cal = weight * time * MET
print("您消耗的热量大约为 ",cal)
```

假设体重为 50kg,跳绳时长 10min,程序运行结果如下所示。

```
请输入体重(kg):50
请输入跳绳时间(min):10
您消耗的热量大约为 5500.0cal
```

2.5 本章习题

一、填空题

1. Python 源文件的扩展名为_____。

2. Python 程序的注释符号为_____。

3. 表达式[1, 2, 3] * 3 的执行结果为_____。

4. 已知 x=3,那么执行语句 x+=6 之后,x 的值为_____。

5. 表达式'12'+'34'的结果为_____。

6. Python 中用于表示逻辑与、逻辑或、逻辑非运算的关键字分别是 _____、_____、_____。

7. Python 多行注释用_____或者_____将注释括号起来。

8. 在 Python 中_____表示空类型。

9. 表达式 int(4 ** 0.5) 的值为_____。

10. Python 内置函数_____用来返回数值型序列中所有元素之和。

二、选择题

1. 如果 a=1、b=2、c=0,则(a==b>c)==(a==b and b>c)的结果是( )。

    A. True   B. False   C. 1   D. −inf

2. 如果 a＝1,则表达式 not a 的值是(　　)。

   A. －3　　　　　　　B. －2　　　　　　　C. False　　　　　　D. True

3. 以下关于程序设计语言的描述,错误的选项是(　　)。

   A. Python 是一种脚本编程语言

   B. 汇编语言是直接操作计算机硬件的编程语言

   C. 程序设计语言经历了机器语言、汇编语言、脚本语言三个阶段

   D. 编译和解释的区别是一次性翻译程序还是每次执行时都要翻译程序

4. 以下选项中,Python 中代码注释使用的符号是(　　)。

   A. / * … * /　　　　B. !　　　　　　　　C. ♯　　　　　　　　D. //

5. 关于 Python 内存管理,下列说法错误的是(　　)。

   A. 变量不必事先声明

   B. 变量无须先创建和赋值而可以直接使用

   C. 变量无须指定类型

   D. 可以使用 del 释放资源

6. 下列选项中,不是 Python 合法标识符的是(　　)。

   A. int32　　　　　　B. 40XL　　　　　　C. self　　　　　　D. name

7. 基本的 Python 内置函数 eval(x)的作用是(　　)。

   A. 将 x 转换成浮点数

   B. 去掉字符串 x 最外侧引号,当作 Python 表达式评估返回其值

   C. 计算字符串 x 作为 Python 语句的值

   D. 将整数 x 转换为十六进制字符串

8. Python 语句块的标记是(　　)。

   A. 分号　　　　　　B. 逗号　　　　　　C. 缩进　　　　　　D. /

9. 以下选项中,不符合 Python 变量命名规则的是(　　)。

   A. keyword33　　　B. 33_keyword　　C. _33keyword　　D. keyword_33

10. 以下选项中,不是 Python 保留字的是(　　)。

   A. while　　　　　　B. continue　　　　C. goto　　　　　　D. for

三、判断题

1. Python 采用的是基于值的自动内存管理方式。　　　　　　　　　　　　(　　)

2. 3＋4j 是合法的 Python 数字类型。　　　　　　　　　　　　　　　　(　　)

3. 加法运算符可被用来连接字符串并生成新字符串。　　　　　　　　　　(　　)

4. Python 变量名必须以字母或下画线开头,并且区分字母大小写。　　　　(　　)

5. 表达式 pow(3,2) == 3 ** 2 的值为 True。　　　　　　　　　　　　(　　)

第3章

程序控制语句

3.1　选择结构

视频讲解

　　选择结构是通过判断某些特定的条件是否满足，来控制程序的执行流程。例如，要判断考试成绩（score）是否及格，需要判断变量 score 的值是否大于或等于 60。

　　在 Python 中，使用 if 语句进行条件的判断与流程的选择及控制。

　　常见的选择结构有单分支、双分支、多分支以及嵌套的多分支结构。

3.1.1　单分支结构

　　在 Python 中，单分支结构是一种基本的控制结构，常用于根据条件来执行特定的代码。单分支结构通过 if 语句实现，只要条件满足，相关代码块就会被执行，否则将被跳过。

　　单分支语句的语法格式如下所示。

```
if 条件表达式:
    语句块
```

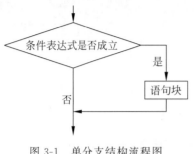

图 3-1　单分支结构流程图

单分支结构流程图如图 3-1 所示。当条件表达式结果为 True 时,执行语句块;当条件表达式为 False 时,则继续执行 if 后面的语句。

关于 Python 中的单分支结构,有几点需要注意。

(1) Python 使用缩进来定义代码块。在 if 语句后的冒号(:)下一行开始的缩进部分,都被认为是 if 语句的一部分。如果缩进不一致,Python 将会抛出一个 IndentationError 错误。

(2) if 语句的条件需要是一个布尔表达式,即结果为 True 或 False 的表达式。如果使用一个非布尔值作为条件,Python 将会尝试将其转换为布尔值。例如,空字符串、空列表和 0 都会被转换为 False,而其他非零或非空的值都会被转换为 True。这可能会导致一些非预期的行为。

(3) 在条件表达式中,需要使用比较运算符(如==、!=、<、>、<=、>=)来比较两个值。如果用户误用了赋值运算符(=),Python 将会抛出一个 SyntaxError 错误,如例 3-1 所示。

【例 3-1】　判断程序能否正常运行。

```
x = 10
♯错误的用法:使用了赋值运算符,而不是比较运算符
if x = 10:
    print("x is 10")

♯正确的用法:使用了比较运算符
if x == 10:
    print("x is 10")
```

在例 3-1 中,第一个 if 语句使用了赋值运算符(=),而不是比较运算符(==),因此 Python 会抛出一个 SyntaxError 错误。在第二个 if 语句中,使用了正确的比较运算符,因此程序可以正常运行。

【例 3-2】　判断成绩是否合格。

这个例子使用单分支结构,通过条件判断来输出学生考试成绩的合格信息。

```
score = int(input("请输入你的成绩:"))
if score >= 60:
    print("恭喜你,考试成绩合格!")
```

3.1.2　双分支结构

1. 双分支结构 if…else

双分支结构在 Python 中通常是通过 if-else 语句实现的。用于根据一个条件来执行两个不同的代码块之一。如果条件为真,则执行第一个代码块;如果条件为假,则执行第二个代码块。

双分支语句的语法格式如下所示。

```
if 表达式:
    语句块 1
else:
    语句块 2
```

双分支结构流程图如图 3-2 所示。

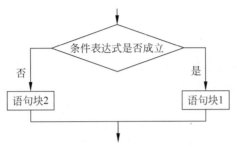

图 3-2 双分支结构流程图

【例 3-3】 双分支语句判断成绩及格还是不及格。

```
score = int(input("请输入你的成绩:"))
if score >= 60:
    print("恭喜你,考试成绩合格!")
else:
    print("很遗憾,您本次考试不合格!")
```

2. 三元运算符

Python 的三元运算符实际上是 if…else 语句的一个变体,它借鉴了其他编程语言中的三元运算符。这个运算符提供了一种简洁的方式来表达一个简单的条件判断,并在单个表达式中返回两个不同的值。其语法格式如下所示,当表达式返回 True 时,返回结果表达式 1,否则返回结果表达式 2。

```
表达式 1 if 条件表达式 else 表达式 2
```

【例 3-4】 输入两个整数,用三元运算符输出两者中的大数。

```
x = int(input('任意输入一个整数'))
y = int(input('任意输入一个整数'))
max = x if x >= y else y
print("大数为:",max)
```

例 3-4 使用了三元运算符来找出两个输入整数中较大的一个,并输出结果。三元运算符是简洁表达条件判断的一种方式。

3.1.3 多分支结构

在 Python 中,多分支结构是一种可以根据多个条件,来选择性地执行不同代码块的控制结构。它是通过 if…elif…else 语句实现的,适用于在程序中需要针对多种不同情况进行不同处理的场景。

注意:Python 不支持 switch 语句。Python 中的多分支语句语法格式如下所示,其中关键字 elif 是 else if 的缩写。

```
if 表达式 1:
    语句块 1
elif 表达式 2:
    语句块 2
elif 表达式 3:
    语句块 3
…
else:
    语句块 n + 1
```

if…elif…else 语句的条件会按照从上到下的顺序进行检查。一旦找到一个条件为 True 的语句，就会执行该语句的代码块，并跳过其余的语句。因此，需要确保所编写程序中的条件及其对应的代码块的顺序是正确的。多分支结构流程图如图 3-3 所示。例 3-5 分别列举了正确以及错误的 if…elif…else 语句条件判断顺序。

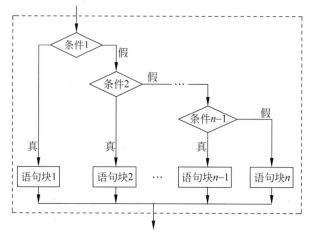

图 3-3　多分支结构流程图

【例 3-5】　if…elif…else 语句条件判断的顺序。

```
x = 10
# 错误的用法:条件及其对应的代码块的顺序不正确
if x > 0:
    print("x is positive")
elif x > 5:
    print("x is greater than 5")

# 正确的用法:条件及其对应的代码块的顺序正确
if x > 5:
    print("x is greater than 5")
elif x > 0:
    print("x is positive")
```

【例 3-6】　编写程序，利用多分支结构实现用户输入自己的成绩，根据五级制输出成绩的等级（优秀、良好、中等、及格、不及格）。

```
score = int(input("请输入您的考试成绩:"))
if score > 100 or score < 0:
    print('成绩的区间为 0 - 100')
elif score >= 90:
```

```
        print('优秀')
    elif score >= 80:
        print('良好')
    elif score >= 70:
        print('中等')
    elif score >= 60:
        print('及格')
    else:
        print('不及格')
```

3.1.4 选择结构的嵌套

选择结构的嵌套是指在一个 if、elif 或 else 语句块中包含另一个 if…else 或 if…elif…else 语句,这种嵌套结构允许用户在多层条件下进行判断和执行不同的代码块。它通常用于需要对多重条件进行复杂判断的场景。其语法格式如下所示。

```
if 表达式 1:
    语句块 1
    if 表达式 2:
        语句块 2
    else:
        语句块 3
else:
    if 表达式 4:
        语句块 4
```

注意:缩进必须要正确并且一致

选择结构的嵌套示意图如图 3-4 所示。

【例 3-7】 要求:编程,判断某一年是否为闰年,其中判断闰年的条件有两个。

条件 1:能被 400 整除的是闰年。

条件 2:年份能被 4 整除但不能被 100 整除的是闰年。

本例可采用两种方法来实现闰年的判断,具体如下所示。

方法一:使用嵌套的 if 语句。

通过使用嵌套的 if 语句,准确地实现闰年的判断逻辑。关键的判断逻辑包括:第一层判断是否能被 400 整除;第二层判断是否能被 4 整除但不能被 100 整除。这样通过嵌套结构确保了符合任一条件的年份都能够被正确识别为闰年或非闰年。

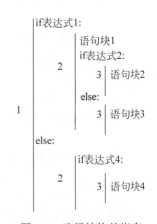

图 3-4 选择结构的嵌套

```
year = int(input("请输入一个年份:"))
if year % 400 == 0:
    print("是闰年")
else:
    if year % 4 == 0:
        if year % 100 == 0:
            print("不是闰年")
        else:
            print("是闰年")
    else:
        print("不是闰年")
```

方法二：使用一个逻辑表达式包含所有的闰年条件。

总的判断条件概括为：能被 400 整除，或能被 4 整除且不能被 100 整除的年份为闰年。

```python
year = int(input("请输入一个年份:"))
if year % 400 == 0 or (year % 4 == 0 and year % 100 != 0):
    print("是闰年")
else:
    print("不是闰年")
```

3.1.5　任务实现

1. 任务分析

个人所得税是国家对个人所得征收的一种税，是调整征税机关与个人之间在个人所得税的征纳与管理过程中所发生的社会关系的法律规范总称。个人所得税的计算和缴纳是每个纳税人的法定义务，同时也是国家调节收入分配、实现社会公平的重要手段。

请编写程序实现个人所得税的计算。个人所得税实行的是分段累进税率，主要思想是对收入越高的人收取更多的税额。下面以月收入 16000 元为例来说明计算过程。

注意：税额是分段计算的，不要错误地计算为（16000－5000）×10％＝1100 元。如果按照图 3-5 所示的个人所得税计算算法进行程序设计需要遍历政策的列表，也就是需要用到后面的循环语句，而现在并没有学，怎么办？

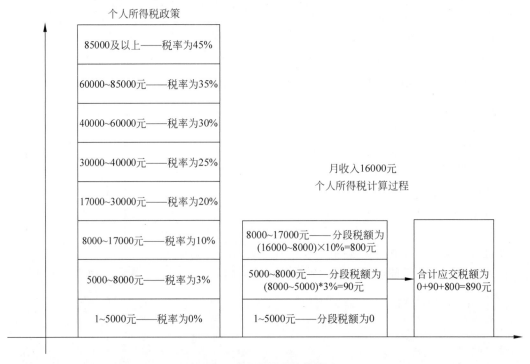

图 3-5　个人所得税计算算法

在实际计算税额的过程中人们总结出一个简便的方法，那就是（应税额－免税额）×税率－速算扣除数，其实这个速算扣除数就是上面算法的中间结果，用这个方法只需要 if 语句就能实现相应的计算。这个速算扣除数可以查相关的网站得到，也可以自己另外编程计算得到，实际计算公式应为：（16000－5000）×0.1－210＝890 元，其中的 210 元是 16000 元月收入对应的速算扣除数。

直接根据收入判断对应的税率区间并一次性计算税额。主要编程思路如下所示。

（1）定义税率和速算扣除数。使用包含各阶梯税率和速算扣除数的元组列表表示税务等级。

（2）逐层判断税率等级。按从高到低的顺序，判断收入在哪个税率等级范围内。使用相应的税率和速算扣除数直接计算应缴税额。

2. 编码实现

任务实现代码如下所示。

```python
def calculate_tax(income):
    # 所得税阶梯和速算扣除数
    # (阶梯下限,税率,速算扣除数)
    tax_brackets = [
        (80000, 0.45, 15160),          # 缴纳社保后,大于5000元的部分,个税区间大于80000元
                                       # 税率为45%,速算扣除数15160
        (60000, 0.35, 7160),
        (40000, 0.30, 4410),
        (30000, 0.25, 2660),
        (17000, 0.20, 1410),
        (8000, 0.10, 210),
        (5000, 0.03, 0),
    ]

    # 计算应付税款
    tax = 0
    if income > 80000:
        tax = (income - 5000) * tax_brackets[0][1] - tax_brackets[0][2]
    elif income > 60000:
        tax = (income - 5000) * tax_brackets[1][1] - tax_brackets[1][2]
    elif income > 40000:
        tax = (income - 5000) * tax_brackets[2][1] - tax_brackets[2][2]
    elif income > 30000:
        tax = (income - 5000) * tax_brackets[3][1] - tax_brackets[3][2]
    elif income > 17000:
        tax = (income - 5000) * tax_brackets[4][1] - tax_brackets[4][2]
    elif income > 8000:
        tax = (income - 5000) * tax_brackets[5][1] - tax_brackets[5][2]
    elif income > 5000:
        tax = (income - 5000) * tax_brackets[6][1] - tax_brackets[6][2]
    else:
        tax = 0
    return tax

income = float(input("请输入你的收入："))
tax = calculate_tax(income)
printf("你需要支付的个人所得税是：{tax}")
```

任务二：个人所得税的计算——用循环结构实现

任务描述：

请使用循环编写程序，实现个人所得税的计算，计算规则请参考任务一的任务描述。

新知准备：

◇ 循环结构。

视频讲解

3.2 循环结构

Python 提供了两种基本的循环结构语句：for 语句与 while 语句。

for 循环一般用于循环次数可以提前确定的情况，尤其是用于枚举序列或迭代对象中的元素。

while 循环一般用于循环次数难以提前确定的情况，当然也可以用于循环次数确定的情况。

编写循环时需要注意循环的条件、循环变量的更新等，主要总结为以下 4 点。

（1）循环条件，无论是 for 循环还是 while 循环，都需要一个终止条件。如果忽略了这个条件，可能会导致无限循环。

（2）更新循环变量，在 while 循环中，通常需要在循环体中更新循环变量，否则可能会导致无限循环。

（3）修改正在迭代的列表，在 for 循环中，如果尝试在循环过程中修改正在迭代的列表，可能会导致意外的结果。

（4）break 用于立即退出循环，continue 用于跳过当前迭代并进入下一次迭代。不正确的使用可能会导致逻辑错误。

在 Python 有一种倾向性，那就是尽可能地减少使用显式的循环。这是因为循环往往会导致代码运行效率下降，特别是在处理大量数据时。Python 特别慢的地方之一就是其循环结构，因此对于大数据量的操作，Python 的循环可能会非常低效。

Python 提供了许多内置功能和库（如列表推导式、map()函数、NumPy 库、Pandas 库等）来帮助用户避免显式的循环，这些功能和库通常会比 Python 的原生循环更有效率。

3.2.1 for 循环

1. for 循环的使用

Python 中的 for 循环设计用来遍历任何序列的项目，这些序列包括列表、元组、字符串等。循环变量会自动按照序列的顺序进行迭代，无须手动干预。其具体使用语法如下所示。

```
for 变量 in 序列:
    循环语句
```

【例 3-8】 用 for 循环，分别输出 $1,2,3,\cdots,10$ 的平方。

```
for i in (1,2,3,4,5,6,7,8,9,10):
    print(i * i, end = ",")
```

2. range()函数

在 Python 中，range()函数用于生成一个整数序列，它可以在循环中用来控制循环的次数。range()函数的语法格式如下：

```
range(start, stop[, step])
```

range()函数的主要参数及其含义如下：

（1）start：表示序列的起始值，默认为 0。

（2）stop：表示序列的结束值，但不包括在内，是序列的最后一个元素。

（3）step：表示序列中相邻两个数之间的差（步长），默认为 1。

注意：range()函数产生的这一系列的数字并不是以列表(list)类型存在的，这样做的目的是节省代码所占空间。如果需要产生列表，可以调用 list()函数将 range 序列转换成列表。因此例 3-8 可以修改为

```
for i in range(1,11):
    print(i * i,end = ",")
```

【**例 3-9**】　输出 $1+2+3+\cdots+100$ 的和。

```
s = 0
for i in range(1,101):
    s += i
print(s)
# 或 使用列表推导式以及内置函数实现
print(sum([i for i in range(1,101)]))
```

【**例 3-10**】　编写程序显示 Fibonacci 数列：$1,1,2,3,5,8,\cdots$ 的前 16 项。其中 $F_1=1$，$F_2=1,\cdots,F_n=F_{n-1}+F_{n-2}$，从第三项开始每项的值等于前面两项之和。

初始化前两项 Fibonacci 数列的数值，然后在循环中根据 $F_n=F_{n-1}+F_{n-2}$ 的规律生成并输出 Fibonacci 数列的前 16 项。

```
f1 = 1
f2 = 1
for _ in range(3, 11):
    print(f1, f2, end = " ")
    f1 += f2
    f2 += f1
# 结果:1 1 2 3 5 8 13 21 34 55 89 144 233 377 610 987
```

3.2.2　while 循环

在 Python 中，while 语句用于循环执行程序，即在某条件下，循环执行某段程序，以处理需要重复处理的相同任务。

注意：循环变量在 while 之前要初始化，循环变量的变化需要控制，如果循环变量的变化是无规律的，建议用 while 循环。

while 循环的基本语法格式如下。

```
while 条件表达式:
    循环语句
```

循环执行语句可以是单个语句或语句块。判断条件可以是任何表达式，任何非零、或非空(null)的值均为 True。当判断条件为 False 时，循环结束。

while 循环流程图如图 3-6 所示，while 循环的使用如例 3-11 所示。

【**例 3-11**】　用如下近似公式求自然对数的底数 e 的值，直到最后一项的绝对值小于 10^{-6} 为止。

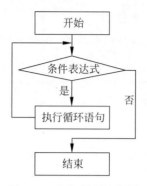

图 3-6　while 循环流程图

$$e \approx 1 + \frac{1}{1!} + \frac{1}{2!} + \cdots + \frac{1}{n!} \tag{3-1}$$

```
i = 1
e = 1
t = 1
while 1/t > = pow(10, - 6):
    t * = i
    e += 1/t
    i += 1
print("e =", e)
#程序运行结果:e = 2.7182818011463845
```

3.2.3　循环的嵌套

在 Python 中,允许在一个循环体里面嵌入另一个循环。

可以在 for 循环中继续嵌套 for 循环或 while 循环,在 while 循环中继续嵌套 while 循环或 for 循环,也可以在循环体内嵌入其他的循环体。如例 3-12 所示,通过循环的嵌套来实现九九乘法表。

【例 3-12】　编写程序实现多种形式的九九乘法表。

```
for i in range(1,10):
    for j in range(1,10):
        print("{} * {} = {}".format(i,j,i * j),end = "\t")
    print()
```

程序运行结果如图 3-7 所示。

1*1=1	1*2=2	1*3=3	1*4=4	1*5=5	1*6=6	1*7=7	1*8=8	1*9=9
2*1=2	2*2=4	2*3=6	2*4=8	2*5=10	2*6=12	2*7=14	2*8=16	2*9=18
3*1=3	3*2=6	3*3=9	3*4=12	3*5=15	3*6=18	3*7=21	3*8=24	3*9=27
4*1=4	4*2=8	4*3=12	4*4=16	4*5=20	4*6=24	4*7=28	4*8=32	4*9=36
5*1=5	5*2=10	5*3=15	5*4=20	5*5=25	5*6=30	5*7=35	5*8=40	5*9=45
6*1=6	6*2=12	6*3=18	6*4=24	6*5=30	6*6=36	6*7=42	6*8=48	6*9=54
7*1=7	7*2=14	7*3=21	7*4=28	7*5=35	7*6=42	7*7=49	7*8=56	7*9=63
8*1=8	8*2=16	8*3=24	8*4=32	8*5=40	8*6=48	8*7=56	8*8=64	8*9=72
9*1=9	9*2=18	9*3=27	9*4=36	9*5=45	9*6=54	9*7=63	9*8=72	9*9=81

图 3-7　九九乘法表 1

```
for i in range(1,10):
    for j in range(1,i + 1):
        print("{} * {} = {}".format(j,i,i * j),end = "\t")
    print()
```

程序运行结果如图 3-8 所示。

```
1*1=1
1*2=2    2*2=4
1*3=3    2*3=6    3*3=9
1*4=4    2*4=8    3*4=12   4*4=16
1*5=5    2*5=10   3*5=15   4*5=20   5*5=25
1*6=6    2*6=12   3*6=18   4*6=24   5*6=30   6*6=36
1*7=7    2*7=14   3*7=21   4*7=28   5*7=35   6*7=42   7*7=49
1*8=8    2*8=16   3*8=24   4*8=32   5*8=40   6*8=48   7*8=56   8*8=64
1*9=9    2*9=18   3*9=27   4*9=36   5*9=45   6*9=54   7*9=63   8*9=72   9*9=81
```

图 3-8　九九乘法表 2

3.2.4　break 与 continue 语句

在 Python 中，break 和 continue 语句是用于控制循环结构的两种常用语句，可以用来修改循环的默认执行流程。

1. break 语句

break 语句用于跳出循环。如例 3-13 所示，当 m ％ i 的取值为 0 时，循环终止。

【例 3-13】　判断所输入的任意一个正整数是否为素数。

```python
import math
m = int(input("请输入一个大于 1 的整数"))
k = int(math.sqrt(m))
for i in range(2, k + 1):
    if m % i == 0:
        print(m, "是合数!")
        break                    #可整除,肯定非素数,结束循环
else:                            #for else 用法
    print(m, "是素数!")
```

注意：如果出现在多层次嵌套的循环内，它只是跳出当前的循环，并不会跳出整个循环结构。如例 3-14 所示，当内层循环的 j 等于 2 时，break 语句就会执行，导致程序退出内层循环。然而，外层循环并未被终止，所以 i 的值会继续增加，进入下一次外层循环。同时，内层循环也会重新开始。

【例 3-14】　break 在嵌套循环中。

```python
for i in range(5):               #外层循环
    for j in range(5):           #内层循环
        if j == 2:
            break                #当 j 等于 2 的时候退出内层循环
        print("i:", i, "j:", j)
```

2. continue 语句

continue 语句用于跳过当前循环的剩余部分，然后继续下一轮循环。换句话说，它会强制开始下一次循环，忽略剩余的代码块。

continue 语句常常用于跳过特定条件下的循环迭代。如果在嵌套循环中使用，continue 只会影响最近的外层循环。continue 语句的使用可参照例 3-15。

【例 3-15】　显示 100～200 不能被 3 整除的数，要求一行显示 10 个数。

```python
j = 0
for i in range(100, 200 + 1):
```

```
if i % 3 == 0: continue
print(i, end = "\t")
j += 1
if j % 10 == 0:
    print()
```

3.2.5 任务实现

1. 任务分析

个人所得税实行的是分段累进税率，从小到大遍历政策列表把相符的部分算出对应的税额，进行求和即可。用循环的这个算法与政策的要求一致，比较直观。主要编程思路如下所示。

（1）定义所得税阶梯：首先，定义了一个列表，其中包含了所得税的计算阶梯。每个阶梯由 3 个元素组成。

① 阶梯下限：收入在这个下限以下的部分不纳税。

② 阶梯上限：收入在这个上限以上的部分按照相应的税率征税。

③ 税率：超过下限但不超过上限的收入部分需要按照这个税率征税。

（2）计算应付税款：使用一个 for 循环来遍历所得税阶梯列表中的每个阶梯。

① 对于每个阶梯，检查个人的收入是否超过了这个阶梯的上限。

② 如果没有超过，那么就计算这个阶梯内的应纳税额，并将其加到总税款 tax 上。

③ 如果超过了这个阶梯的上限，那么就计算该阶梯内全部应纳税额，并将其加到总税款 tax 上。

④ 一旦计算了当前阶梯的税款，就通过 break 语句退出循环，因为后面的阶梯已经不适用了。

（3）返回税款：循环结束后，函数返回计算出的总税款 tax。

2. 编码实现

任务实现代码如下所示。

```
def calculate_tax(income):
    # 所得税阶梯
    # (阶梯下限,阶梯上限,税率)
    tax_brackets = [
        (0, 5000, 0.00),
        (5000, 8000, 0.03),
        (8000, 17000, 0.10),
        (17000, 30000, 0.20),
        (30000, 40000, 0.25),
        (40000, 60000, 0.30),
        (60000, 85000, 0.35),
        (85000, float('inf'), 0.45),
    ]

    # 计算应付税款
    tax = 0
    for bracket in tax_brackets:
        if income > bracket[1]:
            tax += (bracket[1] - bracket[0]) * bracket[2]
        else:
            tax += (income - bracket[0]) * bracket[2]
```

```
            break
    return tax

income = float(input("请输入你的收入："))
tax = calculate_tax(income)
print("你需要支付的个人所得税是：{tax}")
```

3.3　本章实践

实践一：鸡兔同笼问题

鸡兔同笼问题是古老的数学问题之一。读者可以利用之前学习过的分支和循环语句，巧妙地解决这一问题。

假设共有鸡、兔 30 只，脚 100 只，求鸡兔各有多少只？

主要实现思路为：用循环遍历各种组合，进行试探，找出满足条件的组合。

任务实现代码如下所示。

```
# 假设鸡 i 只
for i in range(1, 30 + 1):
    if 2 * i + (30 - i) * 4 == 100:
        print('鸡：', i, '只, 兔子', 30 - i, '只')
# 解得：鸡：10 只, 兔子 20 只
```

实践二：生成不重复的随机数

在数据处理和游戏开发中，随机数的生成是一项非常重要的技能。在编程中，经常需要生成一组不重复的随机数，以满足特定的需求。要生成一个包含 20 个不重复的随机数列表，要求所有元素在 1～100。

实现思路如下所示。

（1）导入 random 模块，以便使用其中的 randint() 函数来生成随机数。

（2）初始化一个空列表 num，用于存储生成的随机数；设置一个变量 i 的初始值为 1，用来统计列表的长度。

（3）使用 while 循环来控制循环的次数，循环条件是 i<=20，即循环将执行 20 次。

（4）在每次循环中，使用 random.randint(1,100) 来生成一个 1～100（包括 1 和 100）的随机整数，并将其赋值给变量 x。

（5）判断生成的随机数 x 是否已经在列表 num 中。如果已经在列表中，使用 continue 语句跳过当前循环，继续下一次循环；如果随机数 x 不在列表 num 中，则将其添加到列表中，并使用 i+=1 来增加循环计数器 i 的值。

任务实现代码如下所示。

```
import random
num = []
i = 1
while i <= 20:
    x = random.randint(1,100)          # 生成一个 1～100（包括 1 和 100）的随机整数
```

```
        if x in num:              #注意学习这个写法
            print('这是第{0}次循环,出现重复值{1},继续产生随机数'.format(i,x))
            continue
        else:
            num.append(x)
            i += 1
print(num,'长度为',len(num))
```

实践三：有理数除法的精确计算

在数学计算中,有时需要对分数的结果进行精确到指定小数位的计算。Python 程序可以实现这种高精度的计算。

输入正整数 p、q、n,计算 p/q 的值,精确到小数位 n 位,即用 n 指定 p/q 的精度。

实现思路如下所示。

(1) p//q 得到整数部分,r＝p%q 得到余数部分。

(2) 把余数放大 10 倍 r＝r * 10,再计算 r//q 得到第 1 位小数,再次计算余数 r＝r%q。

(3) 重复步骤(2),得到第 2 位小数,重复至得到第 n 位小数。

任务实现代码如下所示。

```
p = int(input("请输入被除数 p(正整数):"))
q = int(input("请输入除数 q(正整数):"))
n = int(input("请输入精度 n(正整数):"))

s = str(p//q)
r = p % q
if r!= 0:
    s = s + "."
i = 0
while r!= 0 and i < n:
    r = r * 10
    s = s + str(r//q)
    r = r % q
    i = i + 1
print("系统的默认精度:\n{}/{} = {}".format(p,q,p/q))
print("设置的精度{},结果是:\n{}/{} = {}".format(n,p,q,s))
```

实践四：根据利润计算奖金

企业为员工发放奖金通常是根据员工的销售业绩、项目完成情况或者公司的利润等指标来计算的。例如,一个公司可能规定,每当公司利润达到一定数额时,员工可以获得一定比例的奖金。这种激励机制可以提高员工的工作积极性,促进公司的发展。

请编写程序,通过此程序根据输入的利润金额,计算应发放的奖金,具体政策如下:

(1) 低于或等于 10 万元时,可提成 12%;

(2) 高于 10 万元,低于 20 万元时,高于 10 万元的部分,可提成 8.5%;

(3) 20 万～40 万元时,高于 20 万元的部分,可提成 6%;

(4) 40 万～60 万元时,高于 40 万元的部分,可提成 4%;

(5) 60 万～100 万元时,高于 60 万元的部分,可提成 2.5%;

(6) 高于 100 万元时,超过 100 万元的部分按 1%提成。

在编写程序时,需要遍历每个利润档次并按比例累计计算奖金部分。

实现思路如下所示。

(1)定义利润级别列表与对应的提成比例列表。

(2)利润分段计算,使用 for 循环遍历利润级别列表中的各个利润级别,计算当前档次对应的奖金并将其累计。

任务实现代码如下所示。

```python
profit = input("请输入利润数:");profit = float(profit)
profit_level = [1000000,600000,400000,200000,100000,0]
bonus_rate = [0.01,0.025,0.04,0.06,0.085,0.12]
bonus = 0
for i in range(0,6):
    if profit > profit_level[i]:
        bonus += (profit - profit_level[i]) * bonus_rate[i]
        profit = profit_level[i]
print('总奖金是:',bonus)
```

3.4 本章习题

一、填空题

1. 在 Python 中,用于判断条件的关键字是_____。

2. Python 中用于遍历序列(如列表、元组、字符串)或迭代器的循环结构是_____。

3. 在 Python 的循环结构中,如果想在满足某个条件时跳出循环,应使用_____关键字。

4. 在 Python 中,用于在满足某个条件时跳过当前迭代剩余部分代码的关键字是_____。

5. 在一个 if 语句中,如果第一个条件不满足,可以使用_____关键字添加更多的条件。

6. 在 Python 中,如果所有的 if 和 elif 条件都不满足,可以使用_____关键字来捕捉所有其他情况。

7. 在 Python 中,for 循环的常用配套函数,用于生成一系列数字的是_____。

8. Python 中的 while 循环会一直执行,直到_____不再满足。

9. 在 Python 中,可以使用_____(关键字和一个条件)来创建一个无限循环,直到条件不满足为止。

10. 在 Python 中,if、elif 和 else 关键字是用于创建_____结构的。

二、选择题

1. 下列选项中正确描述以下代码输出的是( )。

```python
for i in range(3):
    print(i)
```

  A. 0 1 2 3   B. 0 1 2   C. 1 2 3   D. 0 1

2. 下列选项中正确描述以下代码输出的是( )。

```python
i = 0
while i < 3:
    print(i)
    i += 1
```

Λ. 0 1 2 3　　　　　B. 0 1 2　　　　　C. 1 2 3　　　　　D. 0 1

3. 对于以下 Python 代码，当输入为 5 时，输出的是（　　　）。

```python
num = int(input())
if num > 10:
    print("High")
elif num < 3:
    print("Low")
else:
    print("Medium")
```

　　A. High　　　　　B. Medium　　　　　C. Low　　　　　D. 无输出

4. 下列选项中正确描述以下代码输出的是（　　　）。

```python
for i in range(5):
    if i == 3:
        break
    print(i)
```

　　A. 0 1 2　　　　　B. 0 1 2 3　　　　　C. 0 1 2 3 4　　　　　D. 0 1 2 4

5. 下列选项中正确描述以下代码输出的是（　　　）。

```python
for i in range(5):
    if i == 3:
        continue
    print(i)
```

　　A. 0 1 2　　　　　B. 0 1 2 3　　　　　C. 0 1 2 3 4　　　　　D. 0 1 2 4

6. 对于以下 Python 代码，当输入为 2 时，输出的是（　　　）。

```python
num = int(input())
if num > 10:
    print("High")
elif num < 3:
    print("Low")
else:
    print("Medium")
```

　　A. Medium　　　　　B. 无输出　　　　　C. Low　　　　　D. High

7. 下列选项中正确描述以下代码输出的是（　　　）。

```python
for i in "Python":
    print(i, end = ' ')
```

　　A. Python　　　　　B. P y t h o n　　　　　C. 1 2 3 4 5 6　　　　　D. P Y T H O N

8. 下列选项中正确描述以下代码输出的是（　　　）。

```python
i = 0
while i < 5:
    if i == 3:
        break
    print(i)
    i += 1
```

A. 0 1 2　　　　　B. 0 1 2 3　　　　　C. 0 1 2 3 4　　　　D. 0 1 2 4

9. 对于以下 Python 代码，当输入为 15 时，输出的是(　　　)。

```python
num = int(input())
if num > 10:
    print("High")
elif num < 3:
    print("Low")
else:
    print("Medium")
```

A. High　　　　　B. Medium　　　　　C. Low　　　　　D. 无输出

10. 下列选项中正确描述以下代码输出的是(　　　)。

```python
i = 0
while i < 5:
    if i == 3:
        continue
    print(i)
    i += 1
```

A. 0 1 2　　　　　B. 0 1 2 3　　　　　C. 0 1 2 3 4　　　　D. 将导致无限循环

三、判断题

1. 在 Python 中，for 循环可以用于遍历任何序列，如列表和字符串。　　　　(　　)

2. 在 Python 中，break 语句可以结束任何当前循环，然后程序会继续执行紧跟循环后面的代码。　　　　(　　)

3. 在 Python 中，continue 语句会跳出当前的循环层次。　　　　(　　)

4. Python 中的 else 子句只能与 if 语句一起使用，不能与循环结构一起使用。　　(　　)

5. 在 Python 中，pass 语句在语法上需要，但不执行任何操作。　　　　(　　)

第 4 章

序　列

任务一：用列表实现《西游记》中人物的存储与处理

任务描述：

《西游记》是中国古代第一部浪漫主义章回体长篇神魔小说，作者为明代吴承恩。这部作品描述了孙悟空出世及大闹天宫后，遇到唐僧、猪八戒、沙僧和白龙马，西行取经，一路上历经艰险、降妖伏魔，经历了九九八十一难，最终到达西天见到如来佛祖，最终五圣成真的故事。

请编写程序，创建一个存放《西游记》这部小说中出现的人物的列表 people_list，给列表中添加你喜欢的人物，删除 people_list 中的某个人物，查找列表 people_list 中的人物，打印 people_list 列表。

新知准备：

◇ 创建列表；

◇ 添加列表元素；

◇ 删除列表元素；

◇ 查找列表元素；

◇ 打印列表。

视频讲解

4.1　列表

4.1.1　列表的概述

在计算机科学和编程领域，数据结构是组织和存储数据的方式，它对数据的处理效率和程序的性能有着重要影响。不同的数据结构适用于不同的应用场景，其中列表作为一种非常基础且广泛使用的数据结构，在各个编程语言中都有实现。

1. 列表的定义

列表是 Python 中的一种数据结构，它由一组有序的元素组成，可以随时添加或删除其中的元素。列表提供了灵活且高效的操作方式来存储和管理数据。

2. 列表的特点

（1）列表中的元素是有序的，列表中的元素按照插入的顺序排列，可以通过索引访问每个元素。

（2）列表是可变的，可以随时添加、删除或修改其中的元素。

（3）列表可以动态地增长和缩短，可以根据需要随时添加或删除元素。

（4）列表支持常见的操作，如访问、插入、删除、排序等。

（5）列表可以存储不同类型的数据，所有元素放在一对方括号里面，并使用逗号分隔开。列表如下所示。

```
[1,3,6,7]
[1,2,1.34,"Lily"]
```

4.1.2 列表的创建与访问

列表的强大之处在于其灵活性和易用性，它允许用户存储一系列元素，并提供简单的语法来创建、访问和遍历这些元素。无论用户是想要存储一些简单的数据，还是需要处理复杂的数据集合，列表都能提供有效的支持。本节将学习如何创建列表、访问列表中的元素以及如何遍历列表中的所有元素。

1. 访问列表元素

在 Python 中，可以通过索引来访问列表中的元素。索引从 0 开始，因此第一个元素的索引是 0，第二个元素的索引是 1，以此类推。

【例 4-1】 列表元素的访问。

```
my_list = [1, 2, 3, 4, 5]
#访问第一个元素
print(my_list[0])              #输出:1
#访问第三个元素
print(my_list[2])              #输出:3
#访问最后一个元素
print(my_list[-1])             #输出:5
```

注意：如果尝试访问超出列表长度的索引，Python 将会抛出 IndexError 异常。因此，在实际编程中，需要确保索引在列表的有效范围内。

2. 创建列表

（1）在 Python 中，使用方括号（[]）来创建列表。

【例 4-2】 创建空列表。

```
#创建一个空列表
my_list = []
```

用户还可以在创建列表时，直接定义多个元素。

【例 4-3】 创建包含多个元素的列表。

```
#创建一个包含多个元素的列表
my_list = [1, 2, 3, "apple", "banana"]
```

（2）在 Python 中，可以调用 list()函数来创建列表。这个函数可以将一个可迭代对象（如元组、字符串等）转换为一个列表。

【例 4-4】 list()创建列表。

```
# 调用 list()函数创建一个列表
my_list = list((1, 2, 3))
# 打印列表
print(my_list)                    # 输出:[1, 2, 3]
```

在例 4-4 的代码中，调用 list()函数将一个包含 3 个元素的元组转换为一个列表。另外，list()函数还可以将字符串转换为列表，每个字符都是列表的一个元素，如例 4-5 所示。

【例 4-5】 list()将字符串转换为列表。

```
# 使用 list()将字符串转换为列表
my_list = list("Hello")
# 打印列表
print(my_list)                    # 输出:['H', 'e', 'l', 'l', 'o']
```

3. 遍历列表元素

（1）使用 for 循环遍历列表。

在 Python 中，可以使用 for 循环来遍历列表中的所有元素，如例 4-6 所示。

【例 4-6】 使用 for 循环依次遍历 my_list 中的每个元素，并将它们打印出来。

```
my_list = [1, 2, 3, 4, 5]
# 遍历列表中的所有元素
for element in my_list:
    print(element)                # 输出列表中的每个元素
```

（2）使用 while 循环遍历列表。

在 Python 中，还可以使用 while 循环遍历列表的基本结构如下所示。

```
list = [item1, item2, item3, …]
index = 0

while index < len(list):
    item = list[index]
    # 在此处对 item 进行操作
    index += 1
```

以上代码片段首先定义了一个列表和一个索引变量。然后，它进入一个 while 循环，在这个循环中，它首先获取当前索引位置的元素，然后在每次迭代后增加索引。当索引达到列表的长度时，循环结束。

【例 4-7】 遍历一个列表并打印每个元素。

```
my_list = ['apple', 'banana', 'cherry']
index = 0
while index < len(my_list):
    item = my_list[index]
    print(item)
    index += 1
```

程序运行结果为

```
apple
banana
cherry
```

4.1.3 列表元素的常见操作

列表的灵活性不仅仅体现在数据的存储上,还在于它提供了一系列丰富的操作,使得对数据的处理变得非常简单。通过这些操作,轻松实现元素的添加、修改、删除,也可以快速地查找特定元素,甚至对整个列表进行排序和逆置。这些常见操作是列表功能强大的关键所在,也是用户在编程中频繁使用列表的原因。

1. 添加列表元素

在 Python 中,有以下 4 种方法可以向列表中添加新元素。

(1) 调用 append() 函数,在列表尾部添加元素。

append() 函数可以实现将元素添加到列表的末尾。如例 4-8 所示在列表 my_list 的尾部添加一个新元素。

【例 4-8】 append() 函数在列表尾部添加新元素。

```
my_list = [1, 2, 3]
my_list.append(4)            # 在列表末尾添加元素 4
print(my_list)               # 输出:[1, 2, 3, 4]
```

(2) 调用 insert() 函数,在任意位置添加新元素。

insert() 函数可以在列表的指定位置插入元素。这个方法需要两个参数,第一个参数是要插入的位置的索引,第二个参数是要插入的元素。

【例 4-9】 insert() 函数在列表的指定位置插入元素。

```
my_list = [1, 2, 3]
my_list.insert(1, 'a')       # 在索引位置 1 插入元素'a'
print(my_list)               # 输出:[1, 'a', 2, 3]
```

(3) 调用 extend() 函数,将可迭代对象的元素添加到列表尾部。

extend() 函数可以将一个列表(或任何可迭代的元素)添加到当前列表的末尾。这相当于在列表的末尾追加了另一个列表的所有元素。

【例 4-10】 extend() 函数在列表的指定位置插入元素。

```
my_list = [1, 2, 3]
my_list.extend([4, 5, 6])    # 将列表[4, 5, 6]添加到 my_list 的末尾
print(my_list)               # 输出:[1, 2, 3, 4, 5, 6]
```

(4) 使用"+="运算符,在尾部添加新元素。

使用"+="运算符同样可以实现将一个列表添加到当前列表的末尾。

【例 4-11】 使用 += 运算符向列表中添加元素。

```
my_list = [1, 2, 3]
my_list += [4, 5, 6]         # 将列表[4, 5, 6]添加到 my_list 的末尾
print(my_list)               # 输出:[1, 2, 3, 4, 5, 6]
```

2. 修改列表元素

在 Python 中，可以通过索引直接修改列表中的元素。

【例 4-12】 通过索引直接修改列表中的元素。

```
my_list = [1, 2, 3, 4, 5]
my_list[2] = 'apple'                    #将索引为2的元素修改为'apple'
print(my_list)                          #输出:[1, 2, 'apple', 4, 5]
```

例 4-12 中，首先创建了列表 my_list。然后，使用索引 2 将'apple'赋值给列表中的第 3 个元素，从而修改了该元素的值。最后，打印修改后的列表以确认修改已成功完成。

3. 删除列表元素

在 Python 中，可以使用 del 语句、pop()函数或者 remove()函数来删除列表中的元素。

（1）使用 del 语句删除列表元素。

del 语句是 Python 中的一个关键字，用于删除列表中的元素或整个列表。

【例 4-13】 使用 del 语句删除列表中的元素。

```
my_list = [1, 2, 3, 4, 5]
del my_list[2]                          #删除索引为2的元素
print(my_list)                          #输出:[1, 2, 4, 5]
```

例 4-13 中，使用 del 语句删除了列表 my_list 中索引为 2 的元素。

（2）调用 pop()函数删除列表元素。

pop()函数可以删除并返回指定索引的元素。pop()函数使用时需要指定要删除的元素的索引，注意指定的索引不要超出列表的长度。

【例 4-14】 使用 pop()删除列表中的元素。

```
my_list = [1, 2, 3, 4, 5]
element = my_list.pop(2)                #删除索引为2的元素,并将该元素返回
print(element)                          #输出:3
element = my_list.pop()                 #没有给参数时,删除列表的最后一个元素,并将该元素返回
print(element)                          #输出:5
print(my_list)                          #输出:[1, 2, 4]
```

例 4-14 中，调用 pop()函数删除了列表 my_list 中索引为 2 的元素，并将该元素返回。

（3）调用 remove()函数删除列表中对应值的元素。

remove()函数是 Python 中删除列表对象的一个方法，用于删除列表中第一个匹配的元素。

【例 4-15】 使用 remove()删除列表中的元素。

```
my_list = [1, 2, 3, 4, 5]
my_list.remove(3)                       #删除值为3的元素
print(my_list)                          #输出:[1, 2, 4, 5]
```

例 4-15 中，调用 remove()函数删除了列表 my_list 中值为 3 的元素。

注意：remove()函数只会删除第一个匹配的元素。如果列表中有多个相同的元素，需要

使用循环或其他方法来删除它们。

4. 查找列表元素

在 Python 中,可以使用多种方法来查找列表中的元素。

(1) 使用 in 关键字检查一个元素是否存在列表中。

使用 in 关键字可以检查一个元素是否存在于列表中。

【例 4-16】 使用 in 关键字检查元素是否在列表中。

```
my_list = [1, 2, 3, 4, 5]
if 3 in my_list:
    print("3 在列表中")
```

例 4-16 中,使用 in 关键字来检查数字 3 是否存在于列表 my_list 中,如果存在,就打印出"3 在列表中"。

(2) 使用 not in 关键字检查一个元素是否存在列表中。

not in 用于检查一个元素是否不在列表中。如果元素不在列表中,那么 not in 返回 True,否则返回 False。

【例 4-17】 使用 not in 关键字检查元素是否不在列表中。

```
my_list = [1, 2, 3, 4, 5]
if 6 not in my_list:
    print("6 不在列表中")
```

例 4-17 中,使用 not in 来检查数字 6 是否不在列表 my_list 中,如果不在,就打印出"6 不在列表中"。

(3) 调用 index()函数返回列表中第一个匹配元素的索引。

index()函数可以返回列表中第一个匹配元素的索引。

【例 4-18】 index()函数使用案例。

```
my_list = [1, 2, 3, 4, 5]
print(my_list.index(3))              #输出:2
```

例 4-18 中,调用 index()函数来查找数字 3 在列表 my_list 中的索引,并将结果打印出来。注意,如果元素不存在于列表中,Python 会抛出 ValueError 异常。

5. 列表元素的排序与逆置

(1) 调用 sort()函数,实现列表元素的排序。

sort()函数是 Python 中的内置函数。列表的元素按照特定顺序排列,调用 sort()函数可以直接修改原列表。

【例 4-19】 调用 sort()函数对列表元素排序。

```
list = [3, 1, 4, 1, 5, 9, 2, 6, 5, 3, 5]
list.sort()
print(list)                   #输出:[1, 1, 2, 3, 3, 4, 5, 5, 5, 6, 9]
```

(2) 调用 sorted()函数,实现列表元素的排序。

sorted()函数会返回一个新的排序后的列表,原列表不会被改变。

sorted()函数的语法格式如下：

```
sorted(iterable, cmp = None, key = None, reverse = False)
```

sorted()函数中的参数 iterable 表示可迭代对象。cmp 是一个函数，用于从每个项目中提取一个用于比较的值。key 主要是用来进行比较的元素，只有一个参数，具体的函数的参数就是取自于可迭代对象中，指定可迭代对象中的一个元素来进行排序。reverse 表示排序规则，reverse＝True 降序，reverse＝False 升序（默认）。

【例 4-20】　调用 sorted()函数对列表元素排序。

```
list = [3, 1, 4, 1, 5, 9, 2, 6, 5, 3, 5]
sorted_list = sorted(list)
print(sorted_list)              #输出:[1, 1, 2, 3, 3, 4, 5, 5, 5, 6, 9]
```

（3）调用 reverse()函数，实现列表元素逆置。

reverse()函数会直接修改原列表，将其进行逆置。

【例 4-21】　调用 reverse()函数实现对列表元素的逆置。

```
list = [3, 1, 4, 1, 5, 9, 2, 6, 5, 3, 5]
list.reverse()
print(list)                     #输出:[5, 3, 5, 6, 2, 9, 5, 1, 4, 1, 3]
```

4.1.4　列表切片

列表切片是 Python 中一种方便地获取列表子集的方法。通过切片，可以提取列表的一部分，或者以特定的步长提取元素。列表切片基本语法如下。

```
list[start : end : step]
```

列表切片的功能是提取索引值从 start 到 end－1 的元素。其中，start 是切片开始的索引；end 是切片结束的索引，但不包括该索引的元素；step 指定了切片操作中每个元素的间隔即步长。

注意：切片的索引可以是负数，－1 表示最后一个元素，－2 表示倒数第二个元素，以此类推。

【例 4-22】　列表切片。

```
my_list = [0, 1, 2, 3, 4, 5, 6, 7, 8, 9]
sub_list = my_list[2:6]              #提取从索引 2 到 5 的元素,得到[2, 3, 4, 5]
print(sub_list)                      #输出:[2, 3, 4, 5]
```

另外，还可以使用步长来提取元素。步长可以是正数也可以是负数，如例 4-23 所示。

【例 4-23】　可以使用步长来提取列表元素。

```
my_list = [0, 1, 2, 3, 4, 5, 6, 7, 8, 9]
sub_list = my_list[2:6:2]            #提取从索引 2 开始,以步长 2 提取元素,得到[2, 4]
print(sub_list)                      #输出:[2, 4]
sub_list = my_list[8:2:-2]           #提取从索引 2 开始,以步长 -2 提取元素,得到[8, 6, 4]
print(sub_list)                      #输出:[8, 6, 4]
```

在切片中,步长还可以省略,若步长省略则默认为 1,如例 4-24 所示。

【例 4-24】 省略步长和结束索引来提取列表元素。

```
my_list = [0, 1, 2, 3, 4, 5, 6, 7, 8, 9]
sub_list = my_list[2:]              #从索引 2 开始到列表末尾,得到[2, 3, 4, 5, 6, 7, 8, 9]
print(sub_list)                     #输出:[2, 3, 4, 5, 6, 7, 8, 9]
```

4.1.5 序列常用内置函数

为了有效地操作序列,Python 提供了一系列内置的函数。本节将重点介绍这些序列常用的内置函数。

1. len()函数

在 Python 中,len()函数可以用来获取序列(包括字符串、列表、元组等)的长度。这个函数接收一个参数,即需要计算长度的序列,然后返回一个整数,表示该序列的长度。

【例 4-25】 调用 len()函数获取序列的长度。

```
#字符串
s = 'Hello, world!'
print(len(s))                       #输出:13
#列表
my_list = [1, 2, 3, 4, 5]
print(len(my_list))                 #输出:5
#元组
my_tuple = (1, 2, 3, 4, 5)
print(len(my_tuple))                #输出:5
```

len()函数对于确定序列或集合的长度非常有用。注意:对于可变对象(如列表或字典),len()函数返回的是对象当前的状态下的长度。例如,如果在列表中添加了一个元素,然后再次调用 len(),它会返回新的结果。

2. max()/min()函数

max()函数和 min()函数用于返回序列中的最大值和最小值。

max()函数接收一个或多个参数,并返回其中的最大值。如果参数是一个序列(如列表或元组),则返回该序列中的最大值;如果参数是多个,则返回所有参数中的最大值。

【例 4-26】 调用 max()函数返回序列中的最大值。

```
#对于列表
list1 = [1, 2, 3, 4, 5]
print(max(list1))                   #输出:5
#对于元组
tuple1 = (1, 2, 3, 4, 5)
print(max(tuple1))                  #输出:5
#对于多个参数
print(max(1, 2, 3, 4, 5))           #输出:5
```

同样,min()函数接收一个或多个参数,并返回其中的最小值。如果参数是一个序列,则返回该序列中的最小值;如果参数是多个,则返回所有参数中的最小值。

【例4-27】　调用 min()函数返回序列中的最小值。

```
#对于列表
list1 = [1, 2, 3, 4, 5]
print(min(list1))              #输出:1
#对于元组
tuple1 = (1, 2, 3, 4, 5)
print(min(tuple1))            #输出:1
#对于多个参数
print(min(1, 2, 3, 4, 5))     #输出:1
```

3. sum()函数

sum()函数是 Python 的内置函数,它用于求一个序列中所有元素的和。

【例4-28】　调用 sum()函数求序列中所有元素的和。

```
#对于列表
list1 = [1, 2, 3, 4, 5]
print(sum(list1))             #输出:15
#对于元组
tuple1 = (1, 2, 3, 4, 5)
print(sum(tuple1))            #输出:15
```

注意:sum()函数接收一个迭代器作为参数,可以是列表、元组、集合等。在调用 sum()函数时,迭代器中的所有元素将被相加,最终返回它们的和。

4. zip()函数

zip()函数用于将可迭代的对象作为参数,将对象中对应的元素打包成一个个元组,然后返回由这些元组组成的列表。

【例4-29】　调用 zip()函数将两个列表中的元素打包成一个元组,返回由元组组成的列表。

```
#定义两个列表
list1 = [1, 2, 3]
list2 = ['a', 'b', 'c']
#使用 zip() 函数将这两个列表组合
zipped = zip(list1, list2)
print(list(zipped))           #输出:[(1, 'a'), (2, 'b'), (3, 'c')]
```

注意:zip()函数返回的是一个迭代器,所以需要使用 list()函数将其转化为列表。同时,当各个迭代器的元素个数不一致时,zip()函数将返回一个长度与最短的对象相同的列表。

5. enumerate()函数

enumerate()函数用于将一个可遍历的数据对象(如列表、元组或字符串)组合为一个索引序列,同时列出数据和数据下标,一般用在 for 循环中。

【例4-30】　调用 enumerate()函数将一个列表中的元素对象组合为一个索引序列,并列出元素和元素下标。

```
#定义一个列表
list1 = ['apple', 'banana', 'cherry']
```

```
#使用 enumerate() 函数遍历列表
for i, value in enumerate(list1):
    print(i, value)
```

程序输出结果如下所示。

```
0 apple
1 banana
2 cherry
```

在例 4-30 中,enumerate(list1)函数返回一个枚举对象,该对象包含列表中每个元素的下标和值。在 for 循环中,调用 enumerate()函数返回的枚举对象来同时访问元素的下标和值。

4.1.6 列表推导式

列表推导式(List Comprehension)是 Python 中的一种表达式,允许在一行代码中生成一个列表。列表推导式的语法基于一个表达式后面跟着一个 for 循环,然后可能跟着一个可选的 if 条件语句。列表推导式的基本语法如下。

```
[expression for item in list if condition]
```

该表达式中的主要关键字说明如下。

(1) expression:是一个表达式,它定义了生成列表中每个元素的方式。

(2) item:是一个变量名,用于引用列表中的每个元素。

(3) list:是一个可迭代对象,用于指定要遍历的序列。

(4) condition:是一个可选的条件语句,用于过滤列表中的元素。如果省略条件语句,则将返回列表中的所有元素。

【例 4-31】 使用列表推导式生成包含 1~10 的所有偶数的列表。

```
[x for x in range(1, 11) if x % 2 == 0]
#这将生成一个包含 2、4、6、8、10 的列表
```

4.1.7 任务实现

1. 任务分析

创建一个空的列表来存放《西游记》中的人物;添加你喜欢的人物到列表中,并打印列表中的人物;从列表中删除某个人物,并打印删除后的列表;查找列表中的人物并打印其位置。主要编程思路如下所示。

(1) 创建一个空的列表,用于存放《西游记》中的人物。

(2) 将你喜欢的人物添加到列表中。这里可以添加一个或多个人物,根据个人喜好而定。

(3) 打印列表中的人物,以查看当前列表的内容。

(4) 从列表中删除某个人物。可以指定要删除的人物的名称,并将其从列表中移除。

(5) 再次打印列表中的人物,以查看删除操作后的列表内容。

(6) 查找列表中某个特定人物的位置。可以指定要查找的人物的名称,并获取其在列表中的索引位置。

（7）打印查找到的人物及其位置。

2. 编码实现

任务实现代码如下所示。

```python
#创建一个空的列表来存放《西游记》中的人物
people_list = []

#添加你喜欢的人物到列表中
people_list.append("孙悟空")
people_list.append("猪八戒")
people_list.append("沙僧")
people_list.append("唐僧")
people_list.append("白龙马")

#打印列表中的人物
print("《西游记》中的人物列表:")
for person in people_list:
    print(person)

#从列表中删除某个人物
people_list.remove("猪八戒")

#打印删除后的列表
print("删除'猪八戒'后的人物列表:")
for person in people_list:
    print(person)

#查找列表中的人物并打印其位置
index = people_list.index("孙悟空")
print("孙悟空在列表中的位置是:", index)
```

程序运行结果如下所示。

```
《西游记》中的人物列表:
孙悟空
猪八戒
沙僧
唐僧
白龙马
删除'猪八戒'后的人物列表:
孙悟空
沙僧
唐僧
白龙马
孙悟空在列表中的位置是: 0
```

任务二：用元组实现《西游记》故事名的存储

任务描述：

　　《西游记》这部小说中有许多引人入胜的故事,请编写程序,创建一个存放故事名称的元组 story_tuple,在该元组中添加你喜欢的故事,使用 list()融化元组 story_tuple,访问元组 story_tuple 的元素,删除元组 story_tuple,打印元组 story_tuple。

新知准备：

◇ 创建元组；

◇ 融化元组；

◇ 删除元组；

◇ 打印元组。

4.2　元组

4.2.1　元组的概述

在编程中,除了列表这种可变的序列类型,还有一种不可变的序列类型,即元组。元组在处理数据时提供了不同的优势和应用场景。了解元组的定义和特点,能够帮助用户更全面地掌握 Python 中的数据结构。

1. 元组的定义

Python 中的元组是一个有序的、不可改变的元素的集合,其元素可以是任何数据类型。元组中的元素用逗号隔开,用圆括号括起来,其定义形式如下所示。

```
my_tuple = (1, 2, 3)
print(my_tuple)              #输出：(1, 2, 3)
```

注意：元组一旦被创建就不能被改变。

2. 元组与列表的差异

元组和列表(list)的差异主要体现在以下 8 个方面。

(1) 列表是可变的,这意味着可以修改、添加或删除列表中的元素;而元组是不可变的,一旦创建就不能修改。

(2) 列表通常用于可能会改变的数据集合。元组通常用于不会改变的数据集合。例如,函数从多个值返回时,或者存储那些不应该被修改的数据。

(3) 由于列表是可变的,它们的操作通常比元组慢;元组不可变,因此在某些情况下(尤其是大量数据处理时)会更快。

(4) 列表使用方括号([])定义;元组使用圆括号(())定义。

(5) 列表提供了更多的内置方法,如 append()、remove()、reverse()等,用于修改列表;元组只能使用那些不改变其内容的内置方法,如 count()、index()等。

(6) 列表和元组都支持通过索引和切片来访问元素,但由于元组不可变,所以使用索引或切片修改元组实际上是创建了一个新的元组。

(7) 列表通常用于数据存储和操作;元组通常用于数据存取,尤其是当数据的顺序很重要且不应改变时。

(8) 列表不能用作字典的键,因为它们是可变的;元组可以作为字典的键,因为它们是不可变的。

4.2.2　元组的创建与访问

元组是 Python 中一种非常实用的数据结构,它提供了一种简便的方式来存储和处理不可变的元素集合。与列表类似,元组也支持元素的访问、创建和遍历。下面将详细介绍如何访问元组中的元素、创建元组以及如何遍历元组中的所有元素,从而更好地理解元组在实际编程中的应用。

1. 访问元组元素

在 Python 中,同样通过索引来访问元组中的元素。注意,不要访问超出元组长度的索引。

【例 4-32】 访问元组元素。

```
my_tuple = (1, 'a', 2, 'b', 3,'c')          #创建一个包含 6 个元素的元组
#访问第一个元素
print(my_tuple[0])                          #输出:1
#访问第三个元素
print(my_tuple[2])                          #输出:2
#访问最后一个元素
print(my_tuple[ - 1])                       #输出:c
```

2. 创建元组

(1) 直接创建元组对象。

在 Python 中,可以使用圆括号(())来创建元组。

【例 4-33】 创建空的元组。

```
#创建一个空元组
my_tuple = ()
```

用户还可以在创建元组时就定义多个元素。

【例 4-34】 创建包含多个元素的元组。

```
#创建一个包含多个元素的元组
my_tuple = (1,"apple",2,"banana", 3,"orange")
```

(2) 调用 tuple()函数创建元组对象。

在 Python 中,可以调用 tuple()函数来创建元组。该函数可以将一个可迭代对象转换为一个元组。

【例 4-35】 调用 tuple()函数创建元组。

```
#调用 tuple()函数创建一个元组
my_tuple = tuple ([1, 2, 3])
#打印元组
print(my_tuple)                  #输出:(1, 2, 3)
```

在例 4-35 中,调用 tuple()函数将一个包含 3 个元素的列表转换为一个元组。还可以将字符串转换为元组,每个字符都是元组的一个元素,如例 4-36 所示。

【例 4-36】 调用 tuple()函数将字符串转换为元组。

```
#使用 tuple ()函数将字符串转换为元组
my_tuple= tuple("Hello")
#打印元组
print(my_tuple)                  #输出:('H', 'e', 'l', 'l', 'o')
```

3. 遍历元组元素

（1）使用 for 循环遍历元组。

在 Python 中，可以使用 for 循环来遍历元组中的所有元素。

【例 4-37】 使用 for 循环遍历元组中的元素。

```python
my_tuple = (1, 2, 3, 4, 5)          #创建一个包含5个元素的元组
#遍历元组中的所有元素
for element in my_tuple:
    print(element)                  #输出元组中的每个元素
```

（2）使用 while 循环遍历元组。

使用 while 循环遍历元组的基本结构如下所示。

```python
tuple = (item1, item2, item3, …)
index = 0
while index < len(tuple):
    item = tuple[index]
    #在此处对 item 进行操作
    index += 1
```

【例 4-38】 使用 while 循环遍历一个元组并打印每个元素。

```python
my_tuple = ('apple', 'banana', 'cherry')
index = 0
while index < len(my_tuple):
    item = my_tuple[index]
    print(item)
    index += 1
```

程序输出结果如下所示。

```
apple
banana
cherry
```

4.2.3 元组的删除

del 语句用于删除整个元组，但不能删除元组的元素，如例 4-39 所示。

【例 4-39】 使用 del 语句删除元组。

```python
my_tuple = (1, 2, 3, 4, 5)
del my_tuple                #删除元组 my_tuple
#print(my_tuple)            #提示报错信息:name 'my_tuple' is not defined
```

4.2.4 元组切片

元组切片是 Python 中获取元组子集的一种方法，可以通过切片操作获取元组的一部分。其基本语法与列表切片相同，在此不做赘述。

【例 4-40】　使用切片获取元组的子集。

```
＃创建一个元组
my_tuple = ('a', 'b', 'c', 'd', 'e', 'f', 'g')
＃使用切片获取元组的子集
subset = my_tuple[2:5]              ＃从索引 2 开始到索引 5 之前,不包括索引 5 的元素
print(subset)                       ＃输出:('c', 'd', 'e')
```

还可以使用步长来提取元素。步长可以是正数也可以是负数。

【例 4-41】　在切片中使用步长获取元组的子集。

```
my_tuple = ('a', 'b', 'c', 'd', 'e', 'f', 'g')
sub_tuple = my_tuple[2:6:2]         ＃提取从索引 2 开始,以步长 2 提取元素,得到('c', 'e')
print(sub_tuple)                    ＃输出:('c', 'e')
sub_tuple = my_tuple[6:2: - 2]      ＃提取从索引 6 开始,以步长 - 2 提取元素,得到('g', 'e')
print(sub_tuple)                    ＃输出:('g', 'e')
```

【例 4-42】　切片中省略步长和结束索引,获取元组的子集。

```
my_tuple = ('a', 'b', 'c', 'd', 'e', 'f', 'g')
sub_tuple = my_tuple[2:]            ＃从索引 2 开始到元组末尾,得到('c', 'd', 'e', 'f', 'g')
print(sub_tuple)                    ＃输出:('c', 'd', 'e', 'f', 'g')
```

4.2.5　序列解包

序列解包是 Python 中非常重要和常用的一个功能,可以使用非常简洁的形式完成复杂的功能。大幅度提高了代码的可读性,减少了程序员的代码输入量。

1. 多个变量同时赋值

如例 4-43 所示,使用序列解包可以实现多个变量的同时赋值。

【例 4-43】　使用序列解包对多个变量同时赋值。

```
x, y, z = 1, 5, 9
print(x)
＃结果为: 1
print(y)
＃结果为: 5
print(z)
＃结果为: 9
```

注意:在使用序列解包时,变量的数量必须与值的数量相匹配;否则,Python 会引发一个 ValueError 异常。

2. 对 range 对象进行序列解包

【例 4-44】　调用 range()函数生成一个从 0 到 3 的整数序列(包含 0,不包含 3)。

```
a, b, c = range(3)
print(a)
＃结果为:0
print(b)
```

```
#结果为:1
print(c)
#结果为:2
```

例 4-44 中,a 接收了 range 对象中第 1 个元素,b 接收了第 2 个元素,c 接收了第 3 个元素。

3. 使用迭代器对象进行序列解包

迭代器对象在 Python 中用于遍历和处理数据集合,如列表、元组、字典等。而序列解包则是将序列的元素分别赋值给不同的变量。这两个概念经常一起使用。

【例 4-45】 使用迭代器对象对序列解包。

```
#创建一个列表
my_list = [1, 2, 3, 4, 5]
#使用 iter() 函数获取列表的迭代器对象
it = iter(my_list)
#使用迭代器对象进行序列解包
a, b, c, d, e = it
print(a)              #输出:1
print(b)              #输出:2
print(c)              #输出:3
print(d)              #输出:4
print(e)              #输出:5
```

在例 4-45 中,首先创建了一个列表 my_list,然后调用 iter() 函数获取了列表的迭代器对象 it。最后,使用序列解包将迭代器对象中的元素分别赋值给了变量 a 到 e。这样,就可以单独处理这些元素了。

注意:例 4-45 中假设了列表的元素个数是已知的。如果列表的元素个数未知,那么在进行序列解包时就要小心,因为如果尝试解包的元素个数少于变量个数,会抛出一个 ValueError 异常。例如,如果只有两个元素[1,2],但是尝试赋值给 3 个变量 a,b,c,那么就会抛出异常。

4. 对可迭代对象进行序列解包

序列解包是一种非常方便的将序列(如列表、元组、字符串等)的元素赋值给变量的方式。

【例 4-46】 序列解包实例。

```
#列表解包:
list1 = [1, 2, 3, 4, 5]
a, b, c, d, e = list1
print(a)              #输出:1
print(b)              #输出:2
print(c)              #输出:3
print(d)              #输出:4
print(e)              #输出:5
#元组解包:
tuple1 = (1, 2, 3, 4, 5)
a, b, c, d, e = tuple1
print(a)              #输出:1
print(b)              #输出:2
print(c)              #输出:3
```

```
print(d)                #输出:4
print(e)                #输出:5
#字典解包:
dict1 = {'a': 1, 'b': 2, 'c': 3}
a, b, c = dict1.values()
print(a)                #输出:1
print(b)                #输出:2
print(c)                #输出:3
#字符串解包:
str1 = 'hello'
a, b, c = str1[0], str1[1], str1[2]
print(a)                #输出:'h'
print(b)                #输出:'e'
print(c)                #输出:'l'
```

5. 同时遍历多个序列

使用序列解包可以很方便地同时遍历多个序列,如例 4-47 所示。

【例 4-47】 使用序列解包遍历 zip 对象。

```
name = ['Lily', 'Lucy', 'Jack']
score = [88,98,90]
print("姓名\t成绩")
for n, s in zip(name,score):
    print(n,"\t",s)
```

程序输出结果如下所示。

```
姓名    成绩
Lily    88
Lucy    98
Jack    90
```

例 4-47 中,zip 函数将两个列表组合成一个 zip 对象,然后使用 for 循环和序列解包来遍历这个 zip 对象。

【例 4-48】 使用序列解包遍历 enumerate 对象。

```
#定义一个列表,要同时获取列表的索引和元素
my_list = ['apple', 'banana', 'cherry', 'orange']
#使用 enumerate 函数将列表的索引和元素组合成一个 enumerate 对象
enumerated = enumerate(my_list)
#使用 for 循环和序列解包遍历 enumerate 对象
for (index, item) in enumerated:
    print('位置:', index, '对应的水果是:', item)
```

输出结果如下所示。

```
位置: 0 对应的水果是: apple
位置: 1 对应的水果是: banana
位置: 2 对应的水果是: cherry
位置: 3 对应的水果是: orange
```

例 4-48 中,enumerate 函数将列表的索引和元素组合成一个 enumerate 对象,然后使用

for 循环和序列解包来遍历这个 enumerate 对象。

4.2.6 元组推导式

元组推导式的语法与列表推导式相同在这里不做赘述。

【例 4-49】 使用元组推导式生成一个包含平方数的元组。

```
squares = [(x, x ** 2) for x in range(10)]
print(squares)
#输出:[(0, 0), (1, 1), (2, 4), (3, 9), (4, 16), (5, 25), (6, 36), (7, 49), (8, 64), (9, 81)]
```

例 4-49 中,使用了 range(10)作为可迭代对象,对于每个 x 值,计算 x 的平方并生成一个包含该值的元组。最终生成一个包含 10 个元组的列表 squares。

4.2.7 任务实现

1. 任务分析

创建一个元组存放《西游记》中的故事,再连接一个存放故事的元组生成新的元组,融化元组,访问元组中的元素,打印元组,最后删除元组。主要编程思路如下所示。

(1) 使用圆括号(())创建一个元组,用于存放《西游记》中的故事,如 "大闹天宫""三打白骨精" 等。

(2) 使用加号(+)将这两个元组连接起来,生成一个新的元组。

(3) 使用 tuple()函数融化元组。

(4) 使用索引访问新元组中的特定元素,并打印出来。

(5) 使用 print()函数打印新元组,查看其内容。

(6) 使用 del 关键字删除元组,释放内存空间。

2. 编码实现

任务实现代码如下所示。

```
#创建一个存放故事名称的元组
story_tuple = ("孙悟空大闹天宫", "孙悟空三打白骨精", "三借芭蕉扇")

#继续添加你喜欢的故事
story_tuple += ("猪八戒背媳妇", "真假美猴王")

#使用 tuple()融化元组
story_tuple = tuple(story_tuple)

#访问元组 story_tuple 的元素
for index, story in enumerate(story_tuple):
    print(f"故事 {index + 1}: {story}")

#打印元组 story_tuple
print("元组中的故事有:", end = " ")
print(story_tuple)

#删除元组 story_tuple
del story_tuple
```

程序运行结果如下所示。

```
故事 1: 孙悟空大闹天宫
故事 2: 孙悟空三打白骨精
故事 3: 三借芭蕉扇
故事 4: 猪八戒背媳妇
故事 5: 真假美猴王
元组中的故事有:('孙悟空大闹天宫', '孙悟空三打白骨精', '三借芭蕉扇', '猪八戒背媳妇', '真假美
猴王')
```

任务三：用字典实现《西游记》故事的存储与处理

任务描述：

请编写程序，设计一个字典 story_dict，字典中存放《西游记》中的经典故事名称及故事简介，并打印字典 story_dict 中的内容。

新知准备：

◇ 创建字典；

◇ 读取字典元素；

◇ 添加与修改字典；

◇ 打印字典。

视频讲解

4.3 字典

4.3.1 字典的概述

在 Python 中，字典是一种无序且不重复的数据结构，它可以存储任意类型的数据。字典中的每个数据都是用"键"(key)进行索引，而不像序列可以用下标进行索引。

字典是 Python 中唯一的映射类型，采用键值对(key-value)的形式存储数据。key 必须是不可变类型，如数字、字符串、元组等。字典的键一般是唯一的，如果重复最后的一个键值对会替换前面的。

字典的表示方式是以花括号(｛｝)括起来，以冒号(:)分割的键值对，各键值对之间用逗号(,)分隔开。字典的表示形式如下所示。

```
{'name': 'Alice', 'age': 25, 'city': 'New York'}
```

4.3.2 字典的创建

字典是 Python 中的一种核心数据结构，它提供了一种灵活、高效的方式来存储和访问键值对数据。与列表和元组不同，字典通过键来快速检索对应的值，这种基于键的访问机制使得字典在处理大量数据时表现出色。在开始使用字典之前，用户需要了解如何创建它们，探讨如何通过不同的方式来定义和初始化字典。

1. 直接创建字典对象

在 Python 中，可以使用花括号(｛｝)直接创建一个字典对象。字典中的每个键值对之间用冒号(:)分隔，不同的键值对之间用逗号(,)分隔。

【例 4-50】 创建一个包含 3 个键值对的字典。

```
my_dict = {'name': 'Alice', 'age': 25, 'city': 'New York'}
```

在例 4-50 中,'name'、'age' 和 'city' 是键,'Alice'、25 和 'New York' 是对应的值。

【例 4-51】 使用键来访问字典中的值。

```
print(my_dict['name'])          #输出:Alice
print(my_dict['age'])           #输出:25
print(my_dict['city'])          #输出:New York
```

【例 4-52】 使用 in 关键字来检查某个键是否存在于字典中。

```
if 'name' in my_dict:
    print('Name exists in the dictionary.')
else:
    print('Name does not exist in the dictionary.')
```

【例 4-53】 使用 dict() 函数创建一个字典对象。

```
my_dict = dict(name = 'Alice', age = 25, city = 'New York')
```

2. 调用 dict() 函数通过已有数据快速创建字典

dict() 函数可以用来从其他可迭代对象(如列表、元组等)创建字典。

【例 4-54】 调用 dict() 函数通过已有数据创建字典。

```
#使用 list 创建字典
keys = ['name','number','score']
values = ['Lily','1001',[98,97,99]]
c_dict = dict(zip(keys,values))
print(c_dict)
#输出:{'name': 'Lily', 'number': '1001', 'score': [98, 97, 99]}
#使用元组创建字典
my_dict = dict((('name', 'Alice'), ('age', 25), ('city', 'New York')))
print(my_dict)             #输出:{'name': 'Alice', 'age': 25, 'city': 'New York'}
```

例 4-54 中,调用 zip() 将 keys 和 values 列表中的元素一一对应起来,然后将它们传递给 dict() 函数来创建字典。另外,还可以使用元组来创建字典,每个元组的第一个元素作为键,第二个元素作为值。

注意:字典中的键必须是不可变类型(如字符串、整数、浮点数、元组等),而值可以是任何类型。

3. 调用 dict() 函数根据给定的键、值创建字典

dict() 函数可以接收一系列的键值对,并将它们添加到字典中。

【例 4-55】 调用 dict() 通过根据给定的键、值创建字典。

```
#使用 dict()函数创建字典
my_dict = dict(name = 'Alice', age = 25, city = 'New York')
print(my_dict)            #输出:{'name': 'Alice', 'age': 25, 'city': 'New York'}
```

在例 4-55 中，调用 dict() 函数创建了一个包含 3 个键值对的字典。每个键值对都是一个二元组，第一个元素是键，第二个元素是值。

4. 以给定内容为键，创建值为空的字典

创建一个字典，其中给定内容为键，值为空。

【例 4-56】 以给定内容为键，创建值为空的字典。

```
keys = ['name', 'age', 'city']              #给定内容
adict = dict.fromkeys(keys)
print(adict)                                #输出:{'name': None, 'age': None, 'city': None}
```

例 4-56 中，创建一个新的字典，其中键来自给定的列表 keys，值为 None。

4.3.3 字典元素的读取

字典的读取操作是其最常用的功能之一，它允许用户通过键来访问和检索存储在字典中的值。这种基于键值对的访问方式，使得字典在数据查询和操作中表现出极高的效率和灵活性。为了更好地利用字典进行数据管理，用户需要掌握如何正确读取字典中的数据。

1. 通过下标读取字典元素

【例 4-57】 以键为下标读取字典元素，若键不存在则抛出异常。

```
#创建一个字典
my_dict = {'name': 'Alice', 'age': 25, 'city': 'New York'}
#使用存在的键访问字典元素
print(my_dict['name'])                      #输出:Alice
#使用不存在的键访问字典元素,将抛出 KeyError 异常
print(my_dict['job'])                       #KeyError: 'job' is not in dictionary
```

例 4-57 中，通过键 'name' 的值来读取字典元素 'Alice'，若通过不存在的键访问字典元素，将抛出 KeyError 异常。

2. 调用字典对象函数

（1）字典对象的 get() 函数，用于获取指定键对应的值。如果指定的键不存在于字典中，get() 将返回一个默认值（如果提供），或者返回 None（如果未提供默认值）。其使用如例 4-58 所示。

【例 4-58】 调用字典对象的 get() 获取指定键对应的值。

```
my_dict = {'name': 'Alice', 'age': 25, 'city': 'New York'}
#使用 get() 方法获取指定键对应的值
print(my_dict.get('name'))                  #输出:Alice
print(my_dict.get('job'))                   #输出:None
print(my_dict.get('job', 'Unknown'))        #输出:Unknown
```

例 4-58 中，当尝试获取键 'job' 的值时，由于该键不存在于字典 my_dict 中，因此 get() 返回 None。

（2）items() 函数返回一个包含字典所有项（键值对）的列表，该列表的元素是元组，如例 4-59 所示。

【例 4-59】 items()函数使用案例。

```
my_dict = {'name': 'Alice', 'age': 25, 'city': 'New York'}
items = my_dict.items()
print(items)
#输出:dict_items([('name', 'Alice'), ('age', 25), ('city', 'New York')])
```

（3）keys()函数返回一个包含字典所有键的列表,如例 4-60 所示。

【例 4-60】 keys()函数使用案例。

```
my_dict = {'name': 'Alice', 'age': 25, 'city': 'New York'}
keys = my_dict.keys()
print(keys)          #输出:['name', 'age', 'city']
```

（4）values()函数返回一个包含字典所有值的列表,如例 4-61 所示。

【例 4-61】 values()函数使用案例。

```
my_dict = {'name': 'Alice', 'age': 25, 'city': 'New York'}
values = my_dict.values()
print(values)          #输出:['Alice', 25, 'New York']
```

3. 通过序列解包读取字典的键与值

字典本身就是一个有序的键值对集合,其中键和值都是对应的。可以通过序列解包来分别读取字典的键和值,如例 4-62 所示。

【例 4-62】 通过序列解包读取字典的键与值。

```
my_dict = {'name': 'Alice', 'age': 25, 'city': 'New York'}
#通过序列解包分别读取键和值
keys = my_dict.keys()
values = my_dict.values()
#打印键和值
print("Keys:", keys)              #输出:Keys: ['name', 'age', 'city']
print("Values:", values)          #输出:Values: ['Alice', 25, 'New York']
#使用 for 循环打印键和值
for k,v in my_dict.items():
    print(k,"\t",v)
```

在例 4-62 中,my_dict.keys()函数返回一个包含字典所有键的序列(list),而 my_dict.values()函数返回一个包含字典所有值的序列。然后可以通过序列解包将这些键和值分别赋值给变量 keys 和变量 values。

4.3.4 字典元素的添加与修改

字典的动态性使其成为一种非常灵活的数据结构,可以在任何时候添加、修改或删除其中的元素。这种能力使得字典在处理变化的数据集时特别有用。在了解如何添加和修改字典元素之后,用户将能够更加自如地操作字典,以满足不同的编程需求。这些操作对于高效地使用字典进行数据管理至关重要。

1. 通过下标修改/添加元素

当使用特定键作为下标为字典赋值时,如果该键已存在,则可以修改该键对应的值;如果该键不存在,这意味着将添加一个新的键和值对到字典中。

【例 4-63】 以指定键为下标为字典赋值。

```
a_dict = {"name":"Lily","sex":'F',"age":18}
a_dict["name"] = "Lucy"
print(a_dict)                    #输出:{'name': 'Lucy', 'sex': 'F', 'age': 18}
a_dict["city"] = "SuZhou"
print(a_dict)                    #输出:{'name': 'Lucy', 'sex': 'F', 'age': 18, 'city': 'SuZhou'}
```

2. 调用 update()函数

字典对象的 update()函数可以用来合并两个字典,添加指定字典的键值对到当前字典,如果键已经存在,那么会更新对应的值。

【例 4-64】 update()函数使用案例。

```
a_dict = {"name":"Lily","sex":'F',"age":18}
a_dict.update({"city":"SuZhou","score":92})
print(a_dict)
#运行结果:{'name': 'Lily', 'sex': 'F', 'age': 18, 'city': 'SuZhou', 'score': 92}
a_dict.update({"city":"ShangHai","score":92})
print(a_dict)
#运行结果:{'name': 'Lily', 'sex': 'F', 'age': 18, 'city': 'ShangHai', 'score': 92}
```

3. del 语句

在 Python 中,可以调用 del 语句来删除字典中指定的键(key)及其对应的值(value)。

【例 4-65】 调用 del 删除字典中指定键的元素。

```
a_dict = {'name': 'Lily', 'sex': 'F', 'age': 18, 'city': 'ShangHai', 'score': 92}
del a_dict['score']
print(a_dict)
#运行结果:{'name': 'Lily', 'sex': 'F', 'age': 18, 'city': 'ShangHai'}
```

4. 调用 pop()函数

字典对象的 pop()函数删除并返回指定键的元素。如果键不存在于字典中,该方法将引发一个 KeyError 异常。

【例 4-66】 调用 pop()函数删除并返回字典中指定键的元素。

```
a_dict = {'name': 'Lily', 'sex': 'F', 'age': 18, 'city': 'ShangHai', 'score': 92}
#删除键为'score'的元素并打印结果
removed_value = a_dict.pop('score')
print(removed_value)             #输出:92
print(a_dict)
#运行结果:{'name': 'Lily', 'sex': 'F', 'age': 18, 'city': 'ShangHai'}
```

例 4-66 中,pop()删除了键为'score'的元素,并将其值存储在变量 removed_value 中。然后,打印 removed_value 和修改后的字典以确认元素已被成功删除。

5. 调用 popitem()函数

popitem()函数用于随机删除字典中的一对键值对,并以元组形式返回删除的键值对。该方法没有参数,可以直接在字典上调用。

【例 4-67】　调用 popitem() 函数删除并返回字典中的一个元素。

```
my_dict = {'name':'Tom', 'age': 20 ,'gender':'男'}
#删除并打印一个随机元素
item = my_dict.popitem()
print(item)              #输出:('gender','男')
print(my_dict)           #输出:{'name': '张三','age': 20}
```

例 4-67 中,popitem() 函数随机删除了字典 my_dict 中的一个元素,并将其作为包含键和值的元组存储在变量 item 中。然后,打印了这个元组和修改后的字典以确认元素已被成功删除。

6. 调用 clear() 函数

clear() 函数会移除字典中的所有键值对,使其变为空字典。

【例 4-68】　调用 clear() 函数删除所有键值对。

```
a_dict = {'name':'Tom', 'age': 20 ,'gender':'男'}
#删除字典中的所有元素
a_dict.clear()
#打印修改后的字典,此时为空字典
print(a_dict)              #输出:{}
```

例 4-68 中,clear() 删除了字典 a_dict 中的所有元素,使其变为空字典。然后打印了修改后的字典以确认元素已被成功删除。

4.3.5　字典推导式

字典推导式(Dictionary Comprehension)是 Python 中的一种表达式,允许调用循环结构来创建字典。这种表达式非常适合从列表或集合中创建字典,或者从嵌套的迭代结构中提取键值对。字典推导式的基本语法如下所示。

```
{key_expression for item in iterable}
```

key_expression 是生成键的表达式,item 是迭代器中的每个元素,iterable 是要迭代的对象。

【例 4-69】　将一个列表转化为一个字典,列表中的元素作为键,元素的平方作为值。

```
squares = [1, 2, 3, 4, 5]
squares_dict = {x: x ** 2 for x in squares}
print(squares_dict)          #输出:{1: 1, 2: 4, 3: 9, 4: 16, 5: 25}
```

4.3.6　任务实现

1. 任务分析

创建一个包含几个《西游记》故事的字典,添加、修改、删除字典中的元素,并通过循环打印每个故事的名字和简介。可以根据需要自行更新字典中的故事。主要编程思路如下所示。

(1) 创建一个空的字典,用于存放《西游记》中的故事。

（2）向字典中添加几个故事，每个故事的键为故事名称，值为故事简介。例如，"大闹天宫"的键为"大闹天宫"，值为"孙悟空在天宫引发的混乱"，并打印。

（3）修改字典中的某个故事的简介。例如，将"大闹天宫"的简介更新为"孙悟空在天宫引发的巨大混乱"，并打印。

（4）从字典中删除某个故事。例如，删除"大闹天宫"这个故事，打印删除后的信息。

（5）通过循环遍历字典，并输出每个故事的名字和简介。

2. 编码实现

任务实现代码如下所示。

```python
#创建一个字典,包含《西游记》中的几个故事名称和简介
story_dict = {
    "三打白骨精": "唐僧师徒四人经过宛子山时,白骨精先后变成村姑、老妪和老丈试图欺骗唐僧,但
        三次都被孙悟空识破并打死。",
    "孙悟空三借芭蕉扇": "为了过火焰山,孙悟空先后三次前往芭蕉洞借芭蕉扇。",
    "五行山压孙悟空": "孙悟空大闹天宫后,被如来佛祖压在五行山下。"
}
#添加更多的故事到字典中
story_dict.update({"真假美猴王":"孙悟空与六耳猕猴大战,最终如来佛祖辨明真身,孙悟空打死六耳
    猕猴。","智取红孩儿":"孙悟空为了救回师父唐僧,与红孩儿斗智斗勇的故事。"})
#修改字典中的故事《五行山压孙悟空》
story_dict["五行山压孙悟空"] = "孙悟空反抗天庭,但最终没能逃出佛祖的掌心,被压在了五行
    山下。"
print(story_dict)
#删除字典中的故事《孙悟空三借芭蕉扇》
del story_dict["孙悟空三借芭蕉扇"]
#打印字典中的内容
for story_name, story_summary in story_dict.items():
    print(f"{story_name}: {story_summary}")
```

程序运行结果如下所示。

```
{'三打白骨精': '唐僧师徒四人经过宛子山时,白骨精先后变成村姑、老妪和老丈试图欺骗唐僧,但三次
    都被孙悟空识破并打死。', '孙悟空三借芭蕉扇': '为了过火焰山,孙悟空先后三次前往芭蕉洞借
    芭蕉扇。', '五行山压孙悟空': '孙悟空反抗天庭,但最终没能逃出佛祖的掌心,被压在了五行山
    下。', '真假美猴王': '孙悟空与六耳猕猴大战,最终如来佛祖辨明真身,孙悟空打死六耳猕猴。',
    '智取红孩儿': '孙悟空为了救回师父唐僧,与红孩儿斗智斗勇的故事。'}
三打白骨精: 唐僧师徒四人经过宛子山时,白骨精先后变成村姑、老妪和老丈试图欺骗唐僧,但三次都
    被孙悟空识破并打死。
五行山压孙悟空: 孙悟空反抗天庭,但最终没能逃出佛祖的掌心,被压在了五行山下。
真假美猴王: 孙悟空与六耳猕猴大战,最终如来佛祖辨明真身,孙悟空打死六耳猕猴。
智取红孩儿: 孙悟空为了救回师父唐僧,与红孩儿斗智斗勇的故事。
```

任务四：用集合实现《西游记》人物特性的分析

任务描述：

请编写程序，设计两个集合 Sun_set 和 Zhu_set，分别存放孙悟空和猪八戒的特性，给两个集合 Sun_set 和 Zhu_set 中添加新的元素、移除元素来更新集合，对两个集合 Sun_set 和 Zhu_set 进行运算，输出孙悟空和猪八戒共同的特性、孙悟空有但猪八戒没有的特性、孙悟空和猪八戒两个人所有的特性、孙悟空和猪八戒不共有的特性。

新知准备：

  ◇ 创建集合；

  ◇ 删除集合；

  ◇ 集合操作。

视频讲解

4.4 集合

4.4.1 集合的概述

Python 中的集合（set）是一种无序且不重复的数据集合，可以用于存储多个唯一的元素。集合用一对花括号界定，元素不可重复，同一个集合中每个元素都是唯一的，如{1,5,7}。

集合中只能包含数字、字符串、元组等不可变类型的数据，而不能包含列表、字典、集合等可变类型的数据。

4.4.2 创建集合

在开始使用集合之前，用户需要了解如何创建它们，并探讨如何通过不同的方式来定义和初始化集合。这些知识将帮助用户更好地理解和运用集合在数据处理和存储中的应用。

1. 直接将集合赋值给变量

调用花括号（{}）将元素包含起来，元素之间用逗号（,）分隔，如例 4-70 所示。

【例 4-70】 直接将集合赋值给变量。

```
#创建一个包含 5 个元素的集合
a = {3,5,6,'a',1.23}
print(a)                 #输出结果为:{1.23, 3, 5, 6, 'a'}              #集合是无序的
```

2. 调用 set() 函数

调用 set() 函数可以将其他类型的数据转换为集合。set() 函数会移除数据中的重复项，然后返回一个包含唯一元素的集合。如果有一个列表并且想去除其中的重复项，可以调用 set() 函数。

【例 4-71】 调用 set() 函数去除集合中的重复项。

```
my_list = [1, 2, 2, 3, 4, 4, 5]
my_set = set(my_list)
print(my_set)            #输出:{1, 2, 3, 4, 5}
```

【例 4-72】 调用 set() 函数将字符串转换为集合。

```
my_str = "hello"
my_set = set(my_str)
print(my_set)            #输出:{'l', 'h', 'o', 'e'}
```

4.4.3 集合元素的添加与删除

集合的强大之处在于其提供了简单而高效的方法来添加和删除元素。这种动态性使得集

合在处理数据时非常灵活,能够快速适应数据的变化。了解如何添加和删除集合元素是掌握集合使用的关键。

1. add()函数

集合是无序的,所以输出结果可能与添加元素的顺序不完全一致。但是,元素是唯一的,不会重复添加。换言之,如果添加一个已经存在于集合中的元素,add()函数不会有任何效果。

【例 4-73】　调用 add()函数向集合中添加元素。

```
my_set = {3,5,6,'a',1.23}
my_set.add("hello")
print( my_set)
#输出结果为:{1.23, 3, 5, 6, 'hello', 'a'}
my_set.add(3)
print( my_set)
#输出结果为:{1.23, 3, 5, 6, 'hello', 'a'}
print( my_set.add([1,3,5]))
#错误信息为:
# Traceback (most recent call last):
#  File "< stdin >", line 1, in < module >
# TypeError: unhashable type: 'list'
```

例 4-73 中,首先创建了一个集合 my_set,包含了 5 个元素,然后调用 add()函数向其中添加了一个不存在的元素,打印集合的内容。再者,添加了一个已存在的元素,打印集合的内容。最后,添加了一个列表,显示错误。

注意:只可添加不可变元素,否则会报错。

2. pop()函数

pop()函数是随机选择一个元素进行删除,被删除的元素具体是什么并不清楚。

【例 4-74】　调用 pop()函数弹出并删除其中一个元素。

```
#创建一个集合
my_set = {1.23, 3, 5, 6, 'hello', 'a'}
#弹出并删除一个元素
removed_element = my_set.pop()
#打印被删除的元素
print(removed_element)              #输出: 1.23
#打印集合,已经少了一个元素
print(my_set)                      #输出: {3, 5, 6, 'hello', 'a'}
```

例 4-74 中,pop()函数随机选择了集合中的一个元素进行删除,并返回它。然后打印了被删除的元素,并再次打印了集合,可以看到集合中已经少了一个元素。

3. remove()函数

remove()函数可以从集合中删除指定的元素。如例 4-75 所示,remove()函数寻找并删除了指定的元素'hello',然后打印集合,可以看到集合中已经少了元素'hello'。

【例 4-75】　调用 remove()函数直接删除指定元素。

```
#创建一个集合
my_set = {1.23, 3, 5, 6, 'hello', 'a'}
```

```
#删除一个元素
my_set.remove('hello')
#打印集合,已经少了一个元素
print(my_set)              #输出:{1.23,3, 5, 6, 'a'}
```

4. clear()函数

clear()函数可以清空一个集合,移除集合中的所有元素。如例 4-76 所示,clear()函数移除了集合 my_set 中的所有元素,然后打印了集合,可以看到集合已经变为空集。

【例 4-76】 调用 clear()函数清空一个集合。

```
#创建一个集合
my_set = {1.23, 3, 5, 6, 'hello', 'a'}
#清空集合
my_set.clear()
#打印集合,应为空集
print(my_set)              #输出:set()
```

5. del 命令

调用 del 命令可以删除整个集合。如例 4-77 所示,首先创建了一个包含几个元素的集合 my_set,然后调用 del 命令将其删除。尝试再次打印集合会导致错误,因为集合已经不存在了。

【例 4-77】 调用 del 命令删除整个集合。

```
#创建一个集合
my_set = {1.23, 3, 5, 6, 'hello', 'a'}
#打印集合
print(my_set)              #输出:{1.23, 3, 5, 6, 'hello', 'a'}
#调用 del 命令删除集合
del my_set
#尝试打印集合,会报错,因为集合已经被删除
#print(my_set)             #NameError: name 'my_set' is not defined
```

4.4.4 集合操作

在 Python 中可以进行多种集合操作,包括子集、并集、交集、差集、对称差集等,如例 4-78 所示。

【例 4-78】 集合操作。

```
#定义两个集合
set1 = {1, 2, 3, 4}
set2 = {3, 4, 5, 6}
#子集
subset_set = set1.issubset(set2)
print(subset_set)              #输出:False
#并集
union_set = set1.union(set2)
print(union_set)              #输出:{1, 2, 3, 4, 5, 6}
#交集
intersection_set = set1.intersection(set2)
```

```
print(intersection_set)              #输出：{3, 4}
#差集
difference_set = set1.difference(set2)
print(difference_set)                #输出：{1, 2}
#对称差集
symmetric_difference_set = set1.symmetric_difference(set2)
print(symmetric_difference_set)      #输出：{1, 2, 5, 6}
```

注意：以上这些操作都不会修改原始的集合，而是返回一个新的集合。如果想修改原始的集合，可以重新赋值，如 set1=set1.union(set2)。

4.4.5 任务实现

1. 任务分析

创建两个集合 Sun_set 和 Zhu_set，分别存储孙悟空和猪八戒的特性。主要编程思路如下所示。

（1）给两个集合 Sun_set 和 Zhu_set 中添加元素、移除集合中的元素，更新孙悟空和猪八戒的特性。

（2）对两个集合 Sun_set 和 Zhu_set 进行操作。

2. 编码实现

任务实现代码如下所示。

```
#定义一个集合 Sun_set,存储孙悟空的特性
Sun_set = {"一心向善","坚韧不拔","不畏艰险","勇敢机智","鲁莽"}
#定义另一个集合 Zhu_set,存放猪八戒的特性
Zhu_set = ["一心向善","坚韧不拔","不畏艰险","好吃懒做","憨厚可爱"]
Zhu_set = set(Zhu_set)
#给集合 Zhu_set 添加猪八戒其他的特性
Zhu_set.add("幽默乐观")
#打印显示猪八戒的特性
print("猪八戒的特性:",Zhu_set)
#给集合 Sun_set 添加孙悟空其他的特性
Sun_set.update(["争强好胜","足智多谋","灵活应变"])
#删除集合 Sun_set 中孙悟空的"鲁莽"特性
Sun_set.remove("鲁莽")
#打印显示孙悟空的特性
print("孙悟空的特性:",Sun_set)
print("孙悟空和猪八戒的共同特性:",Sun_set.intersection(Zhu_set))
print("孙悟空和猪八戒两个人所有的特性:",Sun_set.union(Zhu_set))
print("孙悟空有但猪八戒没有的特性:",Sun_set.difference(Zhu_set))
print("孙悟空和猪八戒不共有的特性:",Sun_set.symmetric_difference(Zhu_set))
```

程序运行结果如下所示。

```
猪八戒的特性:{'一心向善', '好吃懒做', '幽默乐观', '坚韧不拔', '憨厚可爱', '不畏艰险'}
孙悟空的特性:{'一心向善', '坚韧不拔', '足智多谋', '灵活应变', '勇敢机智', '争强好胜', '不畏艰险'}
孙悟空和猪八戒的共同特性:{'一心向善', '不畏艰险', '坚韧不拔'}
孙悟空和猪八戒两个人所有的特性:{'一心向善', '好吃懒做', '幽默乐观', '坚韧不拔', '灵活应变', '足智多谋', '憨厚可爱', '勇敢机智', '争强好胜', '不畏艰险'}
```

孙悟空有但猪八戒没有的特性：{'争强好胜', '灵活应变', '足智多谋', '勇敢机智'}
孙悟空和猪八戒不共有的特性：{'好吃懒做', '足智多谋', '憨厚可爱', '灵活应变', '勇敢机智', '幽默乐观', '争强好胜'}

任务五：统计《西游记》中人物出现的次数

任务描述：

《西游记》中有很多经典的故事，比如真假美猴王、孙悟空大闹天宫、孙悟空大战红孩儿等。以"真假美猴王"为例，统计该故事中人物出现的次数。

新知准备：

　　◇ 创建字符串；

　　◇ 字符串操作。

4.5　字符串

视频讲解

4.5.1　字符串的概述

字符串是 Python 中一种非常基础且重要的数据类型。字符串是由零个或多个字符组成的一种数据类型，这些字符可以是字母、数字、符号，也可以是特殊字符。

4.5.2　字符串的创建

字符串用单引号('')或双引号(" ")括起来的。当创建的字符串跨行或者含有换行符或者制表符等特殊符号时用三个引号(""")。

【例4-79】　创建字符串。

```
str1 = 'Hello, World!'
print(str1)
str2 = "Hello, World!"
print(str2)
str3 = '''All work and no play makes Jack a dull boy.
只玩耍,不工作,聪明小伙也变傻.'''
print(str3)
```

注意：Python 中的字符串是不可变的，不能更改字符串中的字符。如果要改变一个字符串，必须创建一个新的字符串。

4.5.3　字符串元素的访问

在编程中，用户经常需要访问字符串中的特定字符或子字符串，以便进行进一步的操作和处理。了解如何访问字符串元素是进行文本处理的基础。这些知识将帮助用户更好地理解和运用字符串在编程中的应用。

1. 通过下标访问

可以通过索引来访问字符串中的元素。字符串是一个不可变的数据类型，不能更改字符串中的字符，但可以访问并操作它们。负索引可以从字符串的末尾开始计数。

【例 4-80】 通过下标访问字符串。

```
s = 'Hello, World!'
♯访问字符串的第一个元素
print(s[0])                    ♯输出 'H'
♯访问字符串的最后一个元素
print(s[-1])                   ♯输出 '!'
♯访问字符串的某个特定索引的元素
print(s[7])                    ♯输出 'W'
print(s[-1])                   ♯输出 '!',这是字符串的最后一个字符
print(s[-2])                   ♯输出 'd',这是字符串倒数第二个字符
print(s[20])                   ♯抛出 IndexError,因为 s 只有 13 个字符
```

2. 通过字符串切片访问

可以调用切片操作来访问或操作字符串的子串。切片操作的基本语法与列表相同，这里不做赘述。相关操作可以参考例 4-81～例 4-84。

【例 4-81】 通过字符串切片访问字符串。

```
s = 'Hello, World!'
print(s[0:5])                  ♯输出 'Hello'
print(s[7:12])                 ♯输出 'World'
```

【例 4-82】 切片只提供起始索引。

```
print(s[7:])                   ♯输出 'World!'
```

【例 4-83】 切片只提供结束索引。

```
print(s[:5])                   ♯输出 'Hello'
```

【例 4-84】 通过负索引的字符串切片方式访问字符串。

```
print(s[-1:])                  ♯输出 '!'
print(s[-6:])                  ♯输出 'World!'
```

4.5.4 字符串常用内置函数

Python 为字符串提供了一系列内置函数，这些函数可以大大简化字符串的处理和操作。无论用户需要进行基本的字符串转换、搜索和替换操作，还是想要获取字符串的长度、分割字符串等，Python 的内置函数都能提供强大的支持。掌握这些内置函数，可以使用户的代码更加简洁、高效。

1. 字符串的类型判断

isXX()函数用于判断字符串中的元素是否全部为字母、数字、标题等。如果是，则返回 True；否则返回 FALSE。相关函数如表 4-1 所示。

表 4-1 字符串类型判断相关函数

函 数	说 明	函 数	说 明
str. isalpha()	是否全为字母	str. isupper()	是否全为大写
str. isdecimal()	是否只包含十进制数字字符	str. isnumeric()	是否只包含数字字符
str. isdigit()	是否全为数字(0~9)	str. isprintable()	是否只包含可打印字符
str. isidentifier()	是否是合法标识符	str. isspace()	是否只包含空白字符
str. islower()	是否全为小写	str. istitle()	是否为标题,即各单词首字母大写

【例 4-85】 字符串的类型判断实例。

```
#判断一个字符串是否全为字母或数字
s1 = 'Hello123'
print(s1.isalnum())              # True
#判断一个字符串是否全为字母
s2 = 'HelloWorld'
print(s2.isalpha())              # True
#判断一个字符串是否只包含十进制数字字符
s3 = '12345'
print(s3.isdecimal())            # True
#判断一个字符串是否全为数字(0~9)
s4 = '1234567890'
print(s4.isdigit())              # True
#判断一个字符串是否是合法标识符
s5 = 'variable_name'
print(s5.isidentifier())         # True
#判断一个字符串是否全为小写
s6 = 'hello'
print(s6.islower())              # True
#判断一个字符串是否全为大写
s7 = 'HELLO'
print(s7.isupper())              # True
#判断一个字符串是否只包含数字字符
s8 = '12345'
print(s8.isnumeric())            # True
#判断一个字符串是否只包含可打印字符
s9 = 'Hello, World!'
print(s9.isprintable())          # True
#判断一个字符串是否只包含空白字符
s10 = ''
print(s10.isspace())             # True
#判断一个字符串是否为标题,即各单词首字母大写
s11 = 'Hello, World!'
print(s11.istitle())             # True
```

2. 字母处理

在字符串的处理过程中,经常需要进行大小写字母的统一,相关函数如表 4-2 所示。

表 4-2 字母处理相关函数

函 数	说 明	函 数	说 明
str. capitalize()	转换为首字母大写,其余小写	str. swapcase()	大小写互换
str. lower()	转换为小写	str. title()	转换为各单词首字母大写
str. upper()	转换为大写	str. casefold()	转换为大小写无关字符串比较的格式字符串

【例 4-86】 字母处理实例。

```
# str.capitalize()                    # 转换为首字母大写,其余小写
str1 = "hello, world!"
print(str1.capitalize())             # 输出: "Hello, world!"
# str.lower()                         # 转换为小写
str2 = "Hello, World!"
print(str2.lower())                  # 输出: "hello, world!"
# str.upper()                         # 转换为大写
str3 = "Hello, World!"
print(str3.upper())                  # 输出: "HELLO, WORLD!"
# str.swapcase()                      # 大小写互换
str4 = "Hello, World!"
print(str4.swapcase())               # 输出: "hELLO, wORLD!"
# str.title()                         # 转换为各单词首字母大写
str5 = "hello, world!"
print(str5.title())                  # 输出: "Hello, World!"
# str.casefold()                      # 转换为大小写无关字符串比较的格式字符串
str6 = "Hello, World!"
print(str6.casefold())               # 输出: "hello, world!"
```

3. 字符串的填充、空白和对齐

在输出字符串时,需要限定字符串的格式,如对齐方式、填充字符等。相关的函数主要有 xjust()、zfill()、center()等。Python 中与字符串的填充与对齐相关的函数如表 4-3 所示。

表 4-3　字符串的填充与对齐相关函数

函　　　数	说　　　明
str. zfill(width)	左填充,调用 0 填充到 width 长度
str. center(width[, fillchar])	两边填充,调用填充字符 fillchar(默认空格)填充到 width 长度
str. ljust(width[, fillchar])	左填充,调用填充字符 fillchar (默认空格)填充到 width 长度
str. rjust(width[, fllchar])	右填充,调用填充字符 fillchar (默认空格)填充到 width 长度
str. expandtabs([tabsize])	将字符串中的制表符(tab)扩展为若干个空格,tabsize 默认为 8

【例 4-87】 字符串的填充、空白和对齐实例。

```
# 调用 zfill 方法将字符串填充为指定长度,不足部分用 0 填充
print("hello".zfill(10))             # 输出:00000hello
# 调用 center 方法将字符串填充为指定长度,不足部分用填充字符填充
print("hello".center(10, '*'))       # 输出:** hello ***
# 调用 ljust 方法将字符串填充为指定长度,不足部分用填充字符填充
print("hello".ljust(10, '*'))        # 输出:hello *****
# 调用 rjust 方法将字符串填充为指定长度,不足部分用填充字符填充
print("hello".rjust(10, '*'))        # 输出:***** hello
# 调用 expandtabs 方法将字符串中的制表符(tab)扩展为若干个空格
print("hello\tworld".expandtabs())   # 输出:hello world
```

例 4-87 中,调用了字符串的 zfill()、center()、ljust()、rjust()和 expandtabs()等函数来对字符串进行填充。

4. 字符串的查找和替换

在日常的数据处理工作过程中,经常会查找特定的字符串,或者对某些子字符串执行替换

操作。Python 中与字符串的查找和替换相关的函数如表 4-4 所示。

表 4-4　字符串的查找和替换相关函数

函　　数	说　　明
str.startswith(prefix[，start[，end]])	是否以 prefix 开头
str.endswith(suffix[，start[，end]])	是否以 suffix 结尾
str.count(sub[，start[，end]])	返回指定字符串出现的次数
str.index(sub[，start[，end]])	搜索指定字符串，返回下标，没有则导致 ValueError
str.rindex(sub[，start[，end]])	从右边开始搜索指定字符串，返回下标
str.find(sub[，start[，end]])	搜索指定字符串，返回下标，没有则返回 -1
str.rfind(sub[，start[，end]])	从右边开始搜索指定字符串，返回下标，没有则返回 -1
str.replace(old，new[，count])	替换 old 为 new，可选 count 为替换最大次数

【例 4-88】 字符串的查找和替换实例。

```
# str.startswith(prefix[, start[, end]])
print("hello world".startswith("he"))          # True
# str.endswith(suffix[, start[, end]])
print("hello world".endswith("rld"))           # True
# str.count(sub[, start[, end]])
print("hello world".count("o"))                # 2
# str.index(sub[, start[, end]])
print("hello world".index("o"))                # 4
# str.rindex(sub[, start[, end]])
print("hello world".rindex("o"))               # 7
# str.find(sub[, start[, end]])
print("hello world".find("e"))                 # 1
# str.rfind(sub[, start[, end]])
print("hello world".rfind("o"))                # 7
# str.replace(old, new[, count])
print("hello world".replace("world", "Python"))    # hello Python
```

5. 字符串的拆分和组合

字符串的拆分，可以帮助用户提取精简的有用的信息。字符串的组合，可以方便数据的存储。字符串的拆分与组合相关函数介绍如表 4-5 所示。

表 4-5　字符串的拆分与组合相关函数

函　　数	说　　明
str.split(sep=None，maxsplit=−1)	按指定字符（默认为空格）分割字符串，返回列表 maxsplit 为最大分割次数，默认−1，无限制
str.rsplit(sep=None，maxsplit=−1)	从右侧按指定字符分割字符串，返回列表
str.partition(sep)	根据分隔符 sep，分割字符串为两部分，返回元组(left, sep, right)
str.rpartition(sep)	根据分隔符 sep 从右侧分割字符串为两部分，返回元组(left, sep, right)
str.splitlines([keepends])	按行分割字符串，返回列表
str.join(iterable)	组合 iterable 中的各元素成字符串，若包含非字符串元素，则导致 TypeError

【例 4-89】 字符串的拆分和组合实例。

```
# 分割字符串
my_str = "Hello, World!"
```

```
#按空格分割字符串
str_list1 = my_str.split()
print(str_list1)                    #['Hello,', 'World!']
#按逗号分隔字符串
str_list2 = my_str.split(',')
print(str_list2)                    #['Hello', 'World!']
#按指定字符分割字符串,返回列表
str_list3 = my_str.split('o')
print(str_list3)                    #['Hell,', 'W,', 'rld!']
#从右侧按指定字符分割字符串,返回列表
str_list4 = my_str.rsplit(',')
print(str_list4)                    #['Hello ', 'World!']
#根据分隔符分割字符串为两部分,返回元组
str_tuple1 = my_str.partition('o')
print(str_tuple1)                   #('Hell,', 'o', ', World!')
#根据分隔符从右侧分割字符串为两部分,返回元组
str_tuple2 = my_str.rpartition('o')
print(str_tuple2)                   #('Hello, W', 'o', 'rld!')
#按行分割字符串,返回列表
str_list5 = my_str.splitlines()
print(str_list5)                    #['Hello,World!']
#组合 iterable 中的各元素成字符串,若包含非字符串元素,则导致 TypeError
iterable = ['Hello', 123, 'World']
str_join = ''.join(iterable)
print(str_join)
#TypeError: iterable must not contain inconvertible elements
```

4.5.5 字符串常量

Python 标准库 string 中定义了数字字符、标点符号、英文字母、大写字母、小写字母等常量,包括数字字符 string.digits、标点符号 string.punctuation、英文字母 string.ascii_letters、大写字母 string.ascii_uppercase、小写字母 string.ascii_lowercase。

【例 4-90】 字符串常量实例。

```
import string
print(string.digits)                #输出: '0123456789'
print(string.punctuation)           #输出: '!"#$%&\'()*+,-./:;<=>?@[\\]^_`{|}~'
print(string.ascii_letters)
#输出: 'ABCDEFGHIJKLMNOPQRSTUVWXYZabcdefghijklmnopqrstuvwxyz'
print(string.ascii_lowercase)       #输出: 'abcdefghijklmnopqrstuvwxyz'
print(string.ascii_uppercase)       #输出: 'ABCDEFGHIJKLMNOPQRSTUVWXYZ'
```

4.5.6 任务实现

1. 任务分析

创建一个字符串 str,用来存储"真假美猴王"故事简介。统计该故事简介中,人物出现的次数。主要编程思路如下所示。

(1) 创建一个字符串变量 str,用于存储"真假美猴王"故事的简介。

(2) 使用 print()函数打印该字符串,以便查看其内容。

(3) 创建一个字典,用于统计故事简介中各个字符出现的次数。

（4）遍历字符串 str 中的每个字符，使用字典的 get()方法统计每个字符出现的次数。

（5）使用 print()函数打印字典，查看每个字符出现的次数。

2．编码实现

任务实现代码如下所示。

```
str = "真假美猴王是《西游记》中的经典故事，讲述了孙悟空与六耳猕猴之间的斗争。故事中，唐僧、孙
悟空师徒四人在击败了有意挑衅的六耳猕猴后，继续向西天前进，来到了西凉女国。在唐僧前往
王宫内换取通关牒文的过程中，女王见唐僧仪容俊美，情愿以身相许，让位于唐僧。孙悟空机灵
乖巧，用计稳住了女王，并乘机赚得了通关牒文，使师徒四人逃离了西凉女国。然而，六耳猕猴不
甘心自己的失败，加之他想独往西天取经，赢得名声，身成正果。他趁孙悟空不在时变成悟空模
样，打伤了唐僧，抢走了行李和通关牒文。沙僧从观音处找来悟空，真假猴王开始了一场激烈的
战斗。在战斗中，观音、玉帝、唐僧、阎王等都无法分辨真假美猴王。最后，如来佛祖识破了六耳
猕猴的真身，孙悟空一棍将他打死。师徒四人战胜了六耳猕猴之后，又踏上了去西天取经的漫漫
长路。"
count1 = str.count("唐僧")
count2 = str.count("孙悟空")
count3 = str.count("猪八戒")
count4 = str.count("沙僧")
count5 = str.count("六耳猕猴")
count6 = str.count("如来佛祖")
count7 = str.count("观音")
count8 = str.count("阎王")
print(f"唐僧出现的次数是:{count1}")
print(f"孙悟空出现的次数是:{count2}")
print(f"猪八戒出现的次数是:{count3}")
print(f"沙僧出现的次数是:{count4}")
print(f"六耳猕猴出现的次数是:{count5}")
print(f"如来佛祖出现的次数是:{count6}")
print(f"观音出现的次数是:{count7}")
print(f"阎王出现的次数是:{count8}")
```

程序运行结果如下所示。

```
唐僧出现的次数是:6
孙悟空出现的次数是:5
猪八戒出现的次数是:0
沙僧出现的次数是:1
六耳猕猴出现的次数是:5
如来佛祖出现的次数是:1
观音出现的次数是:2
阎王出现的次数是:1
```

4.6 本章实践

实践一：恺撒密码

设想在某些情况下给朋友传递字条信息，但又不希望传递中途被第三方看懂这些信息，因此需要对字条信息进行加密处理。传统加密算法很多，这里介绍一种非常简单的加密算法——凯撒密码。

凯撒密码是古罗马凯撒大帝用来对军事情报进行加密的算法，它采用了替换方法对信息

中的每一个英文字符循环替换为字母表序列中该字符后面第 3 个字符，对应关系如下。

原文：A B C D E F G H I J K L M N O P Q R S T U V W X Y Z

密文：D E F G H I J K L M N O P Q R S T U V W X Y Z A B C

原文字符 P，其密文字符 C 满足条件：C=(P+3) mod 26。

解密方法反之，满足条件：** P=(C−3) mod 26。

实现思路如下所示。

（1）创建一个英文字母表，包含小写字母和大写字母。

（2）编写一个函数，用于加密输入的字符串。该函数将每个字符转换为其在字母表中的索引，并加上 3（对于小写字母）或 19（对于大写字母），然后取模 26 以保持字母在字母表中。

（3）编写另一个函数，用于解密密文，解密规则与步骤（2）中的规则相反。

（4）使用这些函数对输入的字符串进行加密和解密，并打印结果。

假设用户可能调用的信息仅包括小写字母 a～z，则该实例对应的加密代码如下所示。

```
text = input("请输入原文: ")
result = ""
for char in text:
    if char.isalpha():
        ascii_offset = 97 if char.islower() else 65
        result += chr((ord(char) - ascii_offset + 3) % 26 + ascii_offset)
    else:
        result += char
print("密文: ",result)
```

程序运行结果如下所示。

```
请输入原文: abcde
密文: defgh
```

实践二：电影票房收入金额排列

网络电影是网络飞速发展后，现代生活中新增加的大众娱乐项目之一。对近期网络电影票房进行排行，根据票房金额从高到低排序输出展示。

实现思路如下所示。

（1）收集近期网络电影票房数据，包括电影名称和对应的票房金额。

（2）将收集到的数据存储在一个列表中，每个元素是一个包含电影名称和票房金额的元组。

（3）对列表中的元组进行排序，按照票房金额从高到低排序。

（4）打印排序后的列表，显示电影名称和票房金额。

实现代码如下所示。

```
#输出网络电影信息版面标题
print('网络电影的票房排行榜: ')
#网络电影信息列表每条信息包含票房信息
MOVIES = [('«奇门遁甲»',11.45),
          ( '«二手杰作»',14.07),
          ('«追缉»',25.66),
          ('«我本是高山»',34.63),
          ('«刀尖»',25.89),
```

```
            ('«涉过愤怒的海»',30.45),
            ('«拯救嫌疑人»',32.58),
        ('«惊奇队长 2»',25.65)
        ]
# 调用内置 sorted()函数进行降序排序
MOVIES = sorted(MOVIES,key = lambda s:s[1],reverse = True)
# 循环输出网络电影信息
for MOVIE in MOVIES:
    print(MOVIE[0] + '票房收入金额:',end = "")
    print(MOVIE[1],'万元')
```

运行结果如下所示。

```
网络电影的票房收入金额排行榜:
«我本是高山»票房收入金额: 34.63 万元
«拯救嫌疑人»票房收入金额: 32.58 万元
«涉过愤怒的海»票房收入金额: 30.45 万元
«刀尖»票房收入金额: 25.89 万元
«追缉»票房收入金额: 25.66 万元
«惊奇队长 2»票房收入金额: 25.65 万元
«二手杰作»票房收入金额: 14.07 万元
«奇门遁甲»票房收入金额: 11.45 万元
```

实践三：购物清单合并

小明和小红各自有自己的购物清单,设计一个 Python 程序,将两个购物清单合并去重,并按字母顺序排序后打印。

实现思路如下所示。

(1) 创建两个列表,分别代表小明和小红的购物清单。

(2) 使用列表推导式和集合操作合并两个购物清单,去除重复项。

(3) 对合并后的列表进行排序。

(4) 打印排序后的购物清单。

任务实现代码如下所示。

```
# 购物清单合并
xiaoming_list = ["apple", "banana", "orange"]
xiaohong_list = ["orange", "grapes", "watermelon"]

merged_list = list(set(xiaoming_list + xiaohong_list))
merged_list.sort()
print(merged_list)
```

程序运行结果如下所示。

```
['apple', 'banana', 'grapes', 'orange', 'watermelon']
```

实践四：随机任务分配

假设有 5 个任务需要分配给 3 名人员,设计一个 Python 程序,调用列表操作实现任务分配,并打印每名人员分配到的任务。实现思路如下所示。

(1) 创建一个包含 5 个任务的列表。

（2）创建一个包含 3 名人员的列表。

（3）使用循环遍历人员列表,每次循环中随机选择一个任务并从任务列表中移除。

（4）打印每名人员分配到的任务。

任务实现代码如下所示。

```
#任务分配
tasks = ["Task1", "Task2", "Task3", "Task4", "Task5"]
people = ["Alice", "Bob", "Charlie"]

for i, task in enumerate(tasks):
    person = people[i % len(people)]
    print(f"{person} is assigned {task}")
```

程序运行结果如下所示。

```
Alice is assigned Task1
Bob is assigned Task2
Charlie is assigned Task3
Alice is assigned Task4
Bob is assigned Task5
```

4.7　本章习题

一、选择题

1. 下列关于列表的说法中,描述错误的是(　　)。

　　A. list 是一个有序集合,没有固定大小　　　B. list 可以存放任意类型的元素

　　C. 调用 list 时,其下标可以是负数　　　　　D. list 是不可变的数据类型

2. 下列代码输出结果(　　)。

```
list_demo = [1,2,3,4,5,"a","b"]        #ord("a")=97
print (list_demo[1],list_demo[5])
```

　　A. 1　　5　　　　　　　　　　　　　　B. 2　　　a

　　C. 1　　97　　　　　　　　　　　　　　D. 2　　　97

3. 以下代码执行结果(　　)。

```
list_one = [4,5,6]
list_two = list_one
list_one[2] = 3
print(list_two)
```

　　A. [4,5,6]　　　　　　　　　　　　　　B. [4,3,6]

　　C. [4,5,3]　　　　　　　　　　　　　　D. A、B、C 都不正确

4. 删除列表最后一个元素的函数是(　　)。

　　A. del　　　　　　B. pop　　　　　　C. remove　　　　　　D. cut

5. 访问字符串中的单个字符称为(　　)。

　　A. 切片　　　　　　B. 连接　　　　　　C. 赋值　　　　　　D. 索引

6. 以下( )项与 S[0:-1]相同。

    A. s[-1]　　　　　　　　　　　　B. S[:]

    C. S[:len(s)-1]　　　　　　　　　D. S[0:len(s)]

7. 在 Python 中,str.split()的默认分隔符是( )。

    A. 逗号　　　　　B. 点　　　　　C. 下画线　　　　　D. 空格

8. 在 Python 中,删除字典中的一个元素可以用( )。

    A. del dict[key']　　　　　　　　B. dict.remove(key')

    C. dict.delete('key")　　　　　　D. 以上都不对

9. 在 Python 中,将两个字符串连接成一个字符串可以用( )。

    A. str1.append(str2)　　　　　　B. str1.join(str2)

    C. str1.concat(str2)　　　　　　D. str1 + str2

10. 在 Python 中,要访问字典中的值可以用( )。

    A. dict('key')　　　　　　　　　B. dict['key']

    C. dict.<key>　　　　　　　　　D. dict{'key'}

二、判断题

1. 在 Python 中,字典的键是唯一的。　　　　　　　　　　　　　　　　( )

2. 在 Python 中,字符串是不可变对象。　　　　　　　　　　　　　　　( )

3. 在 Python 中,可以调用索引访问字符串的字符。　　　　　　　　　　( )

4. 在 Python 中,可以直接修改字典中的值。　　　　　　　　　　　　　( )

5. 在 Python 中,str.replace()会修改原始字符串。　　　　　　　　　( )

6. 在 Python 中,字典的键和值都可以是任意类型的对象。　　　　　　　( )

7. 在 Python 中,可以调用+=运算符来连接两个字符串。　　　　　　　( )

8. 在 Python 中,字典的元素是按照添加顺序排列的。　　　　　　　　　( )

9. 在 Python 中,str.join()可以用来连接一个字符串列表。　　　　　　( )

10. 在 Python 中,字典的 values()返回一个列表。　　　　　　　　　　( )

三、编程题

1. 编写程序用于判断用户输入的字符串是否由小写字母和数字构成,且长度为6~12位。

2. 创建一个字典,存储每个学生的姓名和学号。

3. 建立一个代表星期的元组表,输入一个0~6的整数,输出对应的星期名称。

4. 设计程序判断一个字符串是否对称。

5. 当前共有3张办公桌及5盆花,请将每盆花随机摆放到办公室桌上,并输出摆放方案。

6. 输入一个字符串,输出它所包含的所有数字。例如,输入"123abc456",输出"123456"。

第 **5** 章

函　　数

任务一：了解函数

任务描述：

　　函数是组织好的、可重复使用的，用来实现单一或相关联功能的代码段。函数可以帮助程序员提高编程效率。学习函数前应了解函数的概念、函数的作用以及 Python 中函数的分类。

新知准备：

　　◇ 函数的概念与作用；

　　◇ Python 函数的分类。

视频讲解

5.1　函数概述

5.1.1　函数的概念

　　在计算机编程中，函数是一段可重复使用的代码，它可以接收输入并返回输出。函数可以被调用或执行，并且可以在程序中的任何地方使用。

　　使用函数是编程中提高代码质量、提高开发效率的重要手段。首先，函数能够提高代码的可读性和可维护性，通过将复杂的逻辑和操作封装起来，使程序结构更加清晰。其次，函数实现了代码的重用，可以在不同的程序部分中多次调用同一函数，减少代码冗余，提高开发效率。此外，函数还可以提高程序的模块化程度，将程序划分为多个独立的模块，各司其职，便于管理和维护。最后，函数有利于降低程序的错误率，通过封装特定功能的代码，可以减少在程序中出现错误的可能性，提高程序的稳定性。

5.1.2　Python 函数的分类

　　Python 提供了许多内置函数，如前面学习的 print( )函数、input( )函数、list( )函数、tuple( )函数等，用户也可以自己定义函数来实现特定的功能。Python 中的函数主要分为内置函数、标准库函数、第三方库函数以及自定义函数，如图 5-1 所示。

内置函数	• Python语言内置多个常用函数，如print()、input()、len()、tuple()等。 • 可直接调用
标准库函数	• Python语言安装程序的同时会安装若干标准库，如math、random、string等。 • 通过import语句，可以导入标准库，然后调用其中定义的函数
第三方库函数	• Python社区提供了许多其他高质量的库，如Python图像库等。 • 先下载库，再通过import导入库，然后可以调用库中函数
自定义函数	• 用户自己编写函数，来实现特定的功能。 • 函数定义后，可直接调用

图 5-1 Python 函数的分类

任务二：求解一元二次方程

任务描述：

一元二次方程的一般形式是 $ax^2+bx+c=0(a\neq 0)$。其中，ax^2 是二次项，a 是二次项系数；bx 是一次项，b 是一次项系数；c 是常数项。当 $b^2-4ac>0$ 时，方程有两个不相等的实数根；当 $b^2-4ac=0$ 时，方程有两个相等的实数根；当 $b^2-4ac<0$ 时，方程无实数根。一元二次方程根的求解公式为

$$x=\frac{-b\pm\sqrt{b^2-4ac}}{2a}$$

请编写程序，输入参数 a、b、c 的值输出方程的根。

新知准备：

◇ 函数的定义与调用；

◇ 函数的参数与变量的作用域。

5.2 函数的定义与调用

5.2.1 函数的定义

在 Python 中定义函数的格式如下：

```
def 函数名([形参列表]):
    函数体
```

关于函数定义的说明如下：

(1) 函数代码块以 def 关键词开头，后接函数名称和圆括号"()"。

(2) 函数名是用户自定义的函数名称。

(3) 形参列表可以是零个或多个参数，且任何传入参数必须放在圆括号内。

(4) 最后必须跟一个冒号(:)，函数体从冒号开始，并且缩进。

（5）函数体为实现函数功能的语句块。

（6）函数可以使用 return[表达式]语句返回值,函数中没有 return 相当于返回 None。

5.2.2　函数的调用

定义一个函数只给了函数一个名称,指定了函数里包含的参数和代码块结构。要实现函数所定义的功能,需要去调用函数。函数调用的格式如下:

```
函数名([实参列表])
```

【例 5-1】　定义函数,返回两个数之和。

```
def getSum(x, y):            # 函数定义
    return x + y
result = getSum(56, 78)      # 函数调用
print(result)               # 134
```

【例 5-2】　定义函数,打印出 n 个星号的无返回值函数。

```
def printStar(n):            # 函数定义
    for i in range(n):
        print(" * ", end = " ")
printStar(10)               # 函数调用 打印出 10 个 *
```

【例 5-3】　定义函数,返回 n 阶调和数$(1+1/2+1/3+\cdots+1/n)$,要求将前 n 项的调和数都输出。

```
def harm(n):
    total = 0.0
    for i in range(1, n + 1):
        total += 1.0/i
    return total
x = 10
for j in range(1, x + 1):
    print("{}的 n 阶调和数为{}".format(j, harm(j)))        # 循环调用函数
```

程序的运行结果如下所示。

```
1 的 n 阶调和数为 1.0
2 的 n 阶调和数为 1.5
3 的 n 阶调和数为 1.8333333333333333
4 的 n 阶调和数为 2.083333333333333
5 的 n 阶调和数为 2.283333333333333
6 的 n 阶调和数为 2.4499999999999997
7 的 n 阶调和数为 2.5928571428571425
8 的 n 阶调和数为 2.7178571428571425
9 的 n 阶调和数为 2.8289682539682537
10 的 n 阶调和数为 2.9289682539682538
```

【例 5-4】　定义函数,计算圆的面积,输入圆的半径,返回面积。

```
def getArea(r):
    s = 3.14 * r * r
    return s
print(getArea(15))          # 函数调用
```

【例 5-5】 定义函数,输入商品的数量及单价,输出总价。

```
def get_total(price,num):
    return price * num
print(get_total(5.5,3))                    # 单价 15.5,数量 3,运行结果 16.5
```

【例 5-6】 定义函数,接收字符串参数,返回一个元组,其中第一个元素为大写字母个数,第二个元素为小写字母个数。

```
def getUppLow(text):
    upp = low = 0
    for i in text:
        if i.isupper():
            upp += 1
        elif i.islower():
            low += 1
    return (upp,low)

str = input("请随机输入一组字符串")
result = getUppLow(str)
print("您输入的字符串为:",str)
print("大小写字母的个数分别为:",result)
```

【例 5-7】 定义函数,接收一个字符串,将字符串中非字母的字符去掉并返回。

```
def getLetter(text):
    new_text = ""
    for t in text:
        if t.isalpha():
            new_text += t
    return new_text

print(getLetter("ACDDD1233 $ $ $ 123cdddf"))            # 运行结果 'ACDDDcdddf'
```

5.2.3 任务实现

1. 任务分析

要编写函数求解一元二次方程,首先确定函数的参数有 3 个,分别为 a、b、c,然后编写函数体,计算并输出结果。主要编程思路如下所示。

(1) 定义函数,确定形参为 a、b、c。

(2) 编写函数体,首先计算 $b^2 - 4ac$ 并判断方程根的个数。

(3) 计算并返回方程的根。

(4) 调用函数,进行验证。

2. 编码实现

任务实现代码如下所示。

```
import math
def getResult(a,b,c): # ax ** 2 + bx + c = 0
    m = b * b - 4 * a * c
```

```
        if m >= 0:
            x1 = ( - b + math.sqrt(m))/2 * a
            x2 = ( - b - math.sqrt(m))/2 * a
            return (x1,x2)
        else:
            return "无解"
    getResult(2,4,2)              # 函数调用:求解 2x ** 2 + 4x + 2 = 0 的根
```

任务三：了解函数的参数分类与变量的作用域

任务描述：

　　函数的形参和实参必须一一对应。Python 中函数的参数类型非常丰富，Python 中函数支持的参数类型包括位置参数、默认参数、关键字参数等，要求掌握并区分 Python 函数中的各种参数类型。

　　变量作用域指的是变量生效的范围，在 Python 中一共有两种作用域：局部变量与全局变量。要求掌握局部变量与全局变量，并掌握如何在函数体内修改全局变量。

新知准备：

　　◇ 函数的实参与形参；

　　◇ 必备参数、关键字参数、默认参数、不定长参数；

　　◇ 变量的作用域。

视频讲解

5.3　函数的参数与变量的作用域

5.3.1　函数的参数

　　在调用函数时，经常会用到形式参数和实际参数。其中，定义函数时所声明的参数，即为形式参数，简称形参；在调用函数时，提供函数所需要的参数的值，即为实际参数，简称实参。如图 5-2 所定义的函数，函数定义中的 x、y 为形参，函数调用时的 56、78 为对应的实参。

```
def getSum(x, y)  ——  形参
    return x+y
result=getSum(56,78)  ——  实参
```

图 5-2　实参与形参

1. 必备参数

　　必备参数须以正确的顺序传递函数。调用时的数量必须和声明时的一样，如 print("hello world",end="\t")。

【例 5-8】 定义函数，接收一个字符串，一个整数 n，实现功能：将用户传入的字符串打印 n 遍。

```
def printText(str,n):
    for i in range(n):
        print(str)
printText("good morning!",3)         # 打印三遍"good morning!"
printText(3 ,"good morning!")         # 因为参数的顺序传错,程序报错
```

2. 关键字参数

　　关键参数主要指实参，即调用函数时的参数传递方式。

　　通过关键参数，实参顺序可以和形参顺序不一致，但不影响传递结果，避免了用户需要牢

记位置参数顺序的麻烦。

在例 5-8 中,因为参数传递顺序错误导致程序无法正常运行,为避免实参顺序与形参顺序不一致,将例 5-8 中最后一行代码进行修改。

```
def printText(str,n):
        for i in range(n):
                print(str)
    printText("good morning!",3)          #打印三遍"good morning!"
printText(n = 3 , str = "good morning!" )  #通过关键字进行参数传递,程序正常运行
```

3. 默认参数

调用函数时,默认参数的值如果没有传入,则被认为是默认值。

例如,在定义 printText()函数时设置 str 的默认值为"hello"。

```
def printText(n,str = "hello"):
    for i in range(n):
        print(str)
printText(3)                              #未传入 str,则用默认值,输出三遍 hello
printText(2,"Good!")
```

注意:默认值参数只在函数定义时被解释一次,且默认值参数放在后面。

4. 不定长参数

可变长度参数主要有两种形式:

* parameter 用来接收多个实参并将其放在一个元组中;

** parameter 接收关键参数并存放到字典中。

【例 5-9】 定义函数,输出多个参数之和,但是不确定参数的个数。

```
def getSum_X( * p):
    return sum(p)
print(getSum_X(1,2,3,4))                  #运行结果:10
```

【例 5-10】 将字典作为函数参数。

```
def printInfo( ** d):
    for item in d.items():
        print(item)
info = {"name":'Lily',"age":20,"City":"ShangHai"}
printInfo( ** info)
```

程序运行结果为

```
('name', 'Lily')
('age', 20)
('City', 'ShangHai')
```

5.3.2 变量作用域

一个程序的所有变量并不是在哪个位置都可以访问的。访问权限决定于这个变量是在哪里赋值的。

根据变量的作用域变量分为两种：全局变量与局部变量。局部变量是指在函数内部定义的变量，它只在函数内部有效。全局变量是指在函数外部定义的变量。

1. 局部变量

在函数内部定义的普通变量只在函数内部起作用，称为局部变量。当函数执行结束后，局部变量自动删除，不可以再使用。

【例5-11】 局部变量的访问。

参数price在函数体内定义属于局部变量，在函数体内可以正常访问，在函数体外方式时则会报错，错误信息为：NameError: name 'price' is not defined。

```
def get_Total(n):
    price = 18
    total = n * price
    return total
print(price)                    # 在函数体外访问局部变量，报错
```

2. 全局变量

能够同时作用于函数内外，称为全局变量，可以通过global来定义。具体分为以下两种情况。

（1）一个变量已在函数外定义，如果在函数内需要为这个变量赋值，并要将这个赋值结果反映到函数外，可以在函数内用global声明这个变量，将其声明为全局变量。

（2）在函数内部直接将一个变量声明为全局变量，在函数外没有声明，该函数执行后，将增加为新的全局变量。

【例5-12】 全局变量的访问。

```
price = 18
  def get_Total(n):
      global price            # 在函数内部使用全局变量用global声明
      return n * price
  t = get_Total(10)
  print(t)                    # 180
print(price)                  # 18 全局变量，访问不再报错
```

任务四：实现斐波那契数列

任务描述：

斐波那契数列（Fibonacci sequence），又称黄金分割数列，因数学家莱昂纳多·斐波那契（Leonardo Fibonacci）以兔子繁殖为例而引入，故又称"兔子数列"，其数值为 $1,1,2,3,5,8,13,21,34,\cdots$ 在数学上，这一数列以如下递推的方法定义：$F(0)=1, F(1)=1, \cdots, F(n)=F(n-1)+F(n-2)(n \geqslant 2, n \in \mathbf{N}^*)$。

请定义函数实现斐波那契数列。

新知准备：

◇ 递归函数。

视频讲解

5.4 递归函数

5.4.1 递归函数的基本用法

在函数内部,可以调用其他函数。如果一个函数在内部调用函数本身,这个函数就是递归函数。

每个递归函数必须包括终止条件与递归步骤两个主要部分。

(1) 终止条件。表示递归的结束条件,用于返回函数值,不再递归调用。例如,阶乘 $f(n)$ 的结束条件为"n 等于 1"。

(2) 递归步骤。递归步骤把第 n 步的参数值的函数与第 $n-1$ 步的参数值的函数关联。例如,对于阶乘 $f(n)$,其递归步骤为"$n * f(n-1)$"。

【例 5-13】 使用递归函数实现调和数。

$$H(n) = 1 + \frac{1}{2} + \frac{1}{3} + \cdots + \frac{1}{n} \tag{5-1}$$

式(5-1)为 n 阶调和数的公式,要通过递归函数实现,分析其终止条件为:$H_1 = 1$;递归步骤为 $H_n = H_{n-1} + 1/n$。

```
def harmonic(n):
    if n == 1:
        return 1.0                    #终止条件
    return harmonic(n-1) + 1.0/n      #递归步骤
#函数调用
for i in range(1,6):                  #输出 1~5 阶的调和数
    print('H',i,'=', harmonic(i))
```

程序运行结果如下所示。

```
H1 = 1.0
H2 = 1.5
H3 = 1.83333333333333333
H4 = 2.083333333333333
H5 = 2.283333333333333
```

【例 5-14】 使用递归函数实现数字的逆序输出。

```
def reverse(n):
    if n!= 0:
        print(n % 10,end = '')
        reverse(n//10)
print(reverse(123456789))
```

程序运行结果如下所示。

```
请输入一个整数: 123456789
987654321
```

5.4.2　任务实现

1. 任务分析

斐波那契数列的规则是 $1,1,2,3,5,8,13,\cdots$，即 $F(0)=1,F(1)=1$，后面每项的值等于前面两项之和。要通过递归函数来实现斐波那契数列的第 n 个值，并输出斐波那契数列的前 n 项。主要编程思路如下所示。

（1）定义递归函数，确定函数的名字与形参。

（2）编写函数体，确定终止条件与递归步骤。终止条件为 $F(0)=1$ 或者 $F(1)=1$；递归步骤：$F(n)=F(n-1)+F(n-2)$。

（3）调用函数，输出斐波那契数列的前 n 项。

2. 编码实现

```
def fib(n):
    if n == 1 or n == 2:
        return 1
    return fib(n - 1) + fib(n - 2)


for i in range(1,11):
    print(fib(i),end = "\t")
# 程序的运行结果为: 1 1 2 3 5 8 13 21 34 55
```

任务五：实现词频排序

任务描述：

在文本分析中，经常需要按词频对文本进行排序，用户一般先通过生成字典的方法统计词的频次，然后给字典排序。

那么如何快速地给字典按照键值进行排序呢？

技术准备：

◇　匿名函数。

5.5　匿名函数

5.5.1　匿名函数的基本用法

lambda 表达式，又称匿名函数，常用来表示内部仅包含 1 行表达式的函数。如果一个函数的函数体仅有 1 行表达式，则该函数就可以用 lambda 表达式来代替。lambda 表达式的语法格式如下：

```
name = lambda [list] : 表达式
```

其中，定义 lambda 表达式，必须使用 lambda 关键字；[list]作为可选参数，等同于定义函数是指定的参数列表；name 为该表达式的名称。

相比函数,lambda 表达式具有以下两个优势:

(1) 对于单行函数,使用 lambda 表达式可以省去定义函数的过程,让代码更加简洁;

(2) 对于不需要多次复用的函数,使用 lambda 表达式可以在用完之后立即释放,提高程序执行的性能。

【例 5-15】 使用 lambda 表达式,求两数之和。

```
s = lambda x,y:x + y
print(s(4,9))
```

【例 5-16】 使用 lambda 表达式,求两数中的较大值。

```
m = lambda x,y : x if x > y else y
print(m(2,5))
```

5.5.2 与 map()函数结合

Python 中的 map()函数用于将一个函数应用于一个序列的所有元素,并返回一个迭代器。如果该序列的元素不能被函数处理,则抛出 TypeError 异常。

map()函数的语法格式如下:

```
map(function, iterable, …)
```

map()函数的主要参数及其含义如下所述。

(1) function:表示要应用于序列的函数,该函数需要接收一个或多个参数,并返回一个结果。

(2) iterable:表示一个序列,可以是列表、元组、集合等,序列中的每个元素都将被函数处理。

【例 5-17】 返回元素平方的可迭代对象。

```
it = map(lambda x:x * x, range(10))
print(it)
print(list(it))
#结果为:[0, 1, 4, 9, 16, 25, 36, 49, 64, 81]
```

5.5.3 与 filter()函数结合

Python 中的 filter()函数用于将一个函数应用于一个序列的所有元素,并根据该函数返回一个迭代器,该迭代器包含所有使得函数返回 True 的元素。

filter()函数的语法格式如下:

```
filter(function, iterable, …)
```

filter()函数的参数与 map()函数的参数含义与用法相似,在这里不做赘述。

【例 5-18】 过滤列表,返回元素为奇数的可迭代对象。

```
it = filter(lambda x:x % 2 == 1,[i for i in range(1,11)] )
print(it)
print(list(it))                #结果为[1, 3, 5, 7, 9]
```

5.5.4　与 reduce() 函数结合

Python 中的 reduce() 函数用于将一个二元函数应用于一个序列的所有元素,并逐步将序列中的元素缩减为单一的值。

reduce() 函数的语法格式如下:

```
reduce(function, iterable, initial = None)
```

reduce() 函数的前两个参数与 map() 函数的参数含义与用法相似,在这里不做赘述。其中,第三个参数 initial 表示缩减的初始值,如果提供,则第一次调用函数时使用该值作为第一个参数;如果未提供初始值,则使用序列的第一个元素作为第一个参数,序列的第二个元素作为第二个参数。

【例 5-19】　返回列表元素之积。

```
from functools import reduce
num = [1, 2, 3, 4, 5]
result = reduce(lambda x, y: x * y,num)
print(result)                    ♯运行结果 120
```

5.5.5　任务实现

1. 任务分析

要实现字典按照键值进行排序,需要用到 Python 的内置 sorted() 函数。主要编程思路如下所示。

(1) 确定要进行排序的可迭代对象:调用字典对象的 items() 函数以列表返回可遍历的键与值组成的元组数据。

(2) 确定排序规则:按照每个键所对应的值的大小,从大到小进行排序。

(3) 调用 sorted() 函数进行排序,并返回排序后的数据。

2. 编码实现

任务实现代码如下所示。

```
dic = {'Java': 3, 'Python': 8, 'Big Data': 5, 'AI': 2}
before = dic.items()
print("排序前数据:",list(before))
after = sorted(before, key = lambda x: x[1], reverse = True)
print("排序后数据:",after)
```

运行结果如下所示。

```
排序前数据: [('Java', 3), ('Python', 8), ('Big Data', 5), ('AI', 2)]
排序后数据: [('Python', 8), ('Big Data', 5), ('Java', 3), ('AI', 2)]
```

5.6 本章实践

实践一：求两个数的最小公倍数

最小公倍数是指两个或多个整数共同拥有的最小公倍数。例如，对于整数4和6，它们的公倍数有4、6、12、18等，其中最小公倍数是12。最小公倍数在解决涉及时间、频率和协调的问题时具有重要意义。

请编写程序，实现输入两个整数，返回它们的最小公倍数。

实现思路如下所示。

（1）定义一个函数，用于计算最小公倍数。这个函数需要两个参数，分别是两个整数 x 和 y。

（2）在函数内部，首先找出两个数中较大的一个。然后从较大的数开始，逐个检查直到找到能够同时被 x 和 y 整除的数，这个数就是它们的最小公倍数。

（3）返回找到的最小公倍数。

（4）调用函数并输出结果。

任务实现代码如下所示。

```
def get_common_mul(x,y):
    num_max = max(x,y)
    for i in range(num_max,x * y + 1):
        if i % x == 0 and i % y == 0:
            return i
print(get_common_mul(4,6))              #结果为 12
```

实践二：解决猴子吃桃问题

猴子吃桃问题是一个经典的数学问题，这个问题可以帮助学生理解递归概念。问题是这样描述的：猴子第一天摘下若干个桃子，当即吃了一半，还不过瘾，又多吃了一个；第二天早上又将剩下的桃子吃掉一半，又多吃了一个。以后每天早上都吃前一天剩下的一半零一个。到第10天早上想再吃时，见只剩下一个桃子了。求第一天共摘了多少个桃子？

请编写程序，利用递归的思想，计算猴子从第2天到第10天桃子的数量。

实现思路如下所示。

（1）定义一个函数，用于计算第 n 天结束时猴子剩下的桃子数量。

（2）在函数中，确定终止条件：如果 n 等于1，则返回1；确定递归步骤：如果 n 大于1，则返回(peach($n-1$)+1) * 2。

（3）调用函数并输出结果。

任务代码如下：

```
def peach(n):
    if n == 10:
        return 1
    else:
        return (peach(n + 1) + 1) * 2
for i in range(10,0, - 1):
    print("第{}天有{}个桃子".format(i,peach(i)))
```

程序运行结果如下所示。

```
第 10 天有 1 个桃子
第 9 天有 4 个桃子
第 8 天有 10 个桃子
第 7 天有 22 个桃子
第 6 天有 46 个桃子
第 5 天有 94 个桃子
第 4 天有 190 个桃子
第 3 天有 382 个桃子
第 2 天有 766 个桃子
第 1 天有 1534 个桃子
```

实践三：解决自由落体问题

自由落体问题是物理学中的基本问题，它是许多物理学原理的基础，如牛顿运动定律。对自由落体运动的研究，有助于理解物体在重力场中的运动规律，并且在工程、天文学等领域都有广泛的应用。

请编写程序，解决问题：一球从 100 米高度自由落下，每次落地后反跳回原高度的一半；再落下，求它在第 10 次落地时反弹的高度和经过的总距离。

实现思路如下所示。

（1）定义一个全局变量，其数据类型为列表，用于记录每次下落经过的距离。

（2）定义一个函数，用于计算球在第 n 次落地后反弹的高度。

（3）在函数中，确定终止条件：如果 n 为 1，则返回 50；确定递归步骤：如果 $n > 1$，则反弹高度为 jump$(n-1)/2$，并且每次将经过的距离添加到列表中。

（4）调用函数，计算第 10 次落地后的反弹高度，并统计经过的总距离。

任务实现代码如下所示。

```python
dis = [100]
def jump(n):
    global dis
    if n == 1:                      #第一次落下 100 米,然后反弹 50 米
        dis.append(100)
        return 50
    else:
        fantan = jump(n-1)/2        #每次反弹高度为上次的一半
        dis.append(fantan * 2)
        return fantan
print("第 10 次反弹的高度为 ",jump(10))
print("第 10 次落地时,共经过的距离",sum(dis[:-1]))   #注意第 10 次落地不包括列表中的最后
                                                   #一个元素
```

程序运行结果如下所示。

```
第 10 次反弹的高度为 0.09765625
第 10 次落地时,共经过的距离 299.609375
```

实践四：验证哥德巴赫猜想

哥德巴赫猜想是数学上的一个著名未解之谜，该猜想的内容为：任意一个大于 2 的偶数，

都可以表示为两个质数之和。例如,6＝3＋3,8＝3＋5,10＝3＋7,12＝5＋7 等。

请编写程序,验证 2000 以内的偶数都可以分解成两个质数之和。

实现思路如下所示。

(1) 定义质数判断函数,判断一个数是否为质数,是则返回 True,不是则返回 False。

(2) 定义哥德巴赫猜想,首先检查输入的 n 是否是合法的,然后遍历从 3 到 $n/2$ 的所有质数,检查这个偶数是否可以分解成两个质数之和,若能则打印出分解式。

(3) 编写循环依次验证。

任务代码如下:

```python
def isSushu(x):
    flag = 0
    for i in range(2, x):
        if x % i == 0:
            flag = 1
            return False
    if flag == 0:
        return True


def gold(n):
    if n % 2 != 0 or n < 6:
        print("您输入的数据是不合法的")
        return 0
    for i in range(3, n // 2, 2):
        j = n - i
        if isSushu(i) and isSushu(j):
            print(n, " = ", i, " + ", j, end = " ")
            print('对于数字{}猜想成立'.format(n))
            break
for i in range(6, 2001, 2):
    gold(i)
```

程序运行结果如下所示。

```
8 = 3 + 5 对于数字 8 猜想成立
10 = 3 + 7 对于数字 10 猜想成立
12 = 5 + 7 对于数字 12 猜想成立
14 = 3 + 11 对于数字 14 猜想成立
16 = 3 + 13 对于数字 16 猜想成立
18 = 5 + 13 对于数字 18 猜想成立
20 = 3 + 17 对于数字 20 猜想成立
……
```

5.7　本章习题

一、选择题

1. 使用(　　)关键字来创建 Python 自定义函数。

　　A. function　　　　　　B. func　　　　　　　C. procedure　　　　　　D. def

2. 关于函数参数传递中,形参与实参的描述错误的是(　　　)。

　　A. Python 实行按值传递参数。值传递指调用函数时将常量或变量的值(实参)传递给函数的参数(形参)

B. 实参与形参存储在各自的内存空间中，是两个不相关的独立变量

C. 在参数内部改变形参的值，实参的值一般是不会改变的

D. 实参与形参的名字必须相同

3.（　　）表达式是一种匿名函数。

A. lambda　　　　　　B. map　　　　　　C. filter　　　　　　D. zip

4.（　　）函数用于将指定序列中的所有元素作为参数调用指定函数，并将结果构成一个新的序列返回。

A. lambda　　　　　　B. map　　　　　　C. filter　　　　　　D. zip

5. 关于函数的下列说法不正确的是（　　）。

A. 函数可以没有参数　　　　　　　　　B. 函数可以有多个返回值

C. 函数可以没有 return 语句　　　　　D. 函数都有返回值

二、判断题

1. 在函数内部，既可以使用 global 保留字声明使用外部全局变量，也可以使用 global 保留字直接定义全局变量。　　　　　　　　　　　　　　　　　　　　　　　（　　）

2. lambda 表达式中可以使用任意复杂的表达式，但是只能编写一个表达式。　（　　）

3. 定义 Python 函数时，如果函数中没有 return 语句，则默认返回空值 None。（　　）

4. 函数内部定义的局部变量当函数调用结束后被自动删除。　　　　　　　　（　　）

5. 一个函数如果带有默认值参数，那么所有参数都要设置默认值。　　　　　（　　）

6. 调用函数时，可以通过关键参数的形式传递值，从而避免必须记住函数形参顺序的麻烦。　　　　　　　　　　　　　　　　　　　　　　　　　　　　　　　　　（　　）

7. 函数中的 return 语句一定能够被执行。　　　　　　　　　　　　　　　（　　）

8. 在定义函数时，某个参数名字前面带有一个 * 符号表示可变长度参数，可以接收任意多个普通实参并存放于一个元组之中。　　　　　　　　　　　　　　　　　　　（　　）

9. 在函数内部不能定义全局变量，只能定义局部变量。　　　　　　　　　　（　　）

10. 定义函数时，即使该函数不需要接收任何参数，也必须保留一对空的圆括号来表示这是一个函数。　　　　　　　　　　　　　　　　　　　　　　　　　　　　　（　　）

三、编程题

1. 定义函数，输入一元二次方程的系数 a、b、c，输出方程式的根。

2. 定义函数，输入任意字符串，统计其中元音字母（'a'、'e'、'i'、'o'、'u'，不区分大小写）出现的次数和频率。

3. 定义函数，实现随机产生一个 8 位的随机密码，密码包括字母、数字及下画线，调用函数产生 10 组密码，存放在列表中。

第 6 章

文件IO

任务一：创建个人简历

任务描述：

个人简历是求职者向招聘单位展示自己技能和经验的首要工具。通过简历，求职者可以清晰地介绍自己的教育背景、工作经历、技能特长以及个人成就，使招聘方对求职者有一个初步的了解。它能帮助求职者突出个人优势，提高求职成功率。

编写程序，根据自己情况写一份个人简历，简历文件的文件名为 MyResume.txt。简历信息可参考图 6-1 所示。

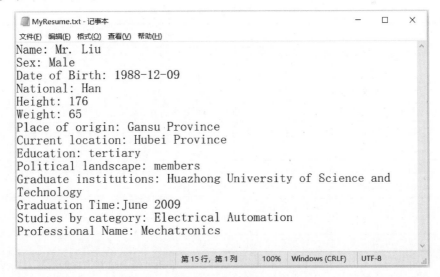

图 6-1 个人简历文件信息

新知准备：

◇ 文件的打开与关闭；

◇ 读文件；

◇ 写文件。

视频讲解

6.1 文件操作

6.1.1 文件的打开和关闭

在 Python 中访问文件，必须先调用内置函数 open()打开文件，创建文件对象，再利用该文件对象执行读写操作。

一旦成功创建文件对象，该对象便会记住文件的当前位置，以便执行读写操作。这个位置称为文件的指针。凡是以 r、r+、rb+的读文件方式，或是以 w、w+、wb+的写文件方式打开的文件，初始时，文件指针均指向文件的头部。

1. 文件的打开

Python 中的 open()函数用于打开一个文件，并返回一个文件对象。如果该文件不能被打开，则抛出 OSError 异常。

open()函数的语法格式如下：

```
open(file, mode = 'r', buffering = − 1, encoding = None)
```

open()函数的主要参数及其含义如下：

(1) file：表示要访问的文件名，以字符串类型来存储文件的路径，其中文件路径可以使用绝对路径或相对路径。

(2) mode：设置打开文件的模式，可以是只读、写入、追加等。该参数是可选的，默认文件访问模式是只读(r)。其他打开模式如表 6-1 所示。

表 6-1　文件打开模式一览表

模　式	描　　　述
r	以只读方式打开文件。文件的指针将会放在文件的开头。这是默认模式
rb	以二进制格式打开一个文件用于只读。文件指针将会放在文件的开头。这是默认模式。一般用于非文本文件如图片等
r+	打开一个文件用于读写。文件指针将会放在文件的开头
rb+	以二进制格式打开一个文件用于读写。文件指针将会放在文件的开头。一般用于非文本文件如图片等
w	打开一个文件只用于写入。如果该文件已存在，则打开文件，并从开头开始编辑，即原有内容会被删除；如果该文件不存在，则创建新文件
wb	以二进制格式打开一个文件只用于写入
w+	打开一个文件用于读写
wb+	以二进制格式打开一个文件用于读写。一般用于非文本文件如图片等
a	打开一个文件用于追加。如果该文件已存在，文件指针将会放在文件的结尾。换言之，新的内容将会被写入已有内容之后。如果该文件不存在，创建新文件进行写入
ab	以二进制格式打开一个文件用于追加。如果该文件已存在，文件指针将会放在文件的结尾。换言之，新的内容将会被写入已有内容之后。如果该文件不存在，创建新文件进行写入
a+	打开一个文件用于读写。如果该文件已存在，文件指针将会放在文件的结尾。文件打开时是追加模式。如果该文件不存在，创建新文件用于读写
ab+	以二进制格式打开一个文件用于追加。如果该文件已存在，文件指针将会放在文件的结尾。如果该文件不存在，创建新文件用于读写

注意：使用 open() 函数打开文件时，如果没有注明访问模式，则必须保证文件是存在的，否则会抛出 FileNotFoundError 异常。异常信息如下所示。

```
Traceback (most recent call last):
  File "<input>", line 1, in <module>
FileNotFoundError: [Errno 2] No such file or directory: 'test.txt'
```

（3）buffering：设置读写文件的缓冲方式。若 buffering＝0，表示不使用缓冲区，直接读写，仅在二进制模式下有效；若 buffering＝1，表示每次缓冲行；若 buffering＞1，表示使用给定值作为缓冲区的大小；若 buffering＝－1 或为负数时，则表示使用默认缓冲机制（由设备决定）。

（4）encoding：指定对文件进行编码或者解码的方式，一般使用 UTF-8 编码。

一个文件被打开后，Python 会创建一个文件对象，通过该文件对象可以得到与该文件相关的各种信息。其中，与文件对象相关的属性如表 6-2 所示。

表 6-2　文件对象相关属性表

属　　性	描　　述
closed	如果判断文件已经关闭，则返回 True，否则返回 False
mode	返回被打开文件的访问模式
name	返回文件名称
softspace	如果用 print 输出后，必须跟一个空格符，返回 False，否则返回 True
encoding	返回文件编码
newlines	返回文件中用到的换行模式，是一个元组对象

【例 6-1】　打开一个文本文件并显示文件相关属性。其中，文本文件与程序代码位置相同，文件名为 demo.txt，文件内容如图 6-2 所示。

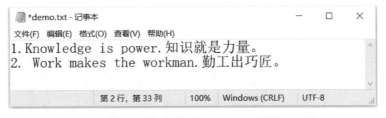

图 6-2　例 6-1 的 demo.txt 文件内容

```
#使用追加方式打开已存在的文件,使用绝对路径,目录之间用双斜杠分割
f = open('demo.txt','a+')
print("文件名:",f.name)
print("是否已关闭:",f.closed)
print("访问模式:",f.mode)
print("文件编码方式:",f.encoding)
print("文件换行方式:",f.newlines)
```

程序运行结果如下所示。

```
文件名:demo.txt
是否已关闭:False
访问模式:a+
文件编码方式:cp936
文件换行方式:None
```

2. 文件的关闭

当文件内容操作完成以后，通过调用 Python 内置的 close() 函数关闭已打开的文件，该函数没有参数，直接通过文件对象调用即可。关闭后的文件不能再进行读写操作，否则会抛出 ValueError 异常。

close() 函数的语法格式如下：

```
fileObject.close()
```

上述语法中 fileObject 表示一个文件对象。

注意：计算机中可以打开的文件数量是有限的，每打开一个文件，可打开文件数量就减1。除此之外，打开的文件都会占用系统资源，若打开的文件过多，也会降低系统性能。因此，使用 close() 函数关闭文件是一个良好的习惯。

3. with open 语法自动处理文件关闭

在 Python 中，with open 语句是一个上下文管理协议的应用，它可以确保文件被正确地打开和关闭，即使在处理文件时发生异常也是如此。with open 语句用于简化资源管理的代码，比如文件的打开和关闭。with open 语句的语法格式如下：

```
with open(file, mode = 'r', encoding = None) as fileObject:
    # 在这里进行文件操作
```

with open 语法中主要参数说明如下。

（1）file：表示要打开的文件名（可以包含路径）。file 是必需参数。

（2）mode：设置文件打开模式。mode 的默认值为'r'，表示只读模式，mode 的其他打开模式见表 6-1。mode 是可选参数。

（3）encoding：设置指定文件的字符编码。encoding 的默认值为 None，表示使用系统默认编码。encoding 是可选参数。

在 with open 语句块中，使用 fileObject 这个变量来引用打开的文件对象，并对其进行各种操作，如读取、写入等。当 with open 语句块执行完毕后，文件将自动关闭，无须手动调用 close() 函数。

【例 6-2】 使用 with open 语句以只读模式打开文本文件 deom.txt。

```
with open('demo.txt', 'r', encoding = 'utf - 8') as f:
    print("文件名:",f.name)
```

程序运行结果如下所示。

```
文件名: demo.txt
```

6.1.2 读文件

Python 中与文件读取相关的函数有 3 种：read()、readline()、readlines()。下面逐一对这 3 种函数的使用进行详细介绍。

1. read() 函数

read() 函数可以从指定文件中读取指定数据，其语法格式如下：

```
read(size)
```

read()函数中参数 size 用于设置读取数据的字节数,它是可选参数。若省略 size,则一次读取指定文件中的所有数据。

【例 6-3】 读取文本文件 demo.txt 中指定长度的数据。

```
# 调用 open()以只读模式打开文件 demo.txt
f = open('demo.txt', mode = 'r + ', encoding = 'utf - 8')
print("读取 6 字节数据:")
print(f.read(6))                     # 读取 6 字节数据
# 关闭文件
f.close()

# 重新调用 open()以只读模式打开文件 demo.txt
f = open('demo.txt', mode = 'r + ', encoding = 'utf - 8')
print("\n 读取全部数据: ")
print(f.read())                      # 读取全部数据
# 关闭文件
f.close()
```

程序运行结果如下所示。

```
读取 6 字节数据:
1.Know

读取全部数据:
1. Knowledge is power.知识就是力量。
2. Work makes the workman.勤工出巧匠。
```

2. readline()函数

readline()函数可以从指定文件中读取一行数据,包括结束符。其语法格式如下:

```
readline()
```

注意:readline()函数每执行一次,只会读取文件中的一行数据。

【例 6-4】 使用 readline()函数读取文本文件 demo.txt 中第一行数据。

```
f = open('demo.txt', mode = 'r + ', encoding = 'utf - 8')
print(f.readline())                  # 第 1 次读取,读取第 1 行数据
f.close()
```

程序运行结果如下所示。

```
1.Knowledge is power.知识就是力量。
```

3. readlines()函数

readlines()函数可以一次读取文件中的所有数据。其语法格式如下:

```
readlines()
```

readlines()函数在读取文件数据后会返回一个列表,该文件中的每一行将会对应列表中的一个元素。

【例 6-5】 使用 readlines()函数读取文本文件 demo. txt 中的全部数据。

```
f = open('demo.txt',mode = 'r + ',encoding = 'utf - 8')
print(f.readlines())                ♯使用 readlines()读取该文件全部数据
f.close()
```

程序运行结果如下所示。

```
['1.Knowledge is power.知识就是力量。\n', '2. Work makes the workman.勤工出巧匠。\n']
```

以上介绍的方法通常用于遍历文件,其中 read()和 readlines()都可一次读出文件中的全部数据,但这两种操作都不够安全。因为计算机的内存是有限的,若文件较大,read()和 readlines()的一次读取便会耗尽系统内存,这显然是不可取的。为了保证读取安全,通常采用 read(size)方式,多次调用 read(),每次读取 size 字节的数据。

6.1.3 写文件

如果要持久地存储 Python 程序中产生的临时数据,就需要使用数据写入方法将数据写入文件。Python 中提供了 write()和 writelines()两种函数向文件中写入数据。

1. write()函数

Python 可以使用 write()函数向文件中写入数据,其语法格式如下:

```
write(str)
```

write()函数中参数 str 表示要写入的字符串。write()函数并不会在 str 后加上一个换行符。若字符串写入成功,write()函数将返回本次写入文件的长度。

【例 6-6】 调用 write()函数向文本文件 demo. txt 中写入数据。

```
f = open('demo.txt',mode = 'a + ',encoding = 'utf - 8')
str = '3.Believe in yourself.相信你自己!'
f.write(str)
f.close()
```

程序运行完毕,打开 demo. txt 文件,发现文件中已经增加了程序中写入的文字,如图 6-3 所示。

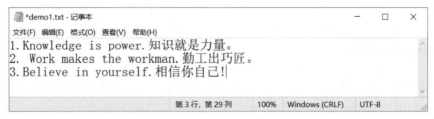

图 6-3 例 6-6 的 demo. txt 文件内容

2. writelines()函数

writelines()函数用于向文件中写入字符串序列。其语法格式如下:

```
writelines(seq)
```

writelines()函数中参数 seq 表示要写入的字符串序列。该字符串序列可以是一个任何可迭代的对象,如列表、元组、集合或者生成器等,其中每个元素都应该是字符串。这些字符串将按照它们在可迭代对象中出现的顺序被写入文件中,而不会添加额外的换行符(除非字符串本身包含换行符)。writelines()函数没有返回值。

【例 6-7】　调用 writelines()向文本文件 demo.txt 中写入数据。

```
f = open('demo.txt',mode = 'a + ',encoding = 'utf - 8')
strList = ['\n4. Hang on to your dreams.追逐梦想.',
          '\n5. Cease to struggle and you cease to live.生命不止,奋斗不息.']
f.writelines(strList)
f.close()
```

程序运行完毕,打开 demo.txt 文件,文件中增加了写入内容,如图 6-4 所示。

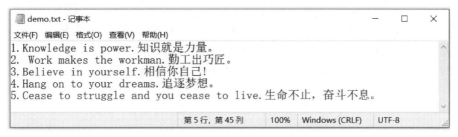

图 6-4　例 6-7 的 demo.txt 文件内容

6.1.4　任务实现

1. 任务分析

本节任务要新建一份个人简历,首先应打开简历的文本文件,然后将个人简历的相关数据信息写入文件中。主要思路如下所述。

(1) 调用 open()函数以写入模式打开文件 MyResume.txt。

(2) 定义列表变量为 myInfo,变量中每个字符串元素均为个人简历相关信息。

(3) 调用 writelines()函数将列表对象 myInfo 的所有数据写入文件中。

(4) 调用 close()函数关闭文件。

2. 编码实现

任务实现代码如下所示。

```
# 调用 open()以写入模式打开文件 MyResume.txt
f = open('MyResume.txt',mode = 'w + ',encoding = 'utf - 8')
# 定义列表变量为 myInfo,变量中每个字符串元素均为个人简历相关数据
strList = [
    'Name: Mr. Liu\n',
    'Sex: Male\n',
    'Date of Birth: 1988 - 12 - 09\n',
    'National: Han\n',
    'Height: 176\n',
    'Weight: 65\n',
```

```
        'Place of origin: Gansu Province\n',
        'Current location: Hubei Province\n',
        'Education: tertiary\n',
        'Political landscape: members\n',
        'Graduate institutions: Huazhong University of Science and Technology\n',
        'Graduation Time:June 2009\n',
        'Studies by category: Electrical Automation\n',
        'Professional Name: Mechatronics\n',
]
# 调用 writelines() 函数将列表对象 myInfo 的所有数据写入文件
f.writelines(strList)
# 关闭文件
f.close()
```

任务二：批量创建目录

任务描述：

在某些程序运行过程中，为了保存运行过程中的一些输出结果，需要批量创建和删除一些文件夹。请编写程序，实现在指定文件夹下批量创建 N 个文件夹，同时在 N 个文件夹分别创建 M 个子文件夹。另外，实现批量删除某个指定文件夹下是子文件和文件夹。例如，在 task2 文件夹下创建 5 个班级文件夹，文件夹命名如"班级_01""班级_02"等，在每个班级文件夹下创建 7 个课程子文件夹，课程文件夹命名如"课程_01""课程_02"等，另外，要求批量删除"班级_01"中的所有文件和文件夹。

新知准备：

◇ 创建目录；

◇ 遍历目录；

◇ 删除目录。

视频讲解

6.2 目录操作

Python 的 os 和 shutil 模块提供了丰富的函数用于文件和文件夹的操作。例如，创建目录、获取文件列表等函数。

6.2.1 获取当前工作目录

os 模块中的 getcwd() 函数用于得到当前工作目录，即当前 Python 脚本工作的目录路径。
【例 6-8】 获取当前工作目录。

```
import os
os.getcwd()
```

程序运行结果如下所示。

```
'C:\\Users\\user\\charp6'
```

6.2.2 创建目录

os 模块中的 mkdir() 函数用于创建目录，其语法格式如下：

```
os.mkdir(path,mode)
```

mkdir()函数的参数说明如下：

（1）path：表示要创建的目录；

（2）mode：表示目录的数字权限，该参数在 Windows 系统下可忽略。

【例 6-9】　在当前工作目录中判断新输入目录是否存在。如果新输入目录不存在，执行创建目录操作，同时在新目录下创建一个 dir_demo.txt 文件并写入"hello"；如果新输入目录存在，提示用户"该目录已存在"。

```python
import os
path = input("请输入目录名:")
# 判断输入目录是否存在
flag = os.path.exists(path)
if flag is False:
    os.mkdir(path)
    new_file = open(os.getcwd() + "//" + path + '//' + "dir_demo.txt","w")
    new_file.write("hello")
    print("数据写入成功!")
    new_file.close()
else:
    print("该目录已存在")
```

运行程序，输入一个不存在的目录 test_dir，程序运行结果如下所示。

```
请输入目录名:test_dir
数据写入成功!
```

程序运行完成的同时，在 D 盘的 charp6 文件夹中创建了一个名为 dir_demo.txt 的文本文件，且该文本文件中写入了指定内容，dir_demo.txt 文件内容如图 6-5 所示。

图 6-5　dir_demo.txt 文件内容

重新运行程序，检查 test_dir 目录是否存在，程序运行结果如下所示。

```
请输入目录名:test_dir
该目录已存在
```

6.2.3　遍历目录

在 Python 中进行文件遍历的方法有很多，下面介绍两种常用的方式。

1. os.listdir()函数

os 模块中的 listdir()函数用于获取文件夹下文件或文件夹名的列表，该列表以字母顺序排序，其语法格式如下：

```
listdir(path)
```

listdir()函数中参数 path 表示要获取的目录列表。

【例 6-10】　使用 listdir()函数遍历"学习文件"文件夹下的文件列表。"学习文件"文件夹内部的目录结构如图 6-6 所示。

图 6-6　"学习文件"文件夹内部的目录结构

```
import os
path = r'D://学习文件//'
print(os.listdir(path))
```

程序运行结果如下所示。

```
['Python 程序设计', '课程表.xls']
```

2. os.walk()函数

os 模块中的 walk()函数用于遍历目录树。该函数通过在目录树中遍历,输出在目录中的中文名,可以向上或向下。遍历时会穿过所有子目录,直到最底层目录,返回树形结构的文件和目录。该函数的返回值是一个三元组(root,dirs,files),其中 root 代表当前遍历的目录路径;dirs 代表当前目录下的所有子目录(不包括文件);files 代表当前目录下的所有文件(不包括目录)。其语法格式如下:

```
os.walk(top, topdown = True, onerror = None, followlinks = False)
```

walk()函数的参数说明如下:

(1) top：表示需要遍历的路径。

(2) topdown：表示首先遍历 top 目录,然后在目录下遍历子目录和文件;如果值为False,则表示先遍历子目录和文件,然后再遍历 top 目录。它是可选参数,默认值为 True。

(3) onerror：用于处理遍历过程中出现的错误。默认情况下,出现错误时 os.walk()将直接抛出异常,可以通过该参数指定自定义的错误处理函数。它是可选参数。

(4) followlinks：表示是否跟随符号链接。如果设为 True,则跟随符号链接。它是可选参数,默认为 False。

【例 6-11】　列出"学习文件"文件夹内部所有文件,"学习文件"文件夹内所有文件组织结构如图 6-6 所示。

```
import os
path = r'D://学习文件//'            ♯获取当前工作目录
a = os.walk(path)                   ♯返回一个三元组
for root, dirs, files in a:
    print(root)                     ♯当前遍历的目录路径
    print("目录有:")
    for d in dirs:                  ♯遍历当前目录下的所有子目录
        print(" - ",d)
```

```
        print("文件有:")
        for f in files:                    # 遍历当前目录下的所有文件
            print(" - ",f)
            print()
```

程序运行结果如下所示。

```
D://学习文件//
目录有:
 - Python 程序设计
文件有:
 - 课程表.xls

D://学习文件//Python 程序设计
目录有:
 - PythonCode
文件有:
 - Python 学习笔记.txt

D://学习文件//Python 程序设计\PythonCode
目录有:
文件有:
 - 第 1 节.py
```

6.2.4　删除目录

在 Python 中,要删除一个目录及其所有子目录和文件,可以使用 shutil 模块提供的 rmtree()函数。该函数可以递归地删除目录及其内容。rmtree()函数的语法格式如下:

```
rmtree(path)
```

rmtree()函数中的参数 path 表示要删除的目录。

【例 6-12】　判断当前目录下是否存在 text_dir 文件夹,如果存在,则调用 rmtree()函数删除 test_dir 目录;如果不存在,则输入"该目录不存在"。

```
import os
import shutil
if os.path.exists('test_dir'):
    shutil.rmtree("test_dir")              # 执行删除操作
    print("删除成功")
else:
    print("该目录不存在")
```

6.2.5　任务实现

1. 任务分析

批量创建文件夹与创建一个文件夹的道理是一样的,通过循环语句实现,每循环一次创建有一个文件夹。注意,创建文件夹时需要为每个文件夹名称加上一个序号信息。另外,删除指定目录中所有文件和文件夹,同样需要遍历目录,调用 rmtree()函数删除指定目录及其所有子目录和文件。主要思路如下所述。

（1）定义一个在指定文件夹批量创建目录的函数 create_dirs(rootdir)函数,参数 rootdir

表示指定的文件夹。

（2）在 create_dirs()函数中，编写一个外循环，创建 5 个班级文件夹。先定义文件路径目录 filepath，它由两部分组成，前者为指定路径，后者为待创建班级文件夹的名称。注意，批量创建班级文件夹时不能有重复名称的，因此，在文件夹加上序号信息。若班级文件夹不存在，则调用 mkdir()函数创建目录。

（3）在步骤（2）中的循环中编写一个内循环，分别在 5 个班级文件夹下创建 7 个课程文件夹。创建课程文件方法与步骤（2）相同。

（4）定义一个删除指定目录的函数 del_dirs(deldir)函数，其中参数 deldir 表示指定要删除的目录。

（5）在 del_dirs()函数中直接通过调用 rmtree()函数删除指定目录及其所有子目录和文件。

（6）在 main()函数中，输入批量创建目录的文件夹路径，调用 create_dirs()函数批量创建目录；输入要删除的目录，调用 del_dirs()函数批量删除该目录下的所有文件和文件夹。

2. 编码实现

任务实现代码如下所示。

```python
import os
import shutil
def create_dirs(rootdir):
    #创建5个"班级"文件夹
    for i in range(1,6):
        #前者为指定路径,后者为待创建文件夹的名称
        #注意:批量创建文件夹时不能有重复名称的,因此可以给文件夹加上序号信息
        filepath = os.path.join(rootdir, '班级_' + str(i).zfill(2))
        isExists = os.path.exists(filepath)
        if not isExists:
            os.mkdir(filepath)

        #分别在5个班级文件夹下再创建7个课程文件夹
        for j in range(1,8):        #表示分别在5个班级文件夹下再创建7个课程文件夹
            file = os.path.join(filepath,'课程_' + str(j).zfill(2))
            isFileExists = os.path.exists(file)
            if not isFileExists:
                os.mkdir(file)
    print("批量创建文件夹完成!")


def del_dirs(deldir):
    shutil.rmtree(deldir)
    print(deldir + "目录中文件和文件夹删除成功")


if __name__ == '__main__':
    #输入指定目录
    rootdir = input('请输入批量创建目录文件夹:')
    create_dirs(rootdir)

    #输入指定目录
    deldir = input('请输入要删除的目录文件夹:')
    del_dirs(deldir)
```

运行程序,输入需要批量创建文件夹的指定目录 d:/charp6/task2,程序运行结果如下所示。

请输入文件夹:d:/charp6/task2
批量创建文件夹完成!

程序运行完成后,在 d:/charp6/task2 目录下创建 5 个班级文件夹,如图 6-7 所示。

图 6-7　创建 5 个班级文件夹效果图

同时,在每个班级文件夹下创建 7 个课程文件夹。例如,在班级_01 中创建了 7 个课程文件夹,如图 6-8 所示。

图 6-8　在班级_01 中创建 7 个课程文件夹效果图

继续输入删除文件和文件夹的目录 d:/charp6/task2/班级_01,程序运行结果如下所示。

请输入文件夹:d:/charp6/task2/班级_01
d:/charp6/task2/班级_01 中文件和文件夹删除成功

程序运行完成后,d:/charp6/task2/班级_01 目录中内容为空。

任务三：图片文件操作

任务描述：

在 Python 中复制粘贴图片实际上和复制文件是一样的,因为图片也是保存在计算机硬盘中的数字文件,甚至不需要使用到内置模块 os 就可以完成这个操作。请编写程序,创建一个简单的黑白图片(如一个小的矩形或圆形),将这个图片保存为二进制文件。

从该二进制文件中读取图片数据,并恢复图片。展示原始图片和恢复后的图片,以验证图片数据是否保存和恢复正确。

新知准备：

◇ 读取二进制文件;

◇ 写入二进制文件。

6.3 二进制文件操作

6.3.1 二进制文件简介

二进制文件是计算机中一种重要的文件格式，其数据以二进制形式存储，与文本文件有着显著的区别。在计算机科学中，二进制文件扮演着至关重要的角色，它们在存储数据、执行程序以及传输多媒体内容等方面发挥着不可替代的作用。

二进制文件的数据表示形式直接由比特 0 和 1 组成，没有特定的人类可读格式。这种底层的数据表示方式使得二进制文件能够精确地存储各种类型的数据，包括程序指令、图像、音频、视频等。与文本文件相比，二进制文件不需要进行字符编码转换，因此通常具有更高的存储效率和读写速度。

二进制文件的用途非常广泛。在计算机领域中，许多关键的文件都是二进制文件，如可执行文件、动态链接库、操作系统映像文件等。这些文件存储了计算机程序的代码和数据，是程序能够正常运行的基石。此外，图像、音频、视频等多媒体文件也通常以二进制形式存储，以便能够精确地表示和播放这些内容。

处理二进制文件需要一定的编程技巧和对计算机底层原理的理解。由于二进制文件直接操作内存中的字节，开发者需要精确地控制数据的位和字节，以确保数据的完整性和正确性。在编程中，通常会使用特定的函数和库来读取、写入和处理二进制文件，如 C 或 C++ 中的文件指针和读写函数。

尽管二进制文件具有诸多优势，但它们也存在一些挑战。由于二进制文件的内容不是人类可读的，因此编辑和调试起来相对困难。此外，不同的操作系统和软件可能采用不同的二进制文件格式，这可能导致跨平台兼容性问题。因此，在处理二进制文件时，开发者需要格外小心，以确保数据的正确性和安全性。

6.3.2 定位文件读写位置

当文件被打开并保持打开状态时，所有的读、写操作都是顺序进行的，即程序会紧接着上一次操作结束的位置继续执行。实际上，每个文件对象内部都持有一个"文件读/写位置"的属性，该属性准确地记录了当前读/写操作在文件中的位置。通过该属性，文件对象能够确保读/写操作的连续性和准确性，使得程序能够高效地访问和修改文件内容。

Python 提供用于获取文件读/写位置的以及修改文件读/写位置的 tell() 和 seek() 函数。下面对这两种方法的使用进行介绍。

1. tell()函数

Python 中文件对象提供的 tell() 函数用于获取当前文件读/写位置（文件指针的位置）。tell() 函数返回一个整数，表示从文件开始到当前位置的字节偏移量。tell() 函数语法格式如下：

```
tell()
```

【例 6-13】 使用 tell() 函数获取 demo.txt 文件的读取位置。

```
f = open('demo.txt', mode = 'r + ', encoding = 'utf - 8')
print('当前文件读取的位置:', f.tell())
```

```
f.read(10)
print('当前文件读取的位置:',f.tell())
f.close()
```

程序运行结果如下所示。

```
当前文件读取的位置: 0
当前文件读取的位置: 10
```

2. seek()函数

Python中文件对象提供的seek()函数用于移动文件读/写的指针到指定位置。seek()函数对于需要跳过文件中的某些部分或返回到文件开始处进行再次读取等操作非常有用。seek()函数的语法格式如下:

```
seek(offset, whence = 0)
```

seek()函数的主要参数及其含义如下所述。

(1) offset:指偏移量,表示读/写位置需要移动的字节数,这个值必须是整数。

(2) whence:用于指定文件的读/写位置,该参数的取值必须是0、1、2中的一个,默认取值是0。若whence=0,表示从文件开头位置读/写;若whence=1,表示从当前文件指针位置为原点开始读/写;若whence=2,表示以文件末尾位置为原点开始读/写。

注意: 如果文件以a或a+的模式打开,每次写操作时,文件操作指针位置会自动返回到文件末尾。

【例6-14】 使用seek()函数读取demo.txt文件从开始位置偏移21字节后的文本内容。

```
f = open('demo.txt',mode = 'r + ',encoding = 'utf - 8')
print('打开文件时文件读取的位置:',f.tell())
♯从开始位置偏移21字节后的位置
f.seek(21,0)
print('偏移后文件读取的位置:',f.tell())
print('从当前位置开始的全部文本:')
print(f.read())
f.close()
```

程序运行结果如下所示。

```
打开文件时文件读取的位置: 0
偏移后文件读取的位置: 21
从当前位置开始的全部文本:
知识就是力量。
2. Work makes the workman.勤工出巧匠。
3.Believe in yourself.相信你自己!
4.Hang on to your dreams.追逐梦想。
```

6.3.3　读写二进制文件

读写二进制文件与读写文本文件有些不同,主要是因为在处理二进制文件时,读写操作是以字节(bytes)为单位,而不是以字符串为单位。使用内置函数open()打开文件时,如果在打开模式参数中包含字母 b，如 rb、rb｜、wb、wb＋、ab、ab＋，则表示以二进制模式打开指定的文件。

1. 读取二进制文件

在 Python 中若要读取二进制文件，首先需要使用 open()函数以'rb'（读取二进制）模式打开文件来读取二进制数据，然后使用 read()函数读取文件中的数据，并将其作为字节字符串返回。

【例 6-15】 读取一张 jpg 格式图片，输入图片二进制数据的大小。

```python
with open('image.jpg', 'rb') as f:
    image_data = f.read()

# 打印读取的图片二进制数据的大小
print('图片二进制数据的大小: ', len(image_data))
```

程序运行结果如下所示。

```
图片二进制数据的大小: 12154
```

2. 写入二进制文件

在 Python 中为了写入二进制文件，首先需要使用 open()函数以'wb'（写入二进制）模式打开文件来准备写入二进制数据，然后使用 write()方法将字节数据写入文件即可。

【例 6-16】 将字符串转换为二进制数据，并写入二进制文件。

```python
# 字符串转换为二进制数据
data = b'This is a test binary data'
# 写入二进制数据到文件
with open('output.bin', 'wb') as f:
    f.write(data)
print("二进制数据写入完成")
```

程序运行结束后，在当前文件位置创建一个 output. bin 的文件，文件内容如图 6-9 所示。

图 6-9　output. bin 文件内容

6.3.4　使用 struct 模块读写二进制数据

Python 中的 struct 模块提供了一种方式来打包和解包二进制数据，这对于写入和读取特定格式的二进制文件非常有用。

1. 使用 struct 模块写入二进制数据

当使用 struct 模块写入二进制数据时，可以定义数据的格式，并使用 pack()函数将数据打包为字节字符串。pack()函数接收一个格式字符串和一系列参数,并返回一个字节字符串,其中包含按照指定格式排列的数据。pack()函数的语法格式如下:

```
pack(format, v1, v2, …)
```

pack()函数的主要参数及其含义如下:

(1) format:表示一个字符串,用于指定数据的格式。格式字符串由一系列格式字符组成,每个格式字符对应一个参数(v1,v2,…)。

(2) v1,v2,…:表示要打包的数据值,其数量和类型必须与format字符串中指定的格式字符相匹配。

【例6-17】 使用struct模块写入二进制文件。

```python
import struct

# 定义一些数据
name = "Alice"
age = 30
height = 1.75

# 定义数据的格式:一个字符串(长度为10的字节串),一个整数,一个浮点数
format_str = '10sif'

# 将数据打包成二进制格式
packed_data = struct.pack(format_str, name.encode('utf-8').ljust(10), age, height)

# 打开一个二进制文件用于写入
with open('demo_struct.bin', 'wb') as f:
    # 写入打包后的数据
    f.write(packed_data)
```

在例6-17所示的代码中,先定义了一些数据:一个名字(字符串),一个年龄(整数)和一个身高(浮点数)。再定义了一个格式字符串'10sif',它表示要写入的数据是一个长度为10的字节串(用于存储名字),一个整数和一个浮点数。然后,调用struct.pack()函数将这些数据打包成一个二进制字符串。注意,对于字符串,需要先将其编码为字节串(使用'utf-8'编码),并使用ljust()函数将其长度调整为10。这是因为在格式字符串中指定了字符串的长度为10。

最后,打开一个二进制文件用于写入,并将打包后的数据写入文件。注意,在打开文件时使用'wb'模式,表示要以二进制写入模式打开文件。

2. 读取二进制数据

使用struct模块读取二进制数据时,使用unpack()函数。该函数接收一个格式字符串和一个字节字符串作为输入,并返回一个包含解析出的数据的元组。其中格式字符串应该与当初写入数据时使用的格式字符串相匹配。unpack()函数语法格式如下:

```
unpack(format, buffer)
```

unpack()函数的主要参数及其含义如下所述。

(1) format:表示一个字符串,用于指定数据的格式。格式字符串由一系列格式字符组成,每个格式字符对应一个从buffer中解析出的数据项。

（2）buffer：表示一个字节字符串（bytes），包含要解析的二进制数据。

注意：struct.unpack()函数返回一个元组，其中包含按照format指定的格式从buffer中解析出的数据。

【**例6-18**】 用struct模块读取例6-17中二进制文件demo_struct.bin的内容。

```python
import struct

#定义数据的格式,与写入时使用的格式字符串相同
format_str = '10sif'

#打开二进制文件用于读取
with open('demo_struct.bin', 'rb') as f:
    #读取文件内容
    packed_data = f.read()

#解包数据
name_bytes, age, height = struct.unpack(format_str, packed_data)

#将字节串解码为字符串(去掉填充的空格)
name = name_bytes.decode('utf-8').rstrip()

#打印解包后的数据
print(f"Name: {name}")
print(f"Age: {age}")
print(f"Height: {height}")
```

程序运行结果如下所示。

```
Name: Alice
Age: 30
Height: 1.75
```

在例6-18所示的代码中，先定义了与写入文件时相同的格式字符串format_str；再以二进制读取模式（'rb'）打开文件，并读取整个文件的内容到变量packed_data中；接着调用struct.unpack()函数将packed_data中的二进制数据解包成原始的数据类型。这个函数返回一个元组，其中包含解包后的数据。对于字符串需要注意的是，打包时使用了长度为10的字节串，并可能在原始字符串后面填充了空格。因此，在解包后，需要使用decode方法将字节串解码为字符串，并使用rstrip()函数去掉可能的填充空格。最后，打印出解包后的数据。

注意：如果读取的文件内容比预期的少（即文件被截断或损坏），struct.unpack()函数会抛出一个struct.error异常。因此，在实际应用中，需要添加错误处理代码来优雅地处理这种情况。

6.3.5 使用pickle模块读写二进制数据

Python中的pickle模块是一个非常有用的工具。pickle模块在Python中用于序列化和反序列化Python对象结构。它可以将Python对象转换为一种可以保存到文件中的格式，也可以从文件中读取这种格式的数据，并将其还原为Python对象。这与struct模块不同，struct模块主要用于处理简单的数据类型，而pickle模块可以处理复杂的Python对象。

1. 使用pickle模块写入二进制文件

pickle模块中的dump()函数将Python对象序列化为二进制格式，并将其写入一个文件

中,其语法格式如下:

```
dump(obj, file, protocol = None, * , buffer_callback = None)
```

dump()函数的主要参数及其含义如下所述。

(1) obj:表示要序列化的 Python 对象。

(2) file:表示一个拥有 write()方法的对象,通常是一个打开的文件对象,用于写入序列化后的数据。该文件对象应该以二进制模式('wb')打开。

(3) protocol:指定序列化使用的协议版本。可以是 0,1,2,3,4 或 None 中的一个。若 protocol=None,则默认为最高版本。更高的协议版本会产生更小的序列化数据,但需要兼容的 Python 版本来反序列化。它是可选参数。

(4) buffer_callback:将在 pickle 尝试将某些类型的对象写入文件之前被调用,可用于实现自定义的缓冲机制,或者对序列化过程中的特定对象进行特殊处理。它是可选参数。

(5) default_protocol:在 Python 3.8 中新增,用于指定当 protocol 参数为 None 时默认的协议版本。如果 default_protocol 未设置,则默认为 pickle. DEFAULT_PROTOCOL(当前为4)。它是可选参数。

【例 6-19】 使用 pickle 模块写入二进制文件。

```
import pickle

# 创建一个字典作为要保存的数据
data = {
    'name': 'Alice',
    'age': 30,
    'height': 1.75
}

# 打开一个二进制文件用于写入
with open('demo_pickle.dat', 'wb') as f:
    # 使用 pickle 的 dump 函数将字典写入文件
    pickle.dump(data, f)
```

在例 6-19 所示的代码中,先创建了一个包含名字、年龄和身高的字典。然后,打开一个二进制文件(使用'wb'模式)用于写入。接着,调用 pickle. dump()函数将字典对象写入文件。pickle. dump()函数接收两个参数:要写入的对象和文件对象。

2. 使用 pickle 模块读取二进制文件

pickle 模块中的 load()函数从文件中读取二进制数据,并将其反序列化为 Python 对象。它通常与 pickle. dump()函数一起使用,用于保存和加载 Python 对象的状态。load()函数的语法格式如下:

```
load(file, * , encoding = 'ASCII', errors = 'strict', buffers = ())
```

load()函数的主要参数及其含义如下所述。

(1) file:与 dump()函数中的 file 参数相同。

(2) encoding:指定用于编码 8 位字符串的编码。

(3) errors:指定编码或解码错误时的处理方式。该参数也主要用于 Python 2. x 的字符串编码。在 Python 3. x 中,由于字符串已经是 Unicode,这个参数通常没有实际作用。它是可选参数，默认值为 strict。

（4）buffers：包含用于优化序列化的缓冲区的列表。它是可选参数。

【例 6-20】 使用 pickle 模块读取二进制文件。

```
import pickle

# 打开二进制文件用于读取
with open('demo_pickle.dat', 'rb') as f:
    # 使用 pickle 的 load 函数从文件中读取对象
    loaded_data = pickle.load(f)

# 打印加载的数据
print(loaded_data)
```

程序运行结果如下所示。

```
{'name': 'Alice', 'age': 30, 'height': 1.75}
```

6.3.6 任务实现

1. 任务分析

二进制图片文件操作主要包括创建、保存、读取、展示等。首先，使用 Python 的图像处理库（如 PIL 或 OpenCV）来创建一个简单的黑白图片。再将图片数据转换为字节流，并使用文件的二进制写入模式（'wb'）写入一个二进制文件中。然后，从二进制文件中读取字节流，并将其转换为图片数据。最后，使用图像处理库来展示原始图片和恢复后的图片。主要思路如下所述。

（1）确保已安装 PIL 库，如果还没有安装，执行 pip install pillow 语句。

（2）定义 create_color_image()函数创建图片。

（3）定义 save_image_as_binary()函数将图片保存为二进制文件。

（4）定义 read_image_from_binary()函数从二进制文件中读取图片并恢复。

（5）定义 show_image()函数展示图片。

（6）在 main()函数中，按顺序调用上述（2）～（5）步骤中定义的函数。

2. 编码实现

任务实现代码如下所示。

```
from PIL import Image, ImageDraw
import io

# 创建彩色图片
def create_color_image():
    # 创建一个空白图片，大小为 100 像素×100 像素，模式为'RGB'（彩色）
    image = Image.new('RGB', (100, 100), color=(255, 255, 255))    # 白色背景
    draw = ImageDraw.Draw(image)
    # 在图片上画一个彩色的矩形
    rect_color = (255, 0, 0)                                        # 红色
    draw.rectangle([(20, 20), (80, 80)], fill=rect_color)
```

```
        return image

#将图片保存为二进制文件
def save_image_as_binary(image, filename):
    with open(filename, 'wb') as file:
        #将图片对象保存到字节流中
        image_bytes = io.BytesIO()
        image.save(image_bytes, format = 'PNG')
        #获取字节流中的数据
        image_data = image_bytes.getvalue()
        #将字节流数据写入文件
        file.write(image_data)

#从二进制文件中读取图片并恢复
def read_image_from_binary(filename):
    with open(filename, 'rb') as file:
        #读取文件内容到字节流中
        image_data = file.read()
        #将字节流转换为图片对象
        image_bytes = io.BytesIO(image_data)
        image = Image.open(image_bytes)
    return image

#展示图片
def show_image(image, title):
    image.show(title = title)

#运行主程序
if __name__ == '__main__':
    #创建彩色图片
    original_image = create_color_image()
    #保存图片为二进制文件
    save_image_as_binary(original_image, 'color_image.bin')
    #从二进制文件中读取并恢复图片
    restored_image = read_image_from_binary('color_image.bin')
    #展示图片
    show_image(original_image, 'Original Color Image')
    show_image(restored_image, 'Restored Color Image')
```

任务四：统计学生成绩

任务描述：

某班级学生各科考试成绩存储于数据文件 score.csv 中，该文件记录了姓名、语文成绩、数学成绩、英语成绩。score.csv 文件的具体内容如图 6-10 所示。

请编写程序，读取 score.csv 文件中每位学生的语文、数学、英语的成绩，计算这 3 门课程的总分，并将计算结果写入 total.csv 文件中，total.csv 文件的内容格式如图 6-11 所示。

```
1 姓名,语文,数学,英语
2 刘倩,125,137,143
3 张华,142,123,121
4 黄丽丽,110,129,121
5 赵越,102,124,142
6 邢雷,112,132,129
```

```
1 姓名,语文,数学,英语,总分
2 刘倩,125,137,143,405
3 张华,142,123,121,386
4 黄丽丽,110,129,121,360
5 赵越,102,124,142,368
6 邢雷,112,132,129,373
```

图 6-10 score.csv 文件内容   图 6-11 total.csv 文件内容

新知准备：
　　◇ 读取 CSV 文件；
　　◇ 写入 CSV 文件。

6.4　CSV 文件操作

6.4.1　CSV 文件简介

　　CSV(Comma-Separated Values)文件，也称为逗号分隔值文件，是一种简单的文件格式，用于以纯文本形式存储表格数据（如电子表格或数据库）。CSV 文件由任意数目的记录组成，记录之间以某种换行符分隔；每条记录由字段组成，字段间的分隔符是其他字符或字符串，最常见的是逗号或制表符(Tab)。

　　CSV 文件通常具备以下特点。

　　(1) CSV 文件是纯文本文件，它可以被任何文本编辑器打开和编辑。

　　(2) CSV 文件中的字段通常由逗号分隔。

　　(3) CSV 文件中的字段值通常不包含引号，但如果字段值包含逗号、换行符或双引号等特殊字符，它可以用双引号括起来。如果字段值本身包含双引号，那么这些双引号会被表示为两个连续的双引号字符。

　　(4) CSV 文件的结构相对简单，不包含像电子表格或数据库那样的复杂功能，如公式、宏、格式化等。

　　(5) CSV 文件可以在不同的操作系统和应用程序之间轻松传输和交换。

　　(6) CSV 文件可以应用于各种场景，如数据交换、数据迁移、数据备份、数据分析等。

　　以下是一个名为 book.csv 的 CSV 文件内容。

```
图书编号,书名,作者,出版社,出版时间
TP.2317,C程序设计教程,陆大强,清华大学出版社,2022-08-01
TP.2461,Python轻松入门,赵会军,清华大学出版社,2023-07-01
TP.2462,算法竞赛,罗勇军、郭卫斌,清华大学出版社, 2022-11-30
TP.2536,数据结构教程,李春葆,清华大学出版社,2022-07-01
```

6.4.2　使用 CSV 标准库读写 CSV 文件

　　CSV 模块是 Python 的内置模块，用 import 语句导入后就可以使用。

1. 读取 CSV 文件

　　方法一：调用 csv.reader()函数按行读取 CSV 文件。

　　csv 模块中 csv.reader()函数用于从 CSV 文件中读取数据。该函数返回一个 reader 对象，返回的 reader 对象是一个迭代器，可以逐行读取 CSV 文件的内容。CSV 文件每行都被解析为一个列表，其中列表的元素是 CSV 文件中该行的各个字段。

　　【例 6-21】　调用 csv.reader()函数读取 CSV 文件 book.csv 的全部内容。

```
import csv
with open('book.csv', 'r',encoding = 'utf-8') as f:
```

```
    reader = csv.reader(f)
    for row in reader:
        print(row)
```

程序运行结果如下所示。

```
['图书编号', '书名', '作者', '出版社', '出版时间']
['TP.2317', 'C 程序设计教程', '陆大强', '清华大学出版社', '2022 - 08 - 01']
['TP.2461', 'Python 轻松入门', '赵会军', '清华大学出版社', '2023 - 07 - 01']
['TP.2462', '算法竞赛', '罗勇军、郭卫斌', '清华大学出版社', '2022 - 11 - 30']
['TP.2536', '数据结构教程', '李春葆', '清华大学出版社', '2022 - 07 - 01']
```

例 6-21 所示的代码读取 CSV 文件时, csv. reader()函数默认以逗号作为分隔符。

方法二: 调用 csv. DictReader()函数读取 CSV 文件。

csv 模块中 csv. DictReader()函数允许以字典的形式读取 CSV 文件中的行。csv. DictReader()函数会自动将 CSV 文件的第一行(通常是标题行)作为字典的键。随后的每一行都会被解析成一个字典, 其中字典的键是标题行的列名, 字典的值是对应列的数据。

【例 6-22】　调用 csv. DictReader()函数读取 CSV 文件 book. csv 的全部内容。

```
import csv
with open('book.csv', 'r', encoding = 'utf - 8') as f:
    dictReader = csv.DictReader(f)
    for row in dictReader:
        print(dict(row))
```

程序运行结果如下所示。

```
{'图书编号': 'TP.2317', '书名': 'C 程序设计教程', '作者': '陆大强', '出版社': '清华大学出版社',
'出版时间': '2022 - 08 - 01'}
{'图书编号': 'TP.2461', '书名': 'Python 轻松入门', '作者': '赵会军', '出版社': '清华大学出版社',
'出版时间': '2023 - 07 - 01'}
{'图书编号': 'TP.2462', '书名': '算法竞赛', '作者': '罗勇军、郭卫斌', '出版社': '清华大学出版社', '出
版时间': '2022 - 11 - 30'}
{'图书编号': 'TP.2536', '书名': '数据结构教程', '作者': '李春葆', '出版社': '清华大学出版社', '出
版时间': '2022 - 07 - 01'}
```

2. 写入 CSV 文件

方法一: 使用 csv. write()函数将数据写入 csv 文件。

在 Python 中使用 csv. writer()函数创建一个 writer 对象, 然后使用这个 writer 对象的 writerow()函数将数据逐行写入 csv 文件。

【例 6-23】　调用 csv. writer()函数向 CSV 文件 newbook1.csv 中写入两本书的信息。

```
import csv
data1 = ['TP.2210', 'Python 数据挖掘算法与应用', '刘金玲、马甲林', '清华大学出版社', '2024.02.
01']
data2 = ['TP.2212', '大数据治理与安全', '黄源', '清华大学出版社', '2023.09.01']
with open('newbook1.csv', 'w + ', newline = '', encoding = 'utf - 8') as f:
    writer = csv.writer(f)
    writer.writerow(data1)
    writer.writerow(data2)
```

程序运行后会在当前目录下生成一个名为 newbook1.csv 的 CSV 文件,并在该文件中写入了两行数据,newbook1.csv 文件中的内容如图 6-12 所示。

```
1  TP. 2210, Python数据挖掘算法与应用, 刘金玲、马甲林, 清华大学出版社, 2024. 02. 01
2  TP. 2212, 大数据治理与安全, 黄源, 清华大学出版社, 2023. 09. 01
```

图 6-12　newbook1.csv 文件内容

注意:在写入 CSV 文件时,需要设置 newline 参数为空字符串,否则可能会出现每行之间多一个空行的情况。

方法二:使用 csv. DictWriter() 函数将字典对象写入文件。

csv 模块中提供了 csv. DictWriter() 函数用于将字典对象写入 CSV 文件中。该函数使用字典的键作为 CSV 文件的列名,并将字典的值作为相应列的数据。

【例 6-24】　调用 csv. DictWriter() 函数向 CSV 文件 newbook2.csv 中写入一本书的信息。

```
import csv
data = {'图书编号': 'TP.2510', '书名': 'Python 数据分析与可视化',
'作者': '魏伟一、李晓红、高志玲', '出版社': '清华大学出版社', '出版时间': '2021 - 07 - 01'}
with open('newbook2.csv', 'w + ', newline = '', encoding = 'utf - 8') as f:
    writer = csv.DictWriter(f, data.keys())
    writer.writeheader()                #将表头写入文件
    writer.writerow(data)
```

程序运行后会在当前目录下生成一个名为 newbook2.csv 的 CSV 文件,并写入了表头和一行数据,newbook2.csv 文件中的内容如图 6-13 所示。

```
1  图书编号, 书名, 作者, 出版社, 出版时间
2  TP. 2510, Python数据分析与可视化, 魏伟一、李晓红、高志玲, 清华大学出版社, 2021-07-01
```

图 6-13　newbook2.csv 文件内容

6.4.3　使用 pandas 模块读写 CSV 文件

pandas 是一个专门用于数据分析和处理的 Python 库。它可以以表格形式轻松处理数据,并支持读取和写入多种格式的数据文件,其中包括 CSV 格式。

首先,需要安装 pandas,具体安装命令如下:

```
pip install pandas
```

1. 写入 CSV 文件

pandas 提供了一个 DataFrame 对象,该对象可以很方便地存储和操作表格型数据,并且提供 to_csv() 函数将数据导出为 CSV 格式。to_csv() 函数的语法格式如下:

```
to_csv(path_or_buf = None, sep = ',', na_rep = '', index = False, header = True)
```

to_csv() 函数的主要参数说明如下。

(1) path_or_buf:表示写入 CSV 文件的路径或文件对象。

(2) sep:表示列分隔符,默认为逗号。

(3) na_rep:表示缺失值,默认为空字符串。

(4) index:表示是否写入行索引,默认为 False。

（5）header：表示是否写入列名，默认为 True。

【例 6-25】 使用 Pandas 模块的 to_csv（）函数将三名用户信息写入 CSV 文件 userdata. csv 中。

```
import pandas as pd
# 创建一个 DataFrame
data = pd.DataFrame({
    'Name': ['Alice', 'Bob', 'Charlie'],
    'Age': [25, 30, 35],
    'City': ['New York', 'San Francisco', 'Los Angeles']
})

# 将 DataFrame 写入 CSV 文件
data.to_csv('userdata.csv', index = False)
```

在例 6-25 所示的代码中，to_csv 函数的 index＝False 用于防止将 DataFrame 的索引写入 CSV 文件。如果希望 CSV 文件中包含索引，可以省略 index 参数或将 index 的值设置为 True。程序运行后，会在当前目录下生成一个名为 userdata. csv 的 CSV 文件，该文件中写入了表头以及三行用户数据信息，如图 6-14 所示。

图 6-14 userdata. csv 文件内容

2. 读取 CSV 文件

在 pandas 模块中使用 read_csv（）函数读取 CSV 文件。一般情况下，read_csv（）函数会将读取的数据内容加载到一个 DataFrame 对象中。当然按照参数的要求会返回指定的类型，其语法格式如下：

```
pandas.read_csv(filepath_or_buffer, sep = ',', header = 'infer', names = None, index_col = None,
usecols = None)
```

read_csv（）函数的主要参数说明如下。

（1）filepath_or_buffer：表示没有默认值，它是必填参数，不能为空。

（2）sep：表示每行数据内容的分隔符号，它是字符型的，默认是逗号，另外常见的还有制表符（\t）、空格等，根据数据的实际情况传值。

（3）header：表示支持整型和由整型组成的列表，指定第几行是表头，默认会自动推断把第一行作为表头。

（4）names：用来指定列的名称，它是一个类似列表的序列，与数据一一对应。如果文件不包含列名，那么应该设置 header＝None，列名列表中不允许有重复值。

（5）index_col：用来指定索引列，可以是行索引的列编号或者列名，如果给定一个序列，则有多个行索引。pandas 不会自动将第一列作为索引,不指定时会自动使用以 0 开始的自然索引。

(6) usecols:指定只使用数据的部分列。

【例 6-26】　调用 Pandas read_csv()函数读取 CSV 文件。

```python
import pandas as pd

#读取 CSV 文件
data = pd.read_csv('userdata.csv',sep = ',')

#显示数据
print("用户信息:")
print(data.head())
```

程序运行结果如下所示。

```
用户信息:
      Name  Age          City
0    Alice   25      New York
1      Bob   30  San Francisco
2  Charlie   35   Los Angeles
```

6.4.4　任务实现

1. 任务分析

本节任务是统计学生三门课程的总分。首先要从名为 score.csv 的 CSV 文件中读取数据,对每一行的数字列进行求和,并将求和的结果作为一个新的列添加到每行数据的末尾,然后将修改后的数据写入一个新的 CSV 文件 total.csv 中。主要思路如下所述。

(1) 定义变量 csv_file,以只读模式打开 score.csv 文件,定义变量 file_new,以只写模式打开 total.csv 文件。

(2) 定义列表变量 lines,存储文件中所有内容。通过 for 循环读取'score.csv'中每行数据 line,调用字符串对象的 split()函数将每行数据以逗号为分隔符成一个列表 line,将列表元素 line 添加到 lines 中。

(3) 从第二行开始,读取列表元素中的每个子元素 lines[idx][j],如果该元素为数字则进行累加,累加结果 sumScore,添加到列表元素 lines[idx]中。

(4) 将列表 lines 中的每个元素 line 写入文件 file_new 对象中。

(5) 关闭文件。

2. 编码实现

任务实现代码如下所示。

```python
csv_file = open('score.csv','r',encoding = 'utf-8')
file_new = open('count.csv','w',encoding = 'utf-8')
lines = []
for line in csv_file:
    line = line.replace('\n','')
    line = line.split(',')
```

```
        lines.append(line)
lines[0].append('总分')
for i in range(len(lines) - 1):
    idx = i + 1
    sumScore = 0
    for j in range(len(lines[idx])):
        if lines[idx][j].isnumeric():
            sumScore += int(lines[idx][j])
    lines[idx].append(str(sumScore))
for line in lines:
    print(line)
    file_new.write(','.join(line) + '\n')
csv_file.close()
file_new.close()
```

6.5 本章实践

实践一：文件比较

在软件过程开发中，当两个开发者同时修改了同一个文件，或者当需要合并不同分支的更改时，比较文件并找出不同之处是至关重要的。通过输出首次不同处的行号和列号可以帮助开发者快速定位并理解差异。

请编写程序，比较两个文件是否相同。如果不同，输出首次不同处的行号和列号。

实现思路如下所示。

（1）定义两个文件指针，指向要打开的两个文件。

（2）分别逐行读取两个文件，并进行比较，当第一次遇到不同的两行时，再逐列比较，判断是在哪一列不相等。

（3）输出比较结果。

任务实现代码如下所示。

```
def compareFile(file1,file2):
    #计算第一个列表的元素个数,即行数
    len1 = len(file1)
    len2 = len(file2)
    minlen1 = min(len1,len2)              #计算两个列表的最小行数
    for i in range(minlen1):             #用最小行数进行迭代和比较
        print(file1[i],file2[i])         #输出两个列表的当前行
        #如果这两行不相等,判断是在哪一列不相等
        if(file1[i]!= file2[i]):
            #获取两行最小的列数
            minlen2 = min(len(file1[i]),len(file2[i]))
            for j in range(minlen2):     #用最小的列数进行迭代和比较
                if(file1[i][j]!= file2[i][j]):
                    return [0,i + 1,j + 1]   #返回不相等所在的行号和列号
                else:
                    #若这两行的列数不相同,则也不相等
                    if(len(file1)!= len(file2)):
                        return [0,i + 1,1]
    else:
        #若两个文件的行数不同,则也不相等
```

```
            if(len(file1)!= len(file2)):
                return [0,minlen1 + 1,1]
            else:
                return [1,0,0]

if __name__ == '__main__':
    str1 = input('输入文件1的路径和文件名:')
    str2 = input('输入文件2的路径和文件名:')
    file1 = open(str1,'r',encoding = 'utf - 8')
    file2 = open(str2,'r',encoding = 'utf - 8')
    IsFile1 = file1.readlines()
    IsFile2 = file2.readlines()
    file1.close()
    file2.close()
    result,row,col = compareFile(IsFile1,IsFile2)
    if(result == 1):
        print('这两个文件相等')
    else:
        print("这两个文件在{0}行{1}列开始不相等".format(row,col))
```

假设两个文件名为 Ti1_1.txt 和 Ti1_2.txt，两个文件内容分别如图 6-15 和图 6-16 所示。

图 6-15　Ti1_1.txt 的文件内容

图 6-16　Ti1_2.txt 的文件内容

程序运行结果如下所示。

```
输入文件1的路径和文件名:Ti1_1.txt
输入文件2的路径和文件名:Ti1_2.txt
abcdefg
 abcdefg

hijklmn
 hijklmn

opqrst opq rst
这两个文件在 3 行 4 列开始不相等
```

实践二：四则运算练习系统

四则运算是小学数学教育中的基础内容，对于培养学生的数学思维和计算能力至关重要。通过四则运算的练习，小学生可以逐步掌握加、减、乘、除四种基本运算，为后续学习更复杂的数学知识打下坚实的基础。

编写程序，模拟一个四则运算练习。学生每次完成 10 个题目的练习并给出成绩，可以多次练习。要求最近 3 次练习的题目不能重复，记录所有练习的成绩，并将相关信息保存在文件中。

实现思路如下所示。

（1）定义题目生成函数 setQuestion（）函数，该函数用于生成和存储题目函数。setQuestion（）函数每次练习随机生成 10 个不重复的题目，同时生成答案。

（2）定义用户答题函数 answerQuestion（）函数，该函数用于用户答题并保存成绩。answerQuestion（）函数用户练习最新生成的题目，并输出成绩和答案。

（3）在 main（）函数中，从用户处获取题目文件 file1 和成绩文件 file2 的路径和文件名。调用 setQuestion（）函数生成题目，并将生成的题目列表传递给 answerQuestion（）函数。等待用户答题并查看结果。

任务实现代码如下所示。

```python
import random
import pickle
import os

def setQuestion(file1):
    count = 0
    opr = {1:'+',2:'-',3:'*',4:'/'}
    formular = []
    if os.path.exists(file1):
        pkFile = open(file1)
        data1 = pickle.load(pkFile)
        pkFile.close()
    else:
        data1 = []
    while True:
        num1 = random.randint(1,100)
        num2 = random.randint(1,100)
        opnum = random.randint(1,4)
        op = opr.get(opnum)
        result = {
            '+':lambda x,y:x+y,
            '-':lambda x,y:x-y,
            '*':lambda x,y:x*y,
            '/':lambda x,y:int(x/y)
        }[op](num1,num2)
        tmp = (num1,op,num2,result)
        if tmp in formular or tmp in data1:
            continue
        formular.append(tmp)
        count += 1
        if(count == 10):
            break;
```

```
        data2 = data1[ - 21: - 1]
        data2.extend(formular)
        pkFile = open(file1,'wb')
        pickle.dump(data2,pkFile, - 1)
        pkFile.close()
        return formular

# 定义用户练习函数,参数为题目列表
def answerQuestion(formular,file2):
    grade = 0
    for item in formular:
        print('{0}{1}{2} = '.format(item[0],item[1],item[2]),end = '')
        ans = int(input())
        if ans == item[3]:
            grade += 10
    if os.path.exists(file2):
        pkFile = open(file2,'rb')
        allGrade = pickle.load(pkFile)
        pkFile.close()
    else:
        allGrade = []
    print('本次成绩为:{0}'.format(grade))
    if allGrade:
        print('历史成绩为:{0}'.format(allGrade))
    allGrade.append(grade)
    pkFile = open(file2,'wb')
    pickle.dump(allGrade,pkFile, - 1)
    pkFile.close()
    print('本次练习答案为:')
    for item in formular:
        print('{0}{1}{2} = {3}'.format(item[0],item[1],item[2],item[3]))

if __name__ == '__main__':
    file1 = input('输入题目文件的路径和文件名:')
    file2 = input('输入成绩文件的路径和文件名:')
    formular = setQuestion(file1)
    answerQuestion(formular,file2)
```

程序运行结果如下所示。

```
输入题目文件的路径和文件名: question.dat
输入成绩文件的路径和文件名: grade.dat
57 * 21 = 0
4 + 39 = 0
21/91 = 0
96 - 61 = 0
100 + 34 = 0
23 + 49 = 0
76 + 14 = 0
65 - 56 = 0
86 * 62 = 0
26 * 39 = 0
本次成绩为:10
历史成绩为:[0, 60]
本次练习答案为:
57 * 21 = 1197
4 + 39 = 43
21/91 = 0
```

```
96 - 61 = 35
100 + 34 = 134
23 + 49 = 72
76 + 14 = 90
65 - 56 = 9
86 * 62 = 5332
26 * 39 = 1014
```

实践三：批量修改所有文件名为小写

在备份或同步文件时，如果源系统和目标系统对大小写有不同的处理方式，可能会导致文件丢失或重复。将所有文件名转换为小写可以确保文件在备份和同步过程中的一致性。

编写程序，遍历指定目录及所有子目录，将所有子目录名和文件名全部改为小写。

实现思路如下所示。

（1）通过调用 os.work()函数遍历所有文件，将所有文件名修改为小写。

（2）通过调用 os.work()函数遍历所有文件夹，将所有文件夹的名称修改为小写。

任务实现代码如下所示。

```python
import os
import os.path

#读取指定目录,并转换为绝对路径
rootdir = input('请输入文件夹')
#先从外向内依次修改每个目录下的文件名
for(dirname,sundir,files) in os.walk(rootdir):
    for file in files:
        pathfile = os.path.join(dirname,file)
        #把文件名转换成小写字母
        pathfileLower = os.path.join(dirname,file.lower())
        if pathfile == pathfileLower:
            continue
        print(pathfile + '-->' + pathfileLower)
        os.rename(pathfile,pathfileLower)

#从内向外依次修改每个目录名
for(dirname,subdir,files) in os.walk(rootdir,topdown = False):
    for dirs in subdir:
        pathdir = os.path.join(dirname,dirs)
        pathdirLower = os.path.join(dirname,dirs.lower())
        if pathdir == pathdirLower:
            continue
        print(pathdir + '-->' + pathdirLower)
        os.rename(pathdir,pathdirLower)
```

例如，输入当前文件同级的文件夹 Ti03，该文件夹内部的目录结构如图 6-17 所示。

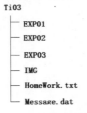

图 6-17　Ti03 文件夹目录结构

运行上述代码后会将 Ti03 文件夹下的所有文件和所有文件夹名修改为小写。程序运行结果如下所示。

```
请输入文件夹 Ti03
Ti03\HomeWork.txt --> Ti03\homework.txt
Ti03\Message.dat --> Ti03\message.dat
Ti03\EXP01 --> Ti03\exp01
Ti03\EXP02 --> Ti03\exp02
Ti03\EXP03 --> Ti03\exp03
Ti03\IMG --> Ti03\img
```

实践四：读取 CSV 文件中指定行或列的数据

在数据分析项目中，经常需要从 CSV 文件中提取特定行或列的数据进行进一步的分析和挖掘。例如，一个市场分析师可能想要查看某个时间段内某个产品的销售数据，这就需要从 CSV 文件中提取相关的行和列。编写程序，输出 CSV 文件行号或列号，可以是多行或多列，输出对应的数据。

实现思路如下所示。

（1）自定义一个查找函数。在该函数中，打开 CSV 文件，并将所有信息读入列表对象。遍历这个列表，找出满足要求的数据并添加到结果列表对象中。

（2）在 main() 函数中，输入 csv 文件所在目录及文件名，以及选择查找的行号和列号。调用查找函数完成数据读取，输出读取结果。

任务实现代码如下所示。

```python
import csv
def readRowandCol(file,list1,list2):
    list1.sort()
    list2.sort()
    mylist = []
    result = []
    with open(file, 'r') as csvfile:
        lines = csv.reader(csvfile)
        for line in lines:
            mylist.append(line)
        rowLen = len(mylist)
        if len(list1) == 0:
            list1 = [str(x + 1) for x in range(rowLen)]
        colLen = len(mylist[0])
        if len(list2) == 0:
            list2 = [str(x + 1) for x in range(colLen)]
        row = 0
        for line in mylist:
            if str(int(row) + 1) in list1:
                tmp = []
                for x in list2:
                    tmp.append(line[int(x) - 1])
                result.append(tmp)
            row = row + 1
    return result
if __name__ == '__main__':
    fileName = input('请输入 csv 文件所在目录及文件名:')
    rows = input('请输入选择的行号(用空格分隔):')
```

```
cols = input('请输入选择的列号(用空格分隔):')
list1 = rows.split()
list2 = cols.split()
result = readRowandCol(fileName, list1, list2)
print(result)
```

假设读取 CSV 文件 Ti04.csv 中第 1、3 行的第 1、2、6 列的数据,其中 CSV 文件的内容如下所示。

```
101,丽丽,女,2001-03-21,18912345676,lili@163.com
102,王刚,男,2000-10-23,17845623562,wanggang@126.com
103,李娜,女,1999-05-10,18943627463,lina@163.com
104,张强,男,2001-10-08,15352738591,zhangqiang@qq.com
```

程序运行结果如下所示。

```
请输入 csv 文件所在目录及文件名:Ti04.csv
请输入选择的行号(用空格分隔):1 3
请输入选择的列号(用空格分隔):1 2 6
[['101', '丽丽', 'lili@163.com'], ['103', '李娜', 'lina@163.com']]
```

6.6 本章习题

一、填空题

1. os 模块的_____方法可以获取文件列表。

2. os 模块的_____方法用来创建文件夹。

3. tell()函数返回文件_____当前的位置。

4. os 模块中的_____方法可以完成对文件的重命名操作。

5. 文件的访问模式默认为_____。

6. 向文件写入数据的方法是_____。

7. 文件的打开使用的是_____方法。

8. os 模块中的_____方法可以完成对文件的删除操作。

9. os 模块中的_____方法用来获取当前的目录。

10. 使用_____方法可以关闭打开的文件。

二、选择题

1. 已知文件 abc.txt 的内容为:Hello,Python,通过如下代码:

```
f = open('abc.txt', 'r')
content = f.read(7)
print(content)
```

读取上述文件的内容,读取的结果为(   )。

    A. Hell   B. Hello   C. Hello,   D. Hello,P

2. 下列选项中,用于关闭文件的方法是(   )。

    A. read()   B. tell()   C. seek()   D. close()

3. 下列方法中,可以把读取到的数据返回为一个列表的是(   )。

    A. read(12)   B. read()   C. readlines()   D. readline()

4. 下列选项中，可以设置从特定位置开始读写文件的方法是（　　）。

  A. read()   B. seek()   C. readline()   D. write()

5. 下列方法中，不能从文件中读取数据的是（　　）。

  A. read(12)   B. tell()   C. readlines()   D. readline()

6. 下列选项中，可以一次性读取整个文件的是（　　）。

  A. read(12)   B. read()   C. tell()   D. readline()

7. 下列关于文件读取的说法中，表述错误的是（　　）。

  A. read()函数可以一次读取文件中所有内容

  B. readline()函数一次只能读取一行内容

  C. readlines()函数以元组的形式返回读取的数据

  D. readlines()函数一次可以读取文件中所有内容

8. 下列关于文件写入的说法中，表述正确的是（　　）。

  A. 如果向一个已有文件写入数据，在写入之前会清空文件原有数据

  B. 每执行一次 write()，写入的内容都会追加到文件末尾

  C. writelines()函数用于向文件中写入多行数据

  D. 文件写入时不能使用 r 模式

9. 下列选项中用于获取当前读写位置的是（　　）。

  A. open()   B. close()   C. tell()   D. seek()

10. 下列关于文件操作的说法中，表述错误的是（　　）。

  A. os 模块中的 mkdir()函数可以创建目录

  B. shutil 模块中的 rmtree()函数可以删除目录

  C. os 模块中的 getcwd()函数，获取的是相对路径

  D. rename()函数可以修改文件名

三、判断题

1. 在文件的访问模式中，w 表示的是可写模式。（　　）

2. 使用 open()打开文件若没设访问模式，文件一定是存在的，否则会出现错误。（　　）

3. read()只能一次性读取整个文件的数据。（　　）

4. 在文件模式中，w＋模式表示打开一个文件用于读写。如果该文件已存在，则将其覆盖；如果该文件不存在，则创建新文件。（　　）

5. 调用 seek(offset,from)函数进行文件定位读写时，如果参数 from 的值设为 1，则表示从文件的当前位置开始偏移。（　　）

6. read()函数可以设置读取的字符长度。（　　）

7. 使用文件时，如果不使用 close()关闭文件，一旦程序崩溃，很可能导致文件中的数据没有保存。（　　）

8. 读取文件时，seek()只能从文件的开头开始读取。（　　）

9. 在文件定位读写中，使用 tell()可以获取文件当前的读写位置。（　　）

10. 在操作某个文件时，每调用一次 write()，写入的数据就会追加到文件末尾。（　　）

第 7 章

面向对象的程序设计

任务一：理解面向对象的程序设计

任务描述：

　　面向对象的程序设计是在面向过程的程序设计的基础上发展而来的，它比面向过程编程具有更强的灵活性和扩展性。要想在编程之路上走得更远，就必须熟练掌握面向对象的程序设计。

新知准备：

　　◇ 面向过程的程序设计思想；

　　◇ 面向对象的程序设计思想。

7.1　面向对象的程序设计概述

视频讲解

7.1.1　程序设计思想

　　程序设计的思想主要有两种：一种是面向过程的程序设计；一种是面向对象的程序设计。

　　面向过程程序设计的核心理念是"步骤分解"，即把需要解决的问题分成一个个步骤，并用不同函数来实现它们。设计思维"自顶向下，逐步求精"，按照逻辑顺序从上到下完成整个过程的编写。面向过程的程序设计主要过程如图 7-1 所示。

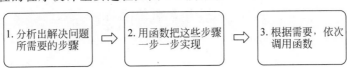

图 7-1　面向过程程序设计主要过程

　　面向对象程序设计（Object Oriented Programming，OOP）主要针对大型软件设计而提出，它是一种对现实世界理解和抽象的方法。面向对象的程序设计使得软件设计更加灵活，能够很好地支持代码复用和设计复用，并且使得代码具有更好的可读性与可扩展性，使得编程就像搭积木一样简单。

面向对象的程序设计将任何事物都看成一个对象，它们之间通过一定渠道相互联系，对象是活动的、相对独立的，是可以激发的。每个对象都是由数据和操作规则构成的，程序设计时，主要面对一个个对象，所有数据分别属于不同的对象，封装在对象内，只要激发每个对象完成了相对独立的操作功能，整个程序就会自然完成全部操作。

面向对象的程序设计主要过程可以总结为"分析—抽象—组合调用"，如图7-2所示。在进行程序设计之前必须根据功能需求进行详细的分析，分析出需求中涉及哪些对象？这些对象各自有哪些特征？有什么功能？对象之间存在何种关系？然后进行抽象，将存在共性的事物或关系抽象成类；最后通过对象的组合和调用完成需求。

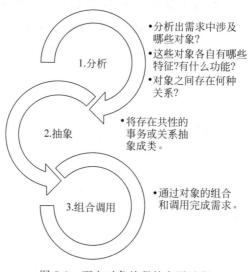

图 7-2　面向对象编程的主要过程

7.1.2　类与对象的概念

1. 对象

对象是指实实在在存在的事物。世间万物皆为对象。例如，我旁边的同学张三是一个对象，我面前的书桌是一个对象，同学们手中拿的教材是一个对象，等等。在 Python 中一切皆为对象，除了数字、字符串、列表、元组、字典、集合、range 对象、zip 对象等，函数也是对象，类也是对象。

每一个对象都包含两个部分：静态部分与动态部分。静态部分是指事物客观存在的特征，称为"属性"。例如，人的姓名、性别、年龄身高；衣服的尺寸、颜色；书桌的长度、宽度、高度、材质等。动态部分是指对象的执行的动作，称为"行为"。例如，这张桌子可以用来做餐桌，也可以用来做书桌；小明同学可以读书、画画、爬山、编程等。

2. 类

类是具有相同属性和方法的对象的抽象描述。它定义了对象所具有的属性和可以执行的方法。类是一个抽象的概念，不占用内存空间，只有在实例化（创建对象）时才会在内存中分配空间。

对象是类的实例，是根据类定义创建的具体实体。它是类的一个具体实例，拥有类定义的属性和行为。每个对象独立存在，有自己的状态和标识。

创建类时用变量形式表示对象特征的成员称为数据成员,用函数形式表示对象行为的成员称为成员方法,成员属性和成员方法统称为类的成员。

7.1.3　面向对象程序设计相关概念

Python 完全采用了面向对象程序设计的思想,是真正面向对象的高级动态编程语言,完全支持面向对象的基本功能,如封装、继承、多态以及对基类方法的覆盖或重写。

封装是指将描述事物的数据和操作封装在一起,形成一个类。封装保证了数据的安全性,因为只有通过提供的公共方法,外部才能访问被封装的数据和操作。

继承是一种机制,它允许特殊类的对象自动继承一般类的所有数据成员和函数成员(除了构造函数和析构函数)。通过继承机制,特殊类就能扩展或修改一般类的行为。

多态是指一个对象变量可以指向多种不同的实际类型。在这种状态下,同一个操作在不同类型的对象上会产生不同的结果。多态性增加了代码的复用性,并且使得程序更具可扩展性。

面向对象的相关概念如表 7-1 所示。

表 7-1　面向对象相关概念

名　　称	说　　明
类	用来描述具有相同属性和方法的对象的集合。它定义了该集合中每个对象所共有的属性和方法。对象是类的实例
类变量	类变量在整个实例化的对象中是公用的。类变量定义在类中且在函数体之外。类变量通常不作为实例变量使用
数据成员	类变量或者实例变量,用于处理类及其实例对象的相关的数据
方法重写	如果从父类继承的方法不能满足子类的需求,可以对其进行改写,这个过程叫方法的覆盖(override),也称为方法的重写
局部变量	定义在方法中的变量,只作用于当前实例的类
实例变量	在类的声明中,属性是用变量来表示的。这种变量就称为实例变量,是在类声明的内部但是在类的其他成员方法之外声明的
继承	即一个派生类(子类)继承基类(父类)的字段和方法。继承也允许把一个派生类的对象作为一个基类对象对
方法	类中定义的函数
对象	通过类定义的数据结构实例。对象包括两个数据成员(类变量和实例变量)和方法

任务二:创建猴子类

任务背景:

猴子,作为灵长目动物中的迷人成员,以其俏皮的外貌、灵活的动作和较高的智力,深受人们的喜爱。在森林生态系统中,它们不仅是一道亮丽的风景,还在维持生态平衡,特别是帮助植物传播种子方面扮演着关键角色。然而,猴子的生存环境正遭受严重威胁,包括栖息地破坏、非法猎杀和气候变化等因素。

为了保护这些珍贵的野生动物,中国政府和国际社会正在采取行动,包括建立保护区和制定严格的法律。人类必须团结一致,努力保护野生动物,确保它们在未来能够继续生存和繁衍。

任务描述：

　　请编写程序，设计一个猴子类（Monkey），包括 3 个数据成员：名字（name）、年龄（age）、性别（sex），以及一个成员方法 introduce()。

新知准备：

　　◇ 类的定义；
　　◇ 对象的实例化。

7.2　类的定义与使用

7.2.1　类的定义

在 Python 中类的定义主要包括三部分：类名、类的属性、类的方法，相关介绍及举例如图 7-3 所示。

类名	类的属性	类的方法
·类的名称(首字母大写)。 ·例如Person、Student等	·成员变量(一组数据)。 ·例如姓名、性别、年龄等	·成员方法(允许进行操作的方法)。 ·例如唱歌、跳舞等

图 7-3　类的组成

在 Python 中，使用 class 关键字来进行类的声明，其语法格式如下所示。

```
class 类名:
    类的属性
    类的方法
```

【例 7-1】　定义一个类 Person，其具有两个成员属性：name 与 age，具有一个成员方法 sayHello()。

```
class Person:
    name = " "
    age = 0
    def sayHello(self):
        print("你好呀!")
```

7.2.2　对象的创建

完成类的定义后，会产生一个全局的类对象，可以通过类对象来访问类中的属性与方法。可以调用与类同名的函数，来创建实例化对象，其语法格式如下所示。

```
对象名 = 类名()
```

可以通过实例化对象来访问属性与方法，其语法格式如下所示。

```
对象名.方法名()
对象名.属性名
```

【例 7-2】　初始化一个 Person 对象，设置姓名为"张三"，年龄为 20。请输出成员属性对应的值,并调用其成员方法,观察输出效果。

```python
class Person:
    name = " "
    age = 0
    def sayHello(self):
        print("你好呀!")


p1 = Person()
p1.name = "张三"
p1.age = 20
print(p1.name,p1.age)
p1.sayHello()
```

程序运行结果如下所示。

```
张三 20
你好呀!
```

7.2.3 Self 的使用

在类的方法中,第一个参数一般都是 self。self 的字面意思是自己,可以把它当作 C++/Java 里面的指针 this 理解,表示的是对象自身。

当某个对象调用方法的时候,Python 解释器会把这个对象作为第一个参数传递给 self,开发者只需要传递后面的参数就可以了。self 的具体使用参照例 7-3。

7.2.4 构造方法与析构方法

在 Python 中,构造方法和析构方法与对象的生命周期紧密相关,分别用于初始化和清理对象。

构造方法__init__(),在实例化对象的时候自动调用,用于完成对象的初始化操作。如例 7-3 中的构造方法实现对对象的 name 属性与 age 属性的初始化,在创建实例对象 p1 时,自动调用。

析构方法__del__(),在销毁/删除对象的时候自动调用,用于释放对象所占用的资源。如例 7-3 中的最后一行,在执行命令 del p1 的时候会自动调用析构函数。

注意:方法__init__()与__del__()前后都是两条下画线。

【**例 7-3**】 定义一个 Person 类,包括两个数据成员:姓名和年龄。提供一个方法:自我介绍。

```python
class Person:
    def __init__(self,name,age):              #构造方法的定义
        self.name = name
        self.age = age
    def __del__(self):                        #析构方法的定义
        print("该函数被自动调用,对象被销毁了。")

    def introduce(self):
        print('我的名字是{},我今年{}岁了'.format(self.name,self.age))
p1 = Person("张三",20)
print("姓名",p1.name)
p1.introduce()
del p1
```

程序运行结果如下所示。

姓名 张三
我的名字是张三,我今年 20 岁了
该函数被自动调用,对象被销毁了。

7.2.5 任务实现

1. 任务分析

定义猴子类(Monkey),包括 3 个属性：名字(name)、年龄(age)、性别(sex),包括一个成员方法 introduce(),主要编程思路如下所示。

(1) 定义类 Monkey。

(2) 添加 3 个属性：name、age、sex。

(3) 定义 introduce()函数,该函数会打印出猴子的基本信息。

(4) 传递具体属性参数,实例化猴子类。

2. 编码实现

任务实现代码如下所示。

```python
class Monkey:
    def __init__(self,name,age,sex):
        self.name = name
        self.age = age
        self.sex = sex
    def introduce(self):
        print("我是{},我{}周岁了,我是个{}孩!".format(self.name,self.age,self.sex))
congming = Monkey("聪明猴",6,"男")
congming.introduce()
lingli = Monkey("伶俐猴",4,"女")
lingli.introduce()
```

程序运行结果如下所示。

```
我是聪明猴,我 6 周岁了,我是个男孩!
我是伶俐猴,我 4 周岁了,我是个女孩!
```

任务三：通过类属性统计猴子类的实例个数

任务描述：

请编写程序,设计一个猴子类(Monkey),将食物(food)、国家(country)省份(province)、数量(num)定义为类属性,其中 num 用于记录实例的编号。

将名字(name)、特点(characteristics)定义为实例属性,并将 country 属性定义为私有。

定义成员方法 introduce()实现猴子基本信息的输出,定义一个类方法 changeProvince()实现对类属性 province 的修改。

新知准备：

◇ 类属性;

◇ 实例属性;

◇ 访问权限;

◇ 类的方法分类。

视频讲解

7.3 类的属性与方法

7.3.1 属性

1. 类属性与实例属性

类属性是指在类体内,类内方法外所定义的属性,可以通过类对象或实例对象访问。如例 7-4 中所定义的 country 即为类属性。

实例属性是指在构造函数__init()__中定义的,以 self 为前缀进行访问的属性,只能通过实例对象访问。如例 7-4 中构造函数中的 name 与 age 属性属于实例属性。

【例 7-4】 定义一个学生类,将 country 定义为类属性,将 name 与 age 定义为实例属性,创建实例对象并对相关属性进行访问。

```python
class Student:
    country = "China"                  # 类属性
    def __init__(self,name,age):
        self.name = name               # 实例属性
        self.age = age
s1 = Student("张三",18)                # 实例对象
print(s1.country)                      # 分别通过类对象与实例对象访问类属性
print(Student.country)
print(s1.name)                         # 只能通过实例对象访问实例属性
```

程序运行结果如下所示。

```
China
China
张三
```

2. 属性的修改与添加

在 Python 中,可以动态地为类和对象增加属性或者修改属性的值。修改方式如图 7-4 所示,具体修改实例参照例 7-5。

类添加属性
- 类名.新的属性名=值。

对象添加属性
- 对象名.新的属性名=值。

修改类属性值
- 类名.类属性名=值。

修改实例属性值
- 对象名.实例属性=值。

图 7-4 属性的修改与添加

【例 7-5】 类属性与实例属性修改实例。

```
class Student:
    city = '苏州'
    def __init__(self,name,age):
        self.name = name
        self.age = age
    def print_info(self):
        print("姓名:", self.name)
        print("年龄:", self.age)
        print("城市:", self.city)
stu = Student('赵四',22)
stu.print_info()
Student.city = "上海"              #修改类属性
stu.age = stu.age + 1             #修改实例属性
stu.print_info()
```

修改前的输出信息如下：

```
姓名: 赵四
年龄: 22
城市: 苏州
```

修改后的信息输出如下：

```
姓名: 赵四
年龄: 23
城市: 上海
```

3. 访问权限

为了控制对类的成员的访问权限，类的成员分为三种类型：公有、私有、保护。

任何时候都可以访问的成员即为公有成员。在定义类的公有成员时没有什么特殊的要求。

保护成员一般都是可以访问的，只是不能用 from…import…语句把其他模块定义的保护成员导入当前模块。保护成员名称以一条下画线(_)开头。

私有成员类的外部不能直接访问，需要通过调用对象的公有成员方法来访问。私有成员名称以两条下画线(__)开头。

注意：Python 中不存在严格意义上的私有成员。即使私有成员也可以通过"类名._类名私有成员名"或"对象名._类名私有成员名"的方式进行访问。如例 7-6 所示，__passwd 为私有成员，当通过 A.__passwd 直接进行访问时报错，错误信息为：AttributeError: type object 'A' has no attribute '__passwd'。

【例 7-6】 私有成员的访问。

```
class A:
    __passwd = "$ $ happy# #"
    def get_pass(self):
        return A.__passwd
#print(A.__passwd)                #不可以直接访问,报错
print(A._A__passwd)               #类名._类名私有成员名
```

```
a = A()
print(a.get_pass())                    ♯对象名.公有方法
print(a._A__passwd)                    ♯对象名._类名私有成员名
```

程序运行结果如下所示。

```
$ $ happy♯ ♯
$ $ happy♯ ♯
$ $ happy♯ ♯
```

7.3.2 类的方法分类

在 Python 中类的方法可以分为实例方法、类方法、静态方法。

1. 实例方法

实例方法是最常定义的成员方法，一般以 self 作为第一个参数，通过实例对象来引用。例 7-5 中的 print_info() 则是实例方法。

2. 类方法

类方法是指类对象所拥有的方法，对类属性进行修改。用修饰器@classmethod 来标识。函数的第一个参数为"cls(类对象)"通过类对象来引用。

当方法中需要使用类对象(如访问私有类属性等)时，定义为类方法。类方法一般和类属性配合使用。例 7-7 中的 changeCity() 即为类方法。

3. 静态方法

静态方法，不像实例方法和类方法，必须要有参数 self、cls，通过@staticmethod 来进行修饰。静态方法既不需要传递类对象，也不需要传递实例对象，其可以通过实例对象和类对象访问。例 7-7 中的 getCity() 即为静态方法。

【例 7-7】 实例方法、类方法与静态方法。

```
class Student:
    city = '苏州'                        ♯定义类变量
    def __init__(self,name,age):        ♯name 与 age 为实例变量
        self.name = name
        self.age = age
    @classmethod
    def chageCity(cls,newcity):         ♯类方法——修改类属性
        cls.city = newcity
        return cls.city
    @staticmethod                       ♯静态方法
    def getCity():
        return Student.city
    def sayHi(self):                    ♯实例方法
        print("我的名字是{},我今年{}岁了,我来自{}。".format(self.name,self.age,self.city))
stu1 = Student('张三',20)               ♯创建实例对象 stu1
print("通过类对象来访问类方法 chageCity",Student.chageCity('上海'))
print("通过实例对象来访问类方法 chageCity",stu1.chageCity('北京'))
print("通过类对象访问静态方法",Student.getCity())
```

```
print("通过实例对象访问静态方法",stu1.getCity())
stu1.sayHi()
```

程序运行结果如下所示。

```
通过类对象来访问类方法 chageCity 上海
通过实例对象来访问类方法 chageCity 北京
通过类对象访问静态方法 北京
通过实例对象访问静态方法 北京
我的名字是张三,我今年 20 岁了,我来自北京。
```

注意：类方法和静态方法都不能访问实例变量,其实用静态方法的地方都可以用类方法代替,类方法更方便,所以用类方法就可以了。

7.3.3　任务实现

1. 任务分析

定义猴子类（Monkey）,包括 4 个类属性,两个实例属性,一个成员方法以及一个类方法。主要编程思路如下所示。

（1）定义类 Monkey。

（2）添加 4 个类属性：食物（food）、国家（country）、省份（province）、数量（num）,将 country 属性定义为私有。

（3）添加两个实例属性：名字（name）、特点（characteristics）。

（4）定义一个成员方法 introduce()实现猴子基本信息的输出。

（5）定义一个类方法 changeProvince 实现对类属性 province 的修改。

（6）传递具体属性参数,实例化猴子类,并进行相关属性的修改。

2. 编码实现

```
class Monkey:
    #类属性
    food = "Fruits and Insects"
    __country = "China"                              #私有类属性
    province = "Unknown"
    num = 0
    #构造方法,实例属性
    def __init__(self, name, characteristics):
        self.name = name
        self.characteristics = characteristics
        Monkey.num += 1                              #每创建一个实例,数量增加
    #成员方法
    def introduce(self):
        print(f"名字: {self.name}")
        print(f"特点: {self.characteristics}")
        print(f"食物: {Monkey.food}")
        print(f"国家: {Monkey.__get_country()}")     #访问私有属性
        print(f"省份: {Monkey.province}")
        print(f"猴子数量: {Monkey.num}")
    #类方法,用于修改省份
    @classmethod
    def changeProvince(cls, new_province):
```

```
        cls.province = new_province
    #类方法,用于获取私有类属性
    @classmethod
    def __get_country(cls):
        return cls.__country
#实例化 Monkey 类
monkey1 = Monkey(name = "聪明猴", characteristics = "聪明,好动!")
Monkey.changeProvince("Sichuan")
monkey1.introduce()
monkey2 = Monkey(name = "伶俐猴", characteristics = "聪明可爱又活泼!")
monkey2.changeProvince("YunNan")
monkey2.introduce()
print("目前总共创建了{}只猴子".format(Monkey.num))
```

程序运行结果如下所示。

```
名字: 聪明猴
特点: 聪明,好动!
食物: Fruits and Insects
国家: China
省份: Sichuan
猴子数量: 1
名字: 伶俐猴
特点: 聪明可爱又活泼!
食物: Fruits and Insects
国家: China
省份: YunNan
猴子数量: 2
    目前总共创建了 2 只猴子
```

任务四：创建猴子类及其派生类金丝猴类

任务背景：

　　金丝猴是猴子类的一种,它们以其鲜艳的金色毛发和长而美丽的尾巴而闻名。金丝猴主要分布在中国的四川、云南和贵州等省份的高海拔山区。金丝猴以树叶、果实和昆虫为主要食物,它们的手脚灵活,能够在树间自由摆动和跳跃。由于栖息地破坏和气候变化,金丝猴的生存正面临威胁,目前已被列为濒危物种。

任务描述：

　　以任务三中编写的 Monkey(猴子类)为基类,创建派生类 GoldenSnubNosedMonkey(金丝猴类),为其添加新属性颜色(color),重写父类的 introduce()方法,并新增 swing()方法模拟金丝猴在树木间摆动的行为。

新知准备：

　　◇ 类继承与派生;

　　◇ 方法重写。

7.4 类的继承与派生

7.4.1 继承的概念

在现实生活中,继承一般指的是子女继承父辈的财产。而在程序中,继承描述的是事物之间的所属关系。

类的继承是指在一个现有类的基础上构建一个新的类,构建出来的新类被称作子类或者派生类,被继承的类称为父类或基类。如图 7-5 所示,动物类为犬科类与猫科类的父类,犬科类的子类又有狗类、狼类、狐狸类,猫科类的子类又有猫类和老虎类。

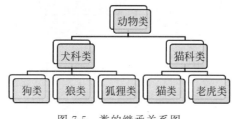

图 7-5 类的继承关系图

7.4.2 单继承

一个类继承另一个类时,子类继承所有祖先的非私有属性和非私有方法,也可以增加属性和方法,还可以通过重定义覆盖从父类中继承而来的方法。在 Python 中类的继承其语法格式如下所示。

```
class 子类名(父类名):
    子类类体语句
```

【例 7-8】 创建基类 Person,包含两个数据成员 name、age,以及一个成员方法 sayHello()用户输出基本信息; 创建派生类 Student,包含一个新的数据成员 stu_no,并重新定义sayHello()。

```
class Person:
    def __init__(self, name, age):
        self.name = name
        self.age = age

    def sayHello(self):
        print("你好,我的名字是 %s,我 %d 岁了" % (self.name, self.age))

class Student(Person):
    def __init__(self, name, age, stu_no):       ＃构造函数
        Person.__init__(self, name, age)         ＃调用父类的构造函数
        self.stu_no = stu_no

    def sayHello(self):
        Person.sayHello(self)
        print("我是一名学生,我的学号是 %s" % (self.stu_no))
p1 = Person(
'张三', 20)
p1.sayHello()
```

```
s1 = Student('lisi', 20, '1000110')
s1.sayHello()
```

程序运行结果如下所示。

```
你好,我的名字是 张三,我 20 岁了
你好,我的名字是 李四,我 20 岁了
我是一名学生,我的学号是 1000110
```

7.4.3 多继承

Python 支持多继承,多继承就是子类拥有多个父类,并且具有它们共同的特征,即子类继承了父类的方法和属性。

多继承可以看作是单继承的扩展,其语法格式如下。

```
class 子类名(父类 1,父类 2):
    子类类体语句
```

【例 7-9】 已经定义了两个类:Mather 与 Father。请定义一个 Baby 使其继承类 Mather 与类 Father。

```
class Mather():
    def my_hobby(self):print("我会唱歌跳舞。")
class Father():
        def my_skill(self):print("我会编程。")
class Baby(Mather,Father):
    pass
baby = Baby()
baby.my_hobby()
baby.my_skill()
```

程序运行结果如下所示。

```
我会唱歌跳舞。
我会编程。
```

7.4.4 方法重写

继承不只是扩展父类的功能,还可以重写父类的成员方法。重写可以理解为覆盖,就是在子类中将父类的成员方法名称保留,再重新编写父类成员方法的实现内容,更改成员方法的储存权限,或修改成员方法的返回数据类型。

【例 7-10】 已经定义了两个类:Mather 与 Father。请定义一个 Baby 使其继承类 Mather 与类 Father,并重写 my_hobby() 与 my_skill() 方法。

```
class Mather():
    def my_hobby(self):
        print("我会唱歌跳舞。")
class Father():
```

```
        def my_skill(self):
            print("我会编程。")
class Baby(Mather,Father):
    def my_hobby(self):
        print("我爱好众多,多才多艺。")
    def my_skill(self):
        print("我会 C.Java 和 Python 编程!")
baby = Baby()
baby.my_hobby()
baby.my_skill()
```

程序运行结果如下所示。

```
我爱好众多,多才多艺。
我会 C.Java 和 Python 编程!
```

7.4.5　任务实现

1. 任务分析

定义子类（GoldenSnubNosedMonkey）使其继承自基类（Monkey），并重写父类的相关方法，主要编程思路如下所示。

（1）定义派生类（GoldenSnubNosedMonkey），增加新属性颜色（color），重写基类中的方法，新增 Swing()方法。

（2）实例化对象，并调用相关方法。

2. 编码实现

```
class GoldenSnubNosedMonkey(Monkey):
    def __init__(self, name,age, color = "金色"):
        super().__init__(name,age)
        self.color = color

    def introduce(self):
        print(f"我是金丝猴——{self.name},长了一身{self.color}的毛。")

    def swing(self):
        print("我可以灵活地在树间移动。")
golden_snub_nosed_monkey = GoldenSnubNosedMonkey(name = "机灵猴",age = 5)
golden_snub_nosed_monkey.introduce()
golden_snub_nosed_monkey.swing()
```

程序运行结果如下所示。

```
我是金丝猴——机灵猴,长了一身金色的毛。
我可以灵活地在树间移动。
```

视频讲解

7.5　本章实践

实践一：创建信用卡类并重置密码

现代社会,信用卡已成为人们日常生活中不可或缺的支付工具之一。为了更好地模拟信用卡的功能,本次实践将创建一个信用卡类,以便更好地理解和掌握面向对象编程的原则和技巧。

请编写程序,创建信用卡类,并且为该类创建构造方法,构造方法有 4 个参数:self、卡号(id)、开户行(bank)、密码(passwd),设置默认密码为"000000",创建实例化信用卡对象时,输出信用卡的基本信息;创建成员方法实现密码的修改功能。

实现思路如下所示。

(1) 定义信用卡类。

(2) 定义构造方法,实现 4 个参数的初始化。

(3) 定义成员方法,实现密码的修改功能。

(4) 创建信用卡对象,并调用相关方法实现特定功能。

任务实现代码如下所示。

```python
class Credit:
    def __init__(self,id,bank,password = "000000"):
        self.id = id
        self.bank = bank
        self.password = password
        if password == "000000":
            print("您{}的信用卡{}的默认密码为{},请重置密码".format(bank,id,password))
        else:
            print("您{}的信用卡{},默认密码为 ** ".format(bank,id,password))
    def changePasswd(self):
        old = input("请输入您的原始密码")
        if old == self.password:
            new1 = input("请输入您的新密码")
            new2 = input("请再次输入您的新密码")
            if new1 == new2:
                self.passwordword = new1
                print("密码修改成功!!")
            else:
                print("两次输入的不一致,修改失败")
        else:
            print("旧密码不正确")

card1 = Credit("4013735633800642","工商银行")
card1.changePasswd()
card2 = Credit("4013735633800642","工商银行","123479")
```

程序运行结果如下所示。

```
您工商银行的信用卡 4013735633800642 的默认密码为 000000,请重置密码
请输入您的原始密码 000000
请输入您的新密码 666666
请再次输入您的新密码 666666
密码修改成功!!
您工商银行的信用卡 4013735633800642 的默认密码为 **
```

实践二:图书管理系统的实现

图书馆作为知识传播的重要场所,其管理工作的效率直接影响到图书资源的使用和读者服务的质量。

为了提高图书馆的管理效率,请采用面向对象的编程思想,开发一个简单的图书管理系统,通过合理的设计和编写代码,实现对图书的有效管理。

1. 编程思路

编写代码实现图书管理系统。需要实现图书类(Book)和图书管理类(BookManager)两个类。

(1) 定义图书类 Book。

属性:书名(name)、出版社(publisher)、书号(isbn)、编号(no)、位置(index)、状态(isborrowed)。

方法:printBookInfo()用于输出图书的基本信息。

(2) 定义图书管理类 BookManager。

图书管理类主要用于图书的管理,主要包括图书的添加、图书的查询、图书的借阅、还书等功能。主要成员方法列举如下。

① menu()方法实现菜单功能,根据用户选择进入相关功能模块。

② add_Book()方法实现图书的添加功能。

③ borrow_Book()方法实现图书借阅功能,注意首先需要查询图书的状态,如图书是否存在、图书是否已经被借出等。

④ return_Book()方法实现还书功能。

⑤ check_Book()方法实现图书信息的查询。

2. 编码实现

Book 类的实现代码如下。

```python
class Book:
    def __init__(self, name, publisher, isbn, no, index = "0", isborrowed = False):
                                    # 创建图书的时候,默认没有被借出
        self.name = name
        self.publisher = publisher
        self.isbn = isbn
        self.no = no
        self.index = index
        self.isborrowed = isborrowed

    def book_info(self):              # 输出图书的基本信息
        print("书名   :", self.name)
        print("出版社   :", self.publisher)
        print("ISBN   :", self.isbn)
        print("书架位置:", self.index)
        print("唯一编号:", self.no)
        if self.isborrowed:
            print("图书状态:已经被借出")
        else:
            print("图书状态:可以借阅")
        print(" - " * 50)
```

创建 Book 的实例对象,并调用成员方法,程序如下所示。

```python
book1 = Book("Python 编程基础", "清华大学出版社", "893087779", "20231021001")
book1.book_info()
```

```
book2 = Book("Python 程序设计基础","北京大学出版社","812334479","20231021002")
book2.book_info()
```

程序运行结果如下所示。

```
书名     : Python 编程基础
出版社   : 清华大学出版社
ISBN     : 893087779
书架位置: 0
唯一编号: 20231021001
图书状态: 可以借阅
--------------------------------------------------
书名     : Python 程序设计基础
出版社   : 北京大学出版社
ISBN     : 812334479
书架位置: 0
唯一编号: 20231021002
图书状态: 可以借阅
--------------------------------------------------
```

BookManage 类的实现代码如下所示。

```
class BookManage:
    booklist = []                              ＃整个图书管理系统中的图书列表
    def start_book(self):                      ＃程序运行图书库初始化
        book1 = Book("Python 编程基础","清华大学出版社","893087779","20231021001")
        book2 = Book("Python 程序设计基础","北京大学出版社","812334479","20231021002")

        self.booklist = [book1,book2]
        print("目前以及存在的图书信息列表:")
        for b in self.booklist:
            b.book_info()

    def menu(self):
        self.start_book()                      ＃加载图书信息
        while True:
            print("欢迎进入 XX 图书管理系统".center(50, "-"))
            print("本系统的主要功能有:".ljust(30, "."))
            print("""
                1. 图书添加
                2. 借书
                3. 还书
                4. 图书查询
                5. 馆藏图书
                6. 退出系统
            """)
            try:
                select = int(input("您要进行的操作是(输入功能对应数字): "))
                if select == 1:                ＃添加
                    self.add_Book()
                elif select == 2:              ＃借书
                    self.borrow_Book()
                    pass
                elif select == 3:              ＃还书
                    self.return_Book()
                elif select == 4:              ＃查询
```

```
                    bookname = input("请输入图书名称: ")
                    print("查询结果:")
                    self.check_Book(bookname)
                elif select == 5:
                    self.show_Allbooks()
                elif select == 6:
                    print("成功退出,欢迎下次使用。。。")
                    break
                else:
                    print("其他功能,敬请期待!")
            except exception as e:
                print("异常")


    def check_Book(self,name):
        for b in self.booklist:                         #b是图书对象
            if b.name == name:
                b.book_info()
                return True
        return False


    def add_Book(self):
        book_no = [book.no for book in self.booklist]   #把所有图书编号放入列表中
        name = input("请输入图书名: ")
        publisher = input("请输入图书出版社: ")
        isbn = input("请输入图书的isbn编号")

        while True:
            no = input("请为该图书设置唯一的编号")
            if no in book_no:
                print("该编号已经存在,请重新输入")
            else:
                print("编号设置成功")
                break
        #创建图书对象
        book = Book(name,publisher,isbn,no)
        index = input("请输入您将图书上架的位置编号")
        book.index = index
        print("请核对添加图书的信息")
        self.booklist.append(book)
        print("添加成功!!!")


    def borrow_Book(self):
        bookname = input("请输入要借阅的图书的书名:")
        if self.check_Book(bookname):                   #首先调用查找函数看返回是否为True(是否
                                                        #存在该图书)
            for b in self.booklist:                     #遍历馆藏图书列表
                if b.name == bookname:                  #找到要查找的图书名称
                    if b.isborrowed:                    #检查图书是否被借出
                        print("对不起,您要借阅的图书«{}»已经被借出!".format(bookname))
                        break
                    else:                               #b.isborrowed 为 False 表示可以被借阅
                        b.isborrowed = True             #修改借阅状态
                        print("图书«{}»借阅成功!!!!!!!".format(bookname))
                        break
        else:
            print(f"«{bookname}»不存在!!!")
```

```
def return_Book(self):
    bookname = input("请输入待还的书的书名：")
    if self.check_Book(bookname):                    #查询是否存在该书?
        for b in self.booklist:
            if b.name == bookname:
                if b.isborrowed:
                    b.isborrowed = False
                    print(f"图书«{b.name}»还书成功!!!")
                    break

    else:
        print(f"«{bookname}»的图书,不在此图书系统中")

def show_Allbooks(self):
    for book in self.booklist:
        book.book_info()
```

创建 BookManage 的实例对象,并调用成员方法,程序如下所示。

```
bm = BookManage()#
bm.menu()
```

调用成员方法 menu(),程序运行结果如图 7-6 所示。

```
目前以及存在的图书信息列表:
书名   ：  Python编程基础
出版社 ：  清华大学出版社
ISBN   ：  893087779
书架位置：  0
唯一编号：  20231021001
图书状态：可以借阅
———————————————————————————————————
书名   ：  Python程序设计基础
出版社 ：  北京大学出版社
ISBN   ：  812334479
书架位置：  0
唯一编号：  20231021002
图书状态：可以借阅
———————————————————————————————————
——————————————————————欢迎进入xx图书管理系统——————————————————————
本系统的主要功能有:...................

            1. 图书添加
            2. 借书
            3. 还书
            4. 图书查询
            5. 馆藏图书
            6. 退出系统

您要进行的操作是（输入功能对应数字）：[                    ]
```

图 7-6　系统初始化

3. 功能测试

(1) 图书添加功能测试。

输入数字"1"后,系统调用 add_Book()函数进行图书的添加,需要用户依次输入图书的书名、出版社、ISBN、图书唯一编号、上架位置等信息。若图书编号无重复,则将图书添加到图书列表中,如图 7-7 所示;若图书编号已经存在,则提示用户重新输入编号,如图 7-8 所示,直到用户输入的编号符合要求。

―――――――――――――――――欢迎进入XX图书管理系统―
本系统的主要功能有：⋯⋯⋯⋯⋯⋯⋯

1. 图书添加
2. 借书
3. 还书
4. 图书查询
5. 馆藏图书
6. 退出系统

您要进行的操作是（输入功能对应数字）：1
请输入图书名：Java基础入门
请输入图书出版社：清华大学出版社
请输入图书的isbn编号302580478
请为该图书设置唯一的编号20231022001
编号设置成功
请输入您将图书上架的位置编号A26
请核对添加图书的信息
添加成功！！！

图 7-7　图书添加功能（编码符合要求）

您要进行的操作是（输入功能对应数字）：1
请输入图书名：C语言
请输入图书出版社：清华大学出版社
请输入图书的isbn编号33556677
请为该图书设置唯一的编号20231022001
该编号已经存在，请重新输入　　　　　　若编码重复，则需要重新输入
请为该图书设置唯一的编号 _____

图 7-8　图书添加功能（编码不符合要求）

（2）借书功能测试。

输入数字"2"后，系统调用 borrow_Book()函数进入借书功能，用户输入要借阅的书名，若该书存在，且借阅状态（isborrowed）为 False，则完成借书，如图 7-9 所示；查询图书《C 语言》信息，如图 7-10 所示，发现该书的状态已经改变。若要借阅的图书不存在，则提示"《书名》不存在！！！"；如图 7-11 所示；若所借的书存在，但是已经被借出，则提示"对不起，您要借阅的图书《书名》已经被借出！"，如图 7-12 所示。

您要进行的操作是（输入功能对应数字）：2
请输入要借阅的图书的书名：C语言
书名　　：　C语言
出版社　：　清华大学出版社
ISBN　 ：　33556677
书架位置：　A27
唯一编号：　20231022002
图书状态：可以借阅
―――――――――――――――――
图书《C语言》借阅成功！！！！！！

图 7-9　借书功能测试（借书成功）

您要进行的操作是（输入功能对应数字）：4
请输入图书名称:C语言
查询结果：
书名　　：　C语言
出版社　：　清华大学出版社
ISBN　 ：　33556677
书架位置：　A27
唯一编号：　20231022002
图书状态：已经被借出

图 7-10　完成借书后图书的状态被改变

您要进行的操作是（输入功能对应数字）：2
请输入要借阅的图书的书名：PS
《PS》不存在！！！

图 7-11　借书功能测试（图书不存在）

您要进行的操作是（输入功能对应数字）：2
请输入要借阅的图书的书名：C语言
书名　　：　C语言
出版社　：　清华大学出版社
ISBN　 ：　33556677
书架位置：　A27
唯一编号：　20231022002
图书状态：已经被借出
―――――――――――――――――
对不起，您要借阅的图书《C语言》已经被借出！

图 7-12　借书功能测试（图书存在，已经被借出）

（3）还书功能测试。

输入数字"1"后，系统调用 return_Book()函数进行还书，需要用户输入要还的图书的名

称,若存在,则成功还书,若不存在,则提示用户,如图 7-13 所示。

图 7-13　还书功能测试

（4）查询功能测试。

输入数字"4"后,系统调用 check_Book()函数,输入要查询的图书名称,输出该书的相关信息,如图 7-14 所示。

（5）馆藏图书查询功能测试。

输入数字"5"后,系统调用 show_Allbooks()函数,遍历图书列表中的所用图书对象,并输入相关信息,如图 7-15 所示。

图 7-14　查询功能测试

图 7-15　馆藏图书功能测试

（6）退出系统功能测试。

输入数字"6"后,跳出菜单循环,关闭系统,如图 7-16 所示。

图 7-16　退出系统功能测试

7.6 本章习题

填空题

1. 面向对象的程序设计的三大特征是_____、_____、_____。

2. 在 Python 中创建对象后,可以使用_____运算符来调用其成员。

3. _____函数(构造方法),用于执行类的实例的初始化工作。对象创建后调用,初始化当前对象的实例,无返回值。

4. _____方法即析构函数,用于实现销毁类的实例所需的操作,如释放对象占用的非托管资源。

5. 在 Python 中,实例变量在类的内部通过_____访问,在外部通过对象实例访问(注意,英文区分大小写)。

6. 下列 Python 语句的程序运行结果为_____,_____。

```
class parent:
    def __init__(self,param):
        self.v1 = param
class child(parent):
    def __init__(self,param):
        parent.__init__(self,param)
        self.v2 = param
obj = child(100); print("%d %d" % (obj.v1, obj.v2))
```

## 第 8 章

异　常

任务一：了解异常

任务描述：

　　在程序中,当用户尝试使用一个未定义或未初始化的变量时,Python 解释器会抛出一个 NameError 异常。同样,当用户尝试以只读模式打开一个不存在的文件时,Python 会抛出一个 FileNotFoundError 异常,因为系统找不到指定的文件。在 Python 中,异常是用来处理程序中可能发生的错误和异常情况的一种机制。异常处理允许用户在遇到错误时采取特定的行动,而不是让程序崩溃。

　　那程序中的异常是如何产生的？在 Python 中异常处理的方式又有哪些呢？

新知准备：

　　◇ 异常的产生；

　　◇ 常用的异常处理方式。

8.1　异常概述

视频讲解

　　在 Python 中,将程序运行时产生的错误的情况叫作异常,如语法错误、变量名定义错误等,这时候需要通过异常处理来避免程序意外地停止,从而简化程序调试过程,提高编码效率。

8.1.1　异常的产生

　　异常可以分为两大类：系统异常和用户自定义的异常。

　　系统异常是由 Python 解释器在执行代码时遇到的错误。例如,除以零会引发 ZeroDivisionError,索引超出范围会引发 IndexError。

　　用户定义的异常是程序员自定义的,用于处理特定的错误或特定情况。可以通过使用 raise 语句来引发一个异常。

　　当程序在运行过程中出现异常,控制台会输出异常发生的位置、异常的名称以及相关信息,如例 8-1 中出现的异常类型为 ValueError,异常信息为"invalid literal for int( ) with base 10：'二十'"。

【例 8-1】 定义一个变量 age，将 int("二十")赋值给 age，控制台打印 age。

```
age = int("二十")
print(age)
```

程序运行结果如下所示。

```
Traceback(most recent call last):
    File "script.py", line 4, in <module>
        age = int("二十")
ValueError: invalid literal for int() with base 10: '二十'
```

8.1.2　异常处理

通常程序出现异常后，需对异常进行相应处理。异常处理是保证 Python 程序健壮性和错误恢复的重要机制。通过恰当地使用异常处理，可以提高程序的可读性和维护性。常用的异常处理方法有如下 5 种。

（1）try…except 语句。

（2）try…except…else 语句。

（3）try…except…finally 语句。

（4）使用 raise 语句抛出异常。

（5）使用 assert 断言语句调试程序。

任务二：了解 Python 中常见的异常类

任务描述：

　　在 Python 中，异常类是用于表示不同类型的异常情况的类。Python 中的异常类都是从内置的 Exception 类派生而来的。要更好地捕获并处理异常，首先应该了解 Python 中常见的异常类。

新知准备：

　　◇ 异常类的概念；

　　◇ Python 中常见的异常类。

8.2　Python 中的异常类

在 Python 中，异常是程序执行中出现的错误或异常情况。Python 的异常处理机制允许用户定义异常类来处理这些情况。表 8-1 列举了 Python 中常见的异常类。

表 8-1　Python 中常见的异常类型

异 常 名 称	描　　述	异 常 名 称	描　　述
BaseException	所有异常的基类	NameError	未声明/初始化对象异常
Exception	常见错误的基类	RuntimeError	一般运行时错误异常
StandardError	所有内建标准异常的基类	SyntaxError	语法错误异常
Warning	警告的基类	IndentationError	缩进错误异常
ZeroDivisionError	除数为 0 的异常	SystemError	系统错误异常

异 常 名 称	描 述	异 常 名 称	描 述
AssertionError	断言语句失败异常	TypeError	类型错误异常
AttributeError	对象属性不存在异常	ValueError	传入值无效异常
IOError	输入/输出异常	RuntimeWarning	运行时可疑行为警告
ImportError	模块导入异常	SyntaxWarning	语法警告
IndexError	序列中索引异常	UserWarning	用户代码生成警告
KeyError	映射中键不存在异常		

8.2.1 NameError 异常类

NameError 发生在尝试使用一个未在当前作用域中定义或未导入的名称时。当程序中使用了一个尚未赋值或定义的变量,或者尝试访问一个不存在的方法或函数时,Python 会引抛出 NameError。

【例 8-2】 在控制台中打印变量 a。

```
print(a)
```

程序运行结果为

```
Traceback(most recent call last):
  File "script.py", line 4, in < module >
    print(a)
NameError: name 'a' is not defined
```

8.2.2 ZeroDivisionError 异常类

ZeroDivisionError 发生在尝试将一个数字除以零时。在数学中,除以零是未定义的操作,因此 Python 也会抛出这个异常来阻止执行这个非法操作。在数学中,两个数相除的时候,除数不能为 0,如果除数为 0,那么就不能求出计算结果。在程序当中,如果出现除数为 0,解析器就会在控制台中打印 ZeroDivisionError 异常信息。

【例 8-3】 计算 5/0,打印结果。

```
result = 5/0
print(result)
```

程序运行结果为

```
Traceback(most recent call last):
  File "script.py", line 3, in < module >
    result = 5/0
ZeroDivisionError: division by zero
```

8.2.3 SyntaxError 异常类

SyntaxError 发生在代码的语法结构错误时。这些错误通常是由于不正确的语句结构、关键字错误、缺少括号、错误的逗号使用等引起的。当 Python 解释器遇到它认为不合法的代码时,会抛出 SyntaxError。如例 8-4 中字符串缺少右引号,引发了 SyntaxError。

【例 8-4】 在控制台中输入"hello world"打印结果。

```
str = "hello world
print(str)
```

程序运行结果为

```
File "script.py", line 3
    str = "hello world"
SyntaxError: EOL while scanning string literal
```

8.2.4　IndexError 异常类

IndexError 发生在尝试访问序列（如列表、元组、字符串）的非法索引时。例如，当用户尝试访问一个列表中不存在的索引，或者访问一个已经结束的迭代器，Python 就会抛出 IndexError。

【例 8-5】　定义一个列表 a=[1,3,5]，在控制台打印 a[8]的值。

```
a = [1,3,5]
print(a[8])
```

程序运行结果为

```
Traceback (most recent call last):
  File "script.py", line 5, in < module >
    print(a[8])
IndexError: list index out of range
```

8.2.5　KeyError 异常类

KeyError 异常类是在程序中使用的映射键不存在的时候，所引发的异常。

【例 8-6】　定义一个字典 dict={"name":"zzm", "age":30}，在控制台打印 dict["sex"]的值。

```
dict = {"name":"zzm", "age":30}
print(dict["sex"])
```

程序运行结果为

```
Traceback(most recent call last):
  File "script.py", line 5, in < module >
    print(dict["sex"])
KeyError: 'sex'
```

8.2.6　FileNotFoundError 异常类

FileNotFoundError 异常类当程序试图打开一个不存在文件的时候，所引发的异常。

【例 8-7】　打开 hello.txt 文件，在控制台打印读取的信息。

```
f = open("hello.txt", "r")
print(f.read())
f.close()
```

程序运行结果为

```
Traceback(most recent call last):
  File "script.py", line 1, in < module >
    f = open("hello.txt", "r")
FileNotFoundError: [Errno 2] No such file or directory: 'hello.txt'
```

任务三：捕获程序中的异常信息

任务描述：

　　请编写程序，定义 1 个列表，存入 5 个整数。读取 hello.txt 文本文件，将列表中的所有整数求和，将求和结果拼接到读取内容的末尾，然后把拼接的内容再写入 hello.txt 中。注意，输入不是整数异常，文件打不开异常，最后需要关闭文件。

新知准备：

　　◇　使用 try…except 捕获异常；

　　◇　使用 try…except…else 捕获异常；

　　◇　使用 try…except…else…finally 捕获异常。

8.3　捕获异常

视频讲解

　　在编写 Python 代码时，异常处理是确保程序稳定性的关键。Python 提供了灵活的异常捕获机制，包括 try…except 语句、try…except…else 语句和 try…except…finally 语句。本节将详细介绍这些语句的使用方式。

8.3.1　try…except 语句

　　捕捉异常可以使用 try…except 语句。使用 try…except 语句可以捕获并处理代码块中可能出现的异常。

　　要进行异常捕获的语句放在 try 语句块中，except 语句块用于捕获异常信息并进行处理。try…except 代码块语法定义如下：

```
try:
    ♯语句块
except 异常名称:
    ♯异常处理代码
```

【例 8-8】　使用 try…except 捕获输入的年龄，如果输入的不是数字，提示用户输入的数据为非数字，输入正确的数据并打印输入的年龄。

```
age = input("请输入您的年龄:")
try:
    age = int(age)
except ValueError:
    print("用户输入的数据为非数字!")
print("输入的年龄为:", age)
print("程序运行到了最后")
```

程序运行结果为

```
第一种情况,输入正确的数据结果:
    请输入您的年龄:30
    输入的年龄为: 30
    程序运行到了最后
第二种情况,输入错误的数据结果:
    请输入您的年龄:二十
    用户输入的数据为非数字!
    程序运行到了最后
```

可以看到,当程序输入的是正确的数据,可以打印输入的年龄,并且程序运行到了最后;当输入的是错误的数据类型时,提示用户输入的数据为非数字,但是程序还是运行到了最后,并没有因为输入的数据类型错误而中断。

8.3.2 使用 as 获取系统信息

在编写代码的时候,如果出现多种异常时,为了区分不同的错误信息,可以使用 as 获取系统反馈的信息。

假设捕获到的异常对象为 e,则可以通过 type(e)查看异常的类型,通过参数 e.args 查看异常的相关信息,其以元组的形式返回,内容包括错误号、错误的信息描述等。

【例 8-9】 使用 try…except 捕获程序出现的异常信息,通过 as 关键字获取系统的反馈信息,并在控制它打印反馈信息。再通过 type()方法查看异常类型,通过 args 属性查看异常信息。

```
try:
    f = open("hello.txt", "r")
except Exception as e:
    print("捕获到的异常类型为:", type(e))
    print("异常信息为:", e.args)
```

程序运行结果为

```
捕获到的异常信息为: [Errno 2] No such file or directory: 'hello.txt'
捕获到的异常类型为: < class 'FileNotFoundError'>
异常信息为: (2, 'No such file or directory')
```

从运行结果来看,第一行是打印没有文件或目录是 hello.txt,第二行是打印的异常类为 FileNotFoundError,第三行是打印异常信息。

8.3.3 捕获多个异常

在编写程序中,有时候可能会有多个异常,可以使用 try…except…except…捕获多个异常,让程序能够正常运行结束。

如果要处理多个异常,可以增加 except 语句。try…except…except…代码块语法定义如下:

```
try:
    #语句块
except 异常名称 1:
    #异常处理代码 1
```

```
except 异常名称 2:
    ♯异常处理代码 2
…
except 异常名称 N:
    ♯异常处理代码 N
```

【例 8-10】 try…except…except…使用示例。

```
try:
    num1 = int(input("请输入第 1 个整数:"))
    num2 = int(input("请输入第 2 个整数:"))
    num3 = num1/num2
    print("num3 = ", num3)
except ValueError as e1:
    print("e1 的异常信息为: ", type(e1))
except ZeroDivisionError as e2:
    print("e2 的异常信息为: ", type(e2))
except Exception as e3:
    print("e3 的异常类型为: ", type(e3))
print("程序运行结束")
```

程序运行结果为

```
第一种情况,运行正确:
请输入第 1 个整数: 5
请输入第 2 个整数: 2
num3 = 2.5
程序运行结束
第二种情况,运行错误,错误类型为 ValueError:
请输入第 1 个整数: 10
请输入第 2 个整数: aa
e1 的异常信息为: < class 'ValueError'>
程序运行结束
第三种情况,运行错误,错误类型为 ZeroDivisionError:
请输入第 1 个整数: 10
请输入第 2 个整数: 0
e2 的异常信息为: < class 'ZeroDivisionError'>
程序运行结束
```

但是,当程序中出现大量异常时,捕获这些异常是非常麻烦的。这时,可以在 except 子句中不指明异常的类型,这样不管发生何种类型的异常,都会执行 except 里面的处理代码。

【例 8-11】 使用 try…except 捕获程序中所有的异常,在控制台中打印"已捕获程序运行的异常"。

```
try:
    num1 = int(input("请输入第 1 个整数:"))
    num2 = int(input("请输入第 2 个整数:"))
    num3 = num1/num2
    print("num3 = ", num3)
except:
    print("已捕获程序运行的异常")
print("程序运行结束")
```

程序运行结果为

```
请输入第 1 个整数: 10
请输入第 2 个整数: aa
已捕获程序运行的异常
程序运行结束
```

8.3.4 try…except…else 语句

在 Python 中，还有另一种异常处理结构：try…except…else，即在 try…except 语句基础上，添加了 else 块。当 try 块中没有发生异常时，会执行 else 块的代码。该语句块中的内容当 try 语句中发现异常时，将不被执行。

try…except…else 代码块语法定义如下：

```
try:
    <语句>              # 运行别的代码
except <名字>:
    <语句>              # 如果在 try 部分引发了'name'异常
except <名字>,<数据>:
    <语句>              # 如果引发了'name'异常,获得附加的数据
else
    <语句>              # 如果没有异常发生
```

【例 8-12】 try…except…else 使用示例。

```python
arr = ['Lily', 'Amily', 'IVy', 'jina']
while True:
    try:
        n = int(input("请输入您要访问的索引值:"))
        print("您访问的信息为:", arr[n])
    except ValueError as e1:
        print("请输入一个正确的索引值,必须为整数")
    except IndexError as e2:
        print("您输入的数字超过了列表的下标")
    else:
        print("程序正常运行")
        break
```

程序运行结果为

```
请输入您要访问的索引值: a
请输入一个正确的索引值,必须为整数
请输入您要访问的索引值: 7
您输入的数字超过了列表的下标
请输入您要访问的索引值: 2
您访问的信息为: IVy
程序正常运行
```

从运行结果来看，当用户输入非数字类型的 a 字符串时，系统捕获到 ValueError 异常；当输入数字 7，超过最大索引值时，捕获到 IndexError 异常；当用户输入 2 的时候，可以打印列表第 3 个元素的信息，程序正常运行结束，通过 break 跳出循环。

8.3.5 finally 语句

在 Python 程序中，无论是否捕捉到异常，都必须要执行某件事情，如关闭文件、释放锁等，这时可以提供 finally 语句处理。通常情况下，finally 用于释放资源。

try…except…else…finally 代码块语法定义如下：

```
try:
    <语句>
except <名字>:
    <语句>
…
else
    <语句>
finally:
    ♯无论程序是否存在异常,都执行的语句
```

【例 8-13】 使用 try…except…else…finally 捕获程序中出现的异常，在 finally 语句块中关闭文件读取对象，如果捕获到打印异常信息，没有捕获到打印异常发生，并在 finally 中打印程序结束。

```
try:
    f = open('hello.txt', 'r')
except Exception as e:
    print('异常信息为: ', e.args)
else:
    print('没有发生异常')
finally:
    print('程序结束')
```

程序运行结果为

```
异常信息为: (2, 'No such file or directory')
程序结束
```

8.3.6 任务实现

1. 任务分析

定义 1 个列表，用来存储输入的 5 个整数；使用 try…except 来捕获输入不是整数的异常；定义 1 个变量存储文件对象，读取文件，将列表中的整数进行求和，将求和结果拼接到读取内容末尾；最后将内容写入文件中，关闭文件。主要编程思路如下所示。

（1）定义 1 个变量存储用户输入的 5 个整数。

（2）使用 try…except 来捕获用户输入的不是整数的异常。

（3）如未捕获到异常，继续使用 try…except 来捕获读取 hello.txt 文件的异常；如捕获到异常，控制台打印异常信息，并且继续执行循环，直到输入正确的数字为止。

（4）如果未捕获到文件异常，存储读取数据，将 5 个整数拼接至读取数据之后，重新写入至文件中；如捕获到文件异常，控制台打印异常信息。

（5）最后关闭文件。

2. 编码实现

任务实现的代码如下：

```python
myList = []
len = 0
while len < 5:                                      #存入5个整数
    try:
        num = int(input())
        len = len + 1
    except ValueError:
        print("输入的不是整数,请重新输入!")
    else:
        myList.append(num)
try:
    f = open('./hello.txt', 'r + ')                 #读取文件
    data = f.read()
except FileNotFoundError:
    print("读取的文件不存在!")
else:
    sum = 0                                         #求列表中数据和
    for i in range(0,5):
        sum += myList[i]
    data = data + str(sum)
    f.write(data)
    print("文件写入成功!")
finally:
    f.close()
    print("文件已关闭!")
```

程序运行结果如下所示。

```
123
aaa
输入的不是整数,请重新输入!
234
356
bbb
输入的不是整数,请重新输入!
324
456
文件写入成功!
文件已关闭!
```

任务四：抛出程序中的异常信息

任务描述：

　　请编写程序,编写一个登录处理的函数,两个参数分别为用户名和密码。当用户传入的参数在字典列表中存在,程序就返回允许登录;如果不存在就抛出异常,使用 try…except 捕获抛出的异常信息,在控制台中打印。

新知准备：

◇ 使用 raise 抛出异常；

◇ 使用 assert 断言异常；

◇ 使用 with 语句简化操作。

8.4 抛出异常

8.4.1 raise 语句

在 Python 中，raise 是一个常用的关键字，用于引发异常。它可以通过抛出异常来阻断程序的正常执行流程，并创建自定义的异常情况。

使用 raise 语句能显示地触发异常，raise 语句有如下 3 种常用的用法。

（1）raise 异常类名。

（2）raise 异常类对象。

（3）raise 重新引发刚刚发生的异常。

1. 使用类名引发异常

当 raise 语句指定异常的类名时，会创建该类的实例对象，然后引发异常。

【例 8-14】 使用 raise 抛出一个索引异常。

```
arrs = [1,2,3,4,5]
length = len(arrs)
index = 8
if index > = length:
    raise IndexError
else:
    print(arrs[index])
```

程序运行结果如下所示。

```
Traceback(most recent call last):
  File "C:\Python\code\demo8_4.py", line 5, in < module >
    raise IndexError
IndexError
```

在例 8-14 中，分别定义了一个列表对象 arrs、一个 length 变量存放列表长度、index 表示列表索引，当索引的长度大于或者等于列表的长度时，使用 raise 关键字抛出了一个索引异常，在控制台直接打印 IndexError 信息。

2. 使用异常类的实例引发异常

先获取异常类对象，通过使用异常类的实例引发异常，在 raise 关键字后面抛出异常类的对象。

【例 8-15】 使用 raise 抛出一个索引异常类对象。

```
arrs = [1,2,3,4,5]
length = len(arrs)
```

```
index = 8
error = IndexError()
if index >= length:
    raise error
else:
    print(arrs[index])
```

程序运行结果如下所示。

```
Traceback(most recent call last):
  File " C:\Python\code\demo8_4.py ", line 6, in <module>
    raise error
IndexError
```

3. 传递异常

不带任何参数的 raise 语句,可以再次引发刚刚发生过的异常,作用就是向外传递异常。

【例 8-16】 使用 try…except 捕获异常,在 except 中继续抛出异常。

```
arrs = [1,2,3,4,5]
length = len(arrs)
index = 8
try:
    if index >= length:
        raise IndexError
    print(arrs[index])
except:
    print("程序出现异常")
    raise
```

程序运行结果如下所示。

```
程序出现异常
Traceback(most recent call last):
  File " C:\Python\code\demo8_4.py ", line 7, in <module>
    raise IndexError
IndexError
```

在例 8-16 中使用 try…except 对异常信息进行捕获,但是在 except 中继续使用 raise 关键字抛出异常,可以继续抛出之前的 IndexError 异常。

4. 指定异常的描述信息

当抛出异常的时候,用户可以对异常信息进行描述,如一个列表中的索引值超出这个列表索引范围,可以给出提示"列表索引下标超出范围"的描述信息,如例 8-17 所示。

【例 8-17】 给出列表索引下标超出范围的提示信息。

```
arrs = [1,2,3,4,5]
length = len(arrs)
index = 8
msg = '列表索引下标超出范围'
if index >= length:
    raise IndexError(msg)
print(arrs[index])
```

程序运行结果如下所示。

```
Traceback(most recent call last):
  File "C:\Python\code\demo8_5.py", line 6, in <module>
    raise IndexError(msg)
IndexError: 列表索引下标超出范围
```

在例 8-17 中,定义了一个 msg 变量,存入异常的描述信息,在抛出异常对象中传入变量 msg,在控制台会出现错误提示信息。

5. 异常引发异常

使用 raise…from…可以在异常中抛出其他异常。

【例 8-18】 使用 try…except 捕获异常,使用 raise…from 抛出其他异常。

```
arrs = [1,2,3,4,5]
length = len(arrs)
index = 8
try:
    print(num)
except Exception as exception:
    print("捕获到异常: ", exception.args)
    if index >= length:
        raise IndexError('列表索引下标超出范围') from exception
    print(arrs[index])
```

程序运行结果如下所示。

```
捕获到异常: ("name 'num' is not defined",)
Traceback(most recent call last):
  File "C:\Python\code\demo8_6.py", line 5, in <module>
    print(num)
          ^^^
NameError: name 'num' is not defined. Did you mean: 'sum'?
The above exception was the direct cause of the following exception:
Traceback (most recent call last):
  File "C:\Python\code\demo8_6.py", line 9, in <module>
    raise IndexError('列表索引下标超出范围') from exception
IndexError: 列表索引下标超出范围
```

在例 8-18 中使用 try 中捕获 num 异常信息,在 except 中打印 NameError 异常信息,继续在 except 中进行列表索引的判断,当索引值大于列表范围时候,使用 raise…from 继续抛出 IndexError 异常信息。

8.4.2 assert 语句

assert 语句又称作断言,指的是期望用户满足指定的条件。

当用户定义的约束条件不满足的时候,会触发 AssertionError 异常,所以 assert 语句可以当作条件式的 raise 语句。

assert 语句基本语法格式如下:

```
assert 逻辑表达式, data
```

assert 后面紧跟一个逻辑表达式，相当于条件。data 通常是一个字符串，当条件为 False 时作为异常的描述信息。raise 语句等价于如下条件语句。

```
if not 逻辑表达式:
    raise AssertionError(data)
```

【例 8-19】 使用 assert 语句，判断两个变量值是否相等。

```
a = 0
b = "0"
try:
    assert a == b, "两个数必须相等"
except AssertionError as e:
    print('%s:%s'%(e.__class__.__name__, e))
```

运行结果如下：

```
AssertionError:两个数必须相等
```

在例 8-19 中定义了两个变量，变量 a 存入的是数字 0，变量 b 存入的是字符串 0，使用 try…except 捕获异常，在 try 中使用 assert 语句断言，当不满足断言条件，try 关键字就会捕获断言异常，在 except 语句中打印异常信息。

8.4.3 with 语句

with 语句是一个控制流工具，主要用于管理代码块的执行环境。通过使用 with 语句，Python 可以自动管理资源的获取和释放，确保在代码块结束时正确地进行清理和关闭操作，即使在执行代码块的过程中发生异常，也会进行相应的清理操作。with 语句用于提供一种方便和安全地管理资源的方式，这些资源需要在进入和离开代码块时执行一些操作。

1. with 语句的使用

在打开文件并读取文件的内容时，可能出现文件读取出现异常，读完文件忘记关闭文件等问题。为了避免在文件读取的过程中产生这些问题，可以在上述示例中增加处理异常的语句，加强版本代码如下：

```
try:
    f = open('./word.txt', 'r')          #读取文件
    data = f.read()
finally:
    f.close()
```

该代码虽然解决了产生异常的可能，但是这段代码过于冗长。此时，在示例中使用 with 语句处理上下文环境产生的异常，具体如下：

```
with open(r"hello.txt","r") as f:
    data = f.read()
```

with 是从 Python 2.5 中引入的一个新的语法，它是一种上下文管理协议，目的在于从流程图中把 try…except 和 finally 关键字和资源分配释放相关代码统统去掉，简化 try…except…finally 的处理流程。

with 语句适用于对资源进行访问的场合，确保不管使用过程中是否发生异常都会执行必要的"清理"操作，释放资源。

with 语句基本语法格式如下：

```
with context_expr [as var]:
    with_body
```

其中，context_expr 为需要返回的一个上下文管理器对象，如果存在 as，该对象绑定在 as 子句中的变量 var 上；var 可以是变量或者元组；with_body 为 with 语句包裹的代码块。

2. with 语句执行过程

当 Python 解释器执行 with 语句时，它遵循以下步骤。

（1）获取上下文管理器：解释器首先调用上下文管理器的 __enter__ 方法。这个方法允许上下文管理器执行一些准备工作，比如分配资源或设置环境。

（2）进入代码块：一旦上下文管理器的 __enter__ 方法被调用，代码块内的语句开始执行。

（3）执行代码块：在 with 语句块中执行对应的代码。

（4）退出代码块：不论代码块内部发生什么，一旦代码块执行完毕，解释器都会调用上下文管理器的 __exit__ 方法。这个方法允许上下文管理器执行一些清理工作，比如释放资源或处理异常。

（5）处理异常：如果代码块内发生了异常，解释器会将异常信息传递给上下文管理器的 __exit__ 方法。此时上下文管理器有机会处理异常，并决定是否要忽略异常或传播异常。

通过以上过程，Python 的 with 语句确保资源的获取和释放得到正确的管理，即使在处理异常的情况下也能够进行适当的清理操作。

8.4.4　任务实现

1. 任务分析

要实现登录程序，首先需要定义一些字典数据存入列表中，还需要定义一个 login() 函数，用来实现登录的效果。在登录函数中，可以使用断言，让用户名和密码不能为空，如果为空捕获断言异常。再进行用户名和密码判断，在字典列表中是否存在，如果存在显示登录成功，如果不存在就显示登录失败。主要编程思路如下所示。

（1）定义字典变量，用于存储一些用户名和密码的字典数据，登录模拟数据。

（2）定义一个 login 函数，用户实现登录判断操作。传入用户名和密码两个参数。通过断言，实现对用户名和密码非空的判断。

（3）遍历字典数据，判断输入的用户名和密码是否存在，如果存在返回"登录成功"，如果不存在返回"登录失败"。

（4）定义登录数据，调用 login() 函数，使用 try…except…else 进行捕获异常，如存在异常，则在 except 中输出异常信息；如信息正确，则在 else 中输出"登录成功"或"登录失败"信息。

2. 编码实现

```
myData = [
    {"username": "zzm", "password": "123456"},
    {"username": "root", "password": "000000"},
```

```
        {"username": "admin", "password": "888888"},
    ]
    def login(username, password):
        assert username != '', '用户名不能为空'
        assert password != '', '密码不能为空'
        msg = '登录失败'
        for i in range(0, len(myData)):
            if username == myData[i]['username'] and password == myData[i]['password']:
                msg = "登录成功"
                break
        return msg
    try:
        info1 = login(" ", "000000")
    except Exception as e:
        print("存在异常信息:", e.args)
    else:
        print("info1 :", info1)
    try:
        info2 = login("root", "000000")
    except Exception as e:
        print("存在异常信息:", e.args)
    else:
        print("info2 :", info2)
    try:
        info3 = login("admin", "000000")
    except Exception as e:
        print("存在异常信息:", e.args)
    else:
        print("info3 :", info3)
```

程序运行结果如下所示。

```
存在异常信息：('用户名不能为空',)
info2 ：登录成功
info3 ：登录失败
```

8.5　本章实践

实践一：单词计数

当需要在一个文件中的某个位置插入一个英文单词或一段英文语句，那么就需要读取这个文件，并且能够获取这个文件有多少个英文单词。

请编写代码，读取 word.txt 文件，打印该文件中单词总数。

实现思路如下所示。

（1）打开 word.txt 文件，使用 try…except…else…finally 捕获异常。如存在异常，则打印异常信息；否则就执行步骤（2）。

（2）定义 content 变量，将读取数据进行换行符切割并使用一个空字符拼接存入 content 变量中，定义 count 变量，用户存储单词的数量。

（3）遍历 content 中每个字符，如发现空字符，表示存在单词，那么 count 则自增 1。

（4）在控制台打印单词的数量。

（5）最后执行 finally 中的代码，如文件对象 f 存在，就关闭文件。最后打印"程序运行结束"。任务实现代码如下所示。

```python
try:
    f = open('./word.txt', 'r')                    # 读取文件
except Exception as e:                              # 捕获读取文件异常
    print("文件读取异常: ", e.args)                   # 打印异常信息
else:                                              # 没有异常执行的语句
    content = ''.join(f.read().split('\n'))        # 读取文件内容,进行换行符切割
    count = 0                                      # 记录单词个数
    for i in range(0, len(content) - 1):           # for 循环从 0 到读取的字符串长度 - 1
        if content[i] == '':                       # 如果出现空格记录一下
            count = count + 1                      # 字符串个数加 1
    print("读取的内容为: ", content)                 # 打印读取的内容
    print("word 文件中一共有: ", count + 1, "个单词!")  # 打印代词的个数
finally:
    if f:                                          # 文件对象如果存在
        f.close()                                  # 关闭文件对象
        print("文件已关闭")                          # 打印文件关闭信息
    print("程序运行结束")                            # 打印程序运行结束信息
```

程序运行结果如下所示。

```
读取的内容为: today is final day! if no exists table, we must estable one table. so how old
are you.
word 文件中一共有: 18 个单词!
文件已关闭
程序运行结束
```

实践二：小朋友分桃子

小明买了一箱桃子,准备给幼儿园的小朋友发桃子。当有 10 个桃子,小朋友的数量小于 10 位时,可以保证每位小朋友都能分到 1 个桃子；当小朋友的数量大于 10 位时,就不能使每位小朋友都能分到 1 个桃子,需要再去购买更多的桃子。

请编写代码,能够让每位小朋友都能分到 1 个桃子。

实现思路如下所示。

（1）定义 1 个分桃子的函数,该函数有两个参数,1 个表示桃子数量,1 个表示小朋友数量。

（2）使用断言判断,当桃子数量和小朋友数量相等,则抛出相关信息,如果桃子数量大于或者小于小朋友数量,则抛出异常信息。

（3）定义变量用于存储输入桃子的数量,使用 try…except 捕获异常,如输入不是数字,则捕获异常并打印"请输入桃子的数量为整数"；否则执行步骤（4）。

（4）调用分桃子函数,使用 try…except 捕获异常。

任务实现代码如下所示。

```python
def dividePeach(num, stu):                         # 定义分桃子的函数
    assert num != stu, '小朋友数量和桃子数量相等'
    if num > stu:
        raise Exception("小朋友每人可以分到一个桃子")
    else:
```

```
        raise Exception("小朋友太多,桃子不够分,需要再去购买桃子")
try:
    peachNum = int(input('请输入桃子的数量(整数):'))
except ValueError:
    print("请输入桃子的数量为整数")
else:
    print("开始分桃子:")
    try:
        dividePeach(peachNum ,5)
    except Exception as e1:
        print("e1 - ", type(e1), '-', e1.args)
    try:
        dividePeach(peachNum, 10)
    except Exception as e2:
        print("e2 - ", type(e2), '-', e2.args)
    try:
        dividePeach(peachNum, 15)
    except Exception as e3:
        print("e3 - ", type(e3), '-', e3.args)
```

程序运行结果如下所示。

```
请输入桃子的数量(整数):10

开始分桃子:

e1 - <class 'Exception'> - ('小朋友每人可以分到一个桃子',)

e2 - <class 'AssertionError'> - ('小朋友数量和桃子数量相等',)

e3 - <class 'Exception'> - ('小朋友太多,桃子不够分,需要再去购买桃子',)
```

8.6　本章习题

一、选择题

1. 在 Python 中,表示除数为零的异常是(　　)。

   A. ArithmeticError　　　　B. ZeroDivisionError　　　　C. ValueError

2. 当尝试访问一个对象不存在的属性时,会抛出的异常是(　　)。

   A. AttributeError　　　　B. NameError　　　　C. TypeError

3. 在 Python 中,用于处理导入模块或对象时的错误的异常是(　　)。

   A. ImportError　　　　B. ModuleNotFoundError　　　　C. AttributeError

4. 当在函数中忘记缩进时,Python 会抛出的异常是(　　)。

   A. IndentationError　　　　B. SyntaxError　　　　C. NameError

5. 如果尝试将一个非字符串类型转换为字符串,会抛出的异常是(　　)。

   A. ValueError　　　　B. TypeError　　　　C. AttributeError

6. 如果在函数调用中传递了错误的参数类型,会抛出的异常是(　　)。

   A. TypeError　　　　B. ValueError　　　　C. AttributeError

7. 如果在 try 块中没有异常发生,会执行的块是(　　)。

   A. except　　　　B. else　　　　C. finally

二、判断题

1. 在 Python 中,可以使用 try 和 except 块来处理异常。 ( )

2. 如果一个代码块中有多个可能引发异常的语句,可以将它们放在一个 try 块中,然后分别用多个 except 块来处理不同的异常。 ( )

3. try 块中的代码必须至少引发一个异常,否则 except 块不会被执行。 ( )

4. 可以在 except 块中设置一个 else 子句,如果 try 块没有引发异常,则执行 else 块。

( )

5. 如果在 except 块中没有处理掉异常,异常会传递到上层的 try-except 块中处理。

( )

6. 在 Python 中,所有的异常都是从 Exception 类继承下来的。 ( )

7. 在编写异常处理代码时,必须明确指定捕获的异常类型,否则程序会抛出 TypeError。

( )

8. 在 Python 中,可以使用 finally 子句来执行一些代码,无论 try 块是否引发异常,这些代码都会被执行。 ( )

第 **9** 章

Python图形用户界面开发

任务一：初识 GUI

任务描述：

Python 具有从 Web 开发到桌面图形用户界面开发的广泛应用。

Python 提供了多个图形界面开发的库，为了有效地进行 Python GUI 开发，开发者应当首先熟悉各种常见的 GUI 库，了解这些库将帮助开发者根据项目需求选择最合适的框架。

在选择了适合的 GUI 库后，开发者需要掌握该框架下进行 GUI 编程的基本步骤。

新知准备：

◇ GUI 的基本概念；

◇ 常用的 Python 的 GUI 框架；

◇ GUI 开发的基本步骤。

视频讲解

9.1　GUI 概述

9.1.1　GUI 简介

GUI(Graphical User Interface)又称图形用户接口，是用户与计算机系统交互的界面，它通过图形方式显示信息，允许用户使用鼠标等输入设备操纵屏幕上的图标或菜单选项，以选择命令、调用文件、启动程序或执行其他一些日常任务。

9.1.2　Python 的 GUI 框架

常用 Python GUI 库主要有 Tkinter、PyQt、PySide、wxPython、Kivy 等，以下是关于几种 GUI 库的简介。

1. Tkinter

Tkinter 是 Python 自带的标准图形用户界面库，它提供了基本的 GUI 控件，如按钮、文本框、标签等，并且可以轻松地创建窗口、布局和管理事件。Tkinter 可以在大多数的 UNIX 平台下使用,同样可以应用在 Windows 和 Macintosh 系统里。

Tkinter 简单易用,适合快速开发原型和小型项目,但是其界面外观不够美观,控件有限。

2. PyQt 与 PySide

Qt 是一种跨平台的、C++编写的 GUI 开发框架,由挪威 Trolltech 公司(后来被 Nokia 收购,现为 Qt Company 维护)开发,用于开发具有原生外观和感觉的 GUI 应用程序。

PyQt 是一套用于创建桌面级 GUI 应用程序的 Python 绑定库,提供了 Qt 应用程序框架的所有功能。它允许开发者使用 Python 语言来编写复杂的 GUI 应用程序,同时具备跨平台性、丰富的控件、事件处理、布局管理、样式和主题、数据库支持以及并发编程等特点。PyQt 分为 PyQt 和 PySide 两个版本,均为开源,广泛应用于各种 Python 项目中。

PyQt 适合开发跨平台的桌面 GUI 应用程序,具有丰富的控件和事件处理机制,但学习曲线较陡,性能和资源消耗相对较高,集成和部署可能较为复杂。

3. wxPython

wxPython 是一个基于 Python 的跨平台 GUI 工具包,它使得 Python 程序员能够轻松地创建功能丰富的 GUI 程序。这个工具包通过一组 Python 扩展模块实现,这些模块封装了用 C++编写的 wxWidgets 库中的 GUI 控件。由于这种封装,程序员无须直接使用 C++就可以设计出复杂的 GUI 应用程序。

wxPython 特别适合那些需要跨平台部署并且追求易用性的场景。然而,需要注意的是,wxPython 在性能和资源消耗方面可能相对较高,同时在集成和部署过程中可能也会遇到一定的复杂性。

4. PySimpleGUI

PySimpleGUI 是对 Tkinter、Qt 和 WxPython 等多种 GUI 框架的封装。PySimpleGUI 将这些框架转换为简单、一致的 API,以便人们能够更轻松地创建 GUI,无须深入了解不同 API 之间的所有细微差别。

PySimpleGUI 非常适合需要快速创建原型或小型 GUI 应用程序的场合。但是,它不适合复杂或高性能要求的 GUI 应用程序开发。

5. Kivy

Kivy 是开源 Python 应用框架,用于快速开发应用程序,实现当前流行的用户界面。该库以 Python 和 Cython 为基础,它能很好地支持多点触控功能,充分利用设备屏幕的输入能力。

Kivy 适用于需要跨平台支持和多点触控功能的应用程序开发,特别是快速原型开发和自定义用户界面的场景。但是,它可能不适合高性能图形渲染和移动平台上的兼容性要求。

综上所述,每种库都有其优势和局限性,选择哪个库通常取决于项目的具体需求、开发者的熟悉程度以及预期的用户体验。在后续章节,本书将以 Python 自带的 Tkinter 框架为例,介绍 Python GUI 的开发。

9.1.3　Tkinter GUI 开发的基本步骤

Tkinter 无须下载与安装,简单、易用,可以让开发者轻松地创建桌面应用程序。本节将为读者详细介绍 Tkinter GUI 的开发步骤,帮助读者快速上手 Tkinter GUI 开发。

（1）导入 Tkinter 模块。

例如，import tkinter 或 from tkinter import * 。

（2）创建一个顶层容器对象（主窗口），并设置窗口属性。

例如，创建一个窗口对象：win＝tkinter. Tk()；设置其窗口标题：win. title("Tkinter 示例")；设置窗口的大小与位置：win. geometry("400x300＋50＋100")。

（3）在顶层容器对象中，添加各种控件，如按钮、文本框、标签等。

例如，创建一个按钮对象：button＝tkinter. Button(root，text＝"OK")。

（4）布局，Tkinter 的布局方式主要有顺序布局、绝对布局、网格布局。

例如，将步骤(3)中创建的 button 对象顺序布局到窗口：button. pack()。

（5）进入主循环，以便应用程序能够响应用户的操作。

主窗口对象调用 mainloop()函数进入事件主循环。当容器进入主循环状态时，容器内部的其他图形对象则处于循环等待状态，这样才能一直保持显示状态。图 9-1 所示为 Tkinter GUI 开发的基本步骤。

图 9-1　Tkinter GUI 开发的基本步骤

任务二：创建简单窗口

任务描述：

使用 Tkinter GUI 框架，进行简单窗口的设计。设置窗口标题为"第一个 Tkinter 窗口"。

新知准备：

◇ 窗口的组成；

◇ 窗口的创建。

9.2　创建窗口

9.2.1　认识窗口

窗口是带有标题、边框的一个顶层容器，在其内部可以添加其他控件。如图 9-2 所示，最上面为标题栏，可以设置窗口的标题内容，右上角有最小化、最大化、关闭 3 个按钮，中间为窗口内部区域。

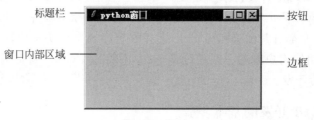

图 9-2　窗口

9.2.2　创建窗口

调用 Tkinter 模块的 Tk() 函数可以创建一个窗口对象。调用窗口对象的 title() 函数可以实现窗口标题的设置，geometry() 函数可以实现窗口大小和位置的设置。其中，geometry() 函数的语法格式如下所示：

```
窗口对象.geometry('宽×高 + x坐标 + y坐标')
```

9.2.3　任务实现

1. 任务分析

要使用 Tkinter 框架创建窗口，主要编程思路如下所示。
(1) 调用 Tk() 函数创建窗口对象。
(2) 设置标题与窗口的大小及位置。
(3) 进入主循环。

2. 编码实现

任务实现代码如下所示。

```python
import tkinter
win = tkinter.Tk()
win.title("第一个 Tkinter 窗口")
win.geometry("200×150 + 50 + 100")
win.mainloop()
```

运行程序，出现如图 9-3 所示的窗口。

图 9-3　第一个 Tkinter 窗口

9.3　常用控件

任务三：设计用户登录窗口

任务描述：

　　一个完整的 GUI 程序，一般由许多小的控件构成，如按钮、文本框、输入框、选择框、菜单栏等。在学习 Tkinter GUI 编程的过程中，不仅要学会如何摆放这些控件，还要掌握各种控件的功能、属性，只有这样才能开发出一个界面设计优雅、功能设计完善的 GUI 程序。

　　请设计一个简单的用户登录窗口，实现用户名及密码的输入，并提供两个按钮：单击"提交"按钮后，后台打印出用户输入的用户名和密码；单击"退出"按钮后关闭窗口。

新知准备：

◇ Tkinter 中的控件种类；

◇ 标签（Label）；

◇ 按钮（Button）；

◇ 文本框（Entry）；

◇ 滚动文本框（ScrolledText）。

9.3.1　Tkinter 控件简介

Tkinter 提供了一系列控件（部件），如按钮、标签、文本框等，用于创建桌面应用程序。这些控件可以帮助开发者构建直观、易用的用户界面。例如，按钮用于触发操作；标签用于显示文本或图像；文本框用于输入和编辑文本；单选按钮和复选框用于选择多个选项；列表框用于展示项目列表；画布用于绘制图形和图像显示等。通过合理布局这些控件，可以设计出功能丰富且具有交互性的应用程序。Tkinter 中常用的控件如表 9-1 所示。另外，控件对象创建的时候往往需要设置其属性，表 9-2 给出了控件常见的公共属性。

表 9-1　Tkinter 中常见的控件名称及其描述

控　件	名　　称	描　　述	控　件	名　　称	描　　述
Button	按钮	在程序中显示按钮	Menu	菜单	显示菜单栏
Canvas	画布	提供绘制功能	Message	消息框	类似于标签，可以显示多行文本
Checkbutton	多选框	在程序中显示多选框	Radiobutton	单选按钮	显示单选按钮
Combobox	下拉框	显示下拉框	Scale	进度条	线性滑块控件
Entry	文本框	显示单行文本内容	Scrollbar	滚动条	显示一个滚动条
Frame	框架	用于放置其他窗口部件	Text	文本框	显示多行文本
Label	标签	显示文本或位图	Messagebox	消息框	弹出一个消息框
Listbox	列表框	显示选择列表			

表 9-2　控件的公共属性及其描述

属性/参数	描　　述
master	父窗口指针/上级容器（如 TK 类对象）
text	控件标题（部分控件有 Button、Label…）
bd	控件边框的大小，默认为 2 像素
image	控件上要显示的图片
font	字体、大小、粗细。例如，font＝（'行楷'，15，'bold'）
fg	字体颜色
bg	背景颜色
height	高度，单位为像素
width	宽度

9.3.2　标签

标签是用于窗口容器中显示文字或图片内容的控件。在 Tkinter 中，创建一个标签，可以使用 Label 类。

Label 类的语法格式如下所示。

Label (master, ** options)

相关参数及其含义如下所述。

(1) master：用于指定本控件的父窗口对象。

(2) options：是对 Label 控件的各种属性配置选项，这些属性包括文本、字体、颜色、对齐方式等。表 9-3 列出了标签常用的属性参数。

表 9-3 标签常用的属性参数

属 性 选 项	说　　明	属 性 选 项	说　　明
text	文字内容，可以多行，用'\n'分隔	anchor	文本在控件中的位置，默认为"居中"
height	文字行数（注意，不是像素）	font	指定文本的字体字号
width	文字字符个数（注意，不是像素）	image	标签控件中显示图像

如例 9-1 所示，创建标签对象 label_1，构造函数中的第一个参数用于指定该控件的父窗口，参数 text 指定标签的文本内容，另外通过 tkinter. PhotoImage() 可以创建图像标签对象 label_2，并通过 image 参数指定图片对象。标签对象创建完成后调用与布局相关的函数将标签添加到父窗口中，如 pack() 为顺序布局，其中 Tkinter 中的布局管理方式将在 9.4 节中详细介绍。

【例 9-1】 文本标签与图像标签的创建。

```
import tkinter
win = tkinter.Tk()
win.title('标签应用示例')
win.geometry('300×300+50+50')
label_1 = tkinter.Label(win, text = '人生苦短\n我学 Python', font = '宋体', fg = "red")
label_1.pack()
photo = tkinter.PhotoImage(file = 'nezha.gif')
label_2 = tkinter.Label(win, image = photo)
label_2.pack()
win.mainloop()
```

程序运行结果如图 9-4 所示。

9.3.3 按钮

按钮是一种用户可以与之交互的控件，当单击按钮时，会触发一个事件。Tkinter 中的 Button 类封装了按钮相关的操作。

Button 类的基本语法格式如下所示。

Button(master, ** options)

相关参数及其含义如下：

(1) master：用于指定本控件的父窗口对象。

(2) options：是对 Button 控件的各种属性配置选项，表 9-4 列出了 Button 常用的属性参数。

图 9-4 标签的创建

表 9-4　Button 常用的属性参数

属 性 选 项	说　　明
text	设置按钮上的文字
height	设置按钮的高度,用文本的字符行数表示
width	设置按钮的宽度,用文本的字符个数表示
takefocus	设置焦点
state	设置按钮的状态：normal(正常)、active(激活)、disabled(禁用)
bg	设置背景颜色
fg	设置前景颜色

如例 9-2 所示,首先创建一个内容为"单击我"的按钮,设置按钮对象的 command 参数为按钮单击后需要调用的函数名,事件处理函数的功能为创建一个文本标签并显示。

【例 9-2】　按钮的创建。

```python
import tkinter
win = tkinter.Tk()
win.title('按钮应用示例')
win.geometry('200×100+50+50')
def showInfo():
        label = tkinter.Label(win,text = '人生苦短\n我学 Python')
        label.pack()
btn = tkinter.Button(win,text = "单击我",command = showInfo)
    btn.pack()
win.mainloop()
```

程序运行结果如图 9-5 所示。

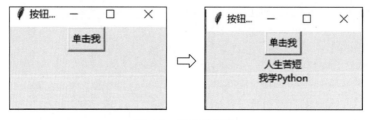

图 9-5　按钮的创建

9.3.4　单行文本框

文本框用于接收输入的数据。Tkinter 提供单行文本框、多行文本框与滚动文本框。Tkinter 中的 Entry 类封装了单行文本框相关的操作。

1. 单行文本框的创建

Entry 类的基本语法格式如下所示。

```
Entry (master, **options)
```

相关参数含义如下所述。

(1) master：用于指定本控件的父窗口对象。

(2) options：是对 Entry 控件的各种属性配置选项,这些属性包括文字字体、文字颜色、文本框状态、内容显示形式等。表 9-5 列出了 Entry 常用的属性参数。

表 9-5 单行文本框的相关参数

属性选项	说明
font	文字字体,值是元组,font =('字体','字号','粗细')
foreground	文字的颜色
show	指定文本框内容显示为掩码,如密码设为 * : show = ' *
state	文本框状态,分为只读和可写,值为:disabled/normal
textvariable	文本框的值为 stringVar()对象

2. 单行文本框内容的设置与获取

文本框 Entry 中文字内容的操作可以使用 StringVar 对象来完成。StringVar 是 Tkinter 模块的对象,它可以跟踪变量值的变化,把最新的值显示到界面上。实现步骤如下所示。

(1) 创建 StringVar 对象。例如,t1＝StringVar()可以创建一个 StringVar 对象 t1。

(2) 在创建文本框对象时,将 StringVar 对象赋值给 textvariable 参数。例如,e1＝tkinter.Entry(win, textvariable＝t1…),可以通过 t1 来跟踪 e1 内容的变化。

(3) 通过调用 StringVar 对象的 get()和 set()读取和设置文本框的内容。例如,t1.get()可以获取文本框 e1 的内容,t1.set()可以设置文本框 e1 中默认显示的内容。

例 9-3 给出了单行文本框的创建过程以及代码实现。

【例 9-3】 单行文本框的创建示例。

创建一个文本框(用于输入密码),创建一个按钮,当单击按钮的时候,从后台输出它的密码内容。

```python
import tkinter
win = tkinter.Tk()
win.title("单行文本框应用示例")
win.geometry("300×300+50+50")
t1 = tkinter.StringVar()
t1.set("请输入密码")
e1 = tkinter.Entry(win, textvariable = t1, show = " * ")
e1.pack()
def getPasswd():
    print("密码为:", t1.get())
button = tkinter.Button(win, text = "单击我去后台看密码", command = getPasswd)
button.pack()
win.mainloop()
```

程序运行结果如图 9-6 所示,当单击按钮后会将用户输入文本框中的密码打印出来。

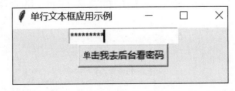

图 9-6 单行文本框应用示例程序运行结果

9.3.5 滚动文本框

Tkinter 的 ScrolledText 控件是一个可以滚动的文本框,它结合了 Text 控件和 Scrollbar 控件的功能。当文本内容超过窗口的大小时,ScrolledText 会出现滚动条,帮助用户读取完整的文本内容。要使用 ScrolledText 控件需要导入 ScrolledText 模块，导入方式为：from tkinter import scrolledtext。

ScrolledText 类的基本语法格式如下所示。

```
scrolledtext.ScrolledText(master, ** options)
```

相关参数及其含义如下：

（1）master：用于指定本控件的父窗口对象。

（2）options：是对 ScrolledText 控件的各种属性配置选项，这些属性包括文本框的大小、滚动条等。ScrolledText 控件常用的方法和属性如表 9-6 所示。

表 9-6　滚动文本框控件的属性及方法

属性/方法名称	说　　明
width	文本框的宽度
height	文本框的高度
scrollbar	文本框的滚动条
get("1.0",tk.END)	获取文本框中从第一行第一列到最后一行最后一列的内容
insert(tk.INSERT，"text")	将文本插入文本框的当前光标位置
delete("1.0",tk.END)	删除文本框中从第一行第一列到最后一行最后一列的内容

【例 9-4】 多行文本框的创建示例。

```
import tkinter
from tkinter.scrolledtext import ScrolledText
root = tkinter.Tk()
root.geometry('300 × 300 + 100 + 100')
root.title('滚动文本框的实现')
src = tkinter.scrolledtext.ScrolledText(root,width = 20,height = 10)
src.insert(0.0,"评论内容:")              ♯在开始位置插入内容
src.pack()
def getText():
    text = src.get("1.0",tkinter.END)    ♯获取滚动文本框中输入的内容
    tkinter.Label(root,text = text + " 已经被提交").pack()
but = tkinter.Button(root,text = "提交评论",command = getText)
but.pack()
root.mainloop()
```

图 9-7　滚动文本框应用案例

程序的运行结果如图 9-7 所示。单击用户可以在滚动文本框中输入评论内容，单击按钮调用 get()函数来获取文本框中的文本信息，并创建标签显示出来。

9.3.6　任务实现

1. 任务分析

根据任务要求，需要创建两个标签、两个单行文本框以及两个按钮。主要编程思路如下所示。

（1）创建文本标签用户名和密码，并布局。

（2）创建文本框对象，用于获取用户输入的用户名和密码，并布局。

（3）创建按钮对象、编写事件处理函数，并添加到布局中。

2. 编码实现

任务实现代码如下所示。

```python
from tkinter import *
win = Tk()
win.geometry('200×200+100+100')
win.title('登录窗口')
Label(win, text = "用户名", width = 10).pack(anchor = W)
userName = StringVar()
passwd = StringVar()
Entry(win, textvariable = userName, width = 30).pack(anchor = W)
Label(win, text = "密 码", width = 10).pack(anchor = W)
Entry(win, textvariable = passwd, width = 30).pack(anchor = W)
def submit():
    print(userName.get())
    print(passwd.get())
def exit():
    win.destroy()
Button(win, text = "提交", command = submit, width = 30, fg = "blue").pack()
Button(win, text = "退出", command = exit, width = 30, fg = "blue").pack()
win.mainloop()
```

程序运行结果如图 9-8 所示。

图 9-8　简易登录界面的设计

9.4　布局管理方式

视频讲解

任务四：学生信息录入界面的设计与实现

任务描述：

　　创建窗口并在窗口上添加相关的控件，实现学生信息的录入，详细要求如下：

　　（1）创建 3 个文本标签以及 3 个文本框，分别获取学生的"学号""姓名""专业"信息。

　　（2）创建 3 个按钮："提交""取消""清空"。

　　（3）创建一个图片标签。

　　（4）创建一个滚动文本框。

　　（5）实现按钮单击功能。

　　① 单击"提交"按钮，将用户在单行文本框中输入的信息显示到滚动文本框中。

②　单击"清空"按钮，将单行文本框中的已经输入的内容清空。

③　单击"取消"按钮，关闭窗口。

新知准备：

◇　窗口的创建；

◇　控件的创建；

◇　控件的布局管理方式。

9.4.1　顺序布局

Python 定义了 3 种界面布局管理方式，分别是顺序布局、绝对布局与网格布局。

在 Tkinter 框架中，顺序布局一般通过控件调用 pack()函数来实现，按控件的创建顺序在容器区域中排列。

pack()函数的语法格式如下：

```
pack(side, fill, expand, anchor, ** options)
```

pack()函数的主要参数及其含义如下：

（1）side：指定控件相对于其容器的位置。它可以是"top"、"bottom"、"left"、"right"，默认值是"top"。

（2）fill：指定控件如何填充其在容器中的空间。它可以是"x"、"y"、"both"，默认值是None，表示控件不会填充空间。

（3）expand：一个布尔值，指定控件是否应该在容器空间扩大时增长。只有当 fill 设置为"both"时，此属性才有效，默认值是 False。

（4）anchor：指定控件在填充空间时的对齐方式。取值包括"n"、"s"、"e"、"w"、"ne"、"nw"、"se"、"sw"，默认值是 None，表示控件会居中对齐。

图 9-9　pack 布局管理方式

（5）options：用于设置其他 pack()方法的可选属性，这里不做赘述。

【例 9-5】　pack 布局应用案例。创建 4 个不同颜色的标签，实现如图 9-9 所示的布局。

首先需要创建 4 个标签并设置不同的颜色，其中 L1 与 L3 垂直填充，需要设置 fill＝"y"，L2 与 L4 水平填充需要设置 fill＝"x"；就方向而言，需要分别设置 L1、L2、L3、L4 的 side 属性为" left"、" bottom"、"right"、"top"。任务实现代码如下所示。

```
from tkinter import *
win = Tk()
win.title("布局练习")
win.geometry("300 × 200 + 100 + 100")
labelx = Label(win, text = "L1", bg = "red")
labely = Label(win, text = "L2", bg = "yellow")
labelz = Label(win, text = "L3", bg = "blue")
labela = Label(win, text = "L4", bg = "green")
labelx.pack(side = "left", fill = "y")
```

```
labelz.pack(side = "right",fill = "both")
labely.pack(side = "bottom",fill = "x")
labela.pack(side = "top",fill = "x")
win.mainloop()
```

9.4.2 绝对布局

在 Tkinter 框架中,绝对布局一般通过控件调用 place()函数来实现。绝对布局允许精确地控制控件的位置和大小,但是它不支持控件之间的自动布局。

place()函数的语法格式如下:

```
place(x , y , width , height , relwidth , relheight , anchor)
```

place()函数的主要参数及其含义如下。

(1) x:表示 x 方向的坐标。

(2) y:表示 y 方向的坐标。

(3) width:指定控件的宽度,以像素为单位。如果设置了 relwidth,则 width 是一个相对于父容器宽度的比例。

(4) height:指定控件的高度,以像素为单位。如果设置了 relheight,则 height 是一个相对于父容器高度的比例。

(5) relwidth:一个布尔值,指示宽度是否应该相对于父容器的大小进行缩放。如果为 True,则 width 参数指定的宽度会根据父容器的大小进行缩放。

(6) relheight:与 relwidth 类似,指示高度是否应该相对于父容器的大小进行缩放。

(7) anchor:指定控件在给定位置时的对齐方式,其取值与顺序布局中的 anchor 参数一致,默认居中。

【例 9-6】 绝对布局案例。

```
from tkinter import *
win = Tk()
win.title("place 布局练习")
win.geometry("200 × 200 + 100 + 100")
labelx = Label(win,text = "L1",bg = "red")
labely = Label(win,text = "L2",bg = "yellow")
labelz = Label(win,text = "L3",bg = "blue")
labela = Label(win,text = "L4",bg = "green")
labelx.place(x = 10,y = 10)
labely.place(x = 50,y = 50)
labelz.place(x = 50,y = 100)
labela.place(x = 100,y = 10)
win.mainloop()
```

例 9-6 程序的运行结果如图 9-10 所示。

9.4.3 网格布局

在 Tkinter 框架中,网格布局一般通过控件调用 grid()函数实现。

grid()函数的语法格式如下:

```
grid(row, column, sticky, columnspan, rowspan, padx, pady)
```

place()函数的主要参数及其含义如下：

（1）row：指定 Widget 在网格中的行号。

（2）column：指定 Widget 在网格中的列号。

（3）sticky：指定 Widget 应如何适应其网格单元格的大小。取值包括"n"、"s"、"e"、"w"、"ne"、"nw"、"se"、"sw"。

（4）columnspan：指定 Widget 应跨越的列数。

（5）rowspan：指定 Widget 应跨越的行数。

（6）padx：指定 Widget 内部左右填充（x 方向）。

（7）pady：指定 Widget 内部上下填充（y 方向）。

例如，要实现如图 9-11 所示的布局，需要设置姓名标签位于网格布局的 0 行 0 列，设置输入控件位于网格布局的 0 行 1 列，并设置扩多列，任务代码如下所示。

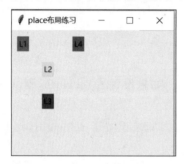 

图 9-10　绝对布局应用案例程序运行结果　　图 9-11　网格布局应用示例

```
label.grid(row = 0, column = 0)
entry.grid(row = 0, column = 1, columnspan = 3)
```

9.4.4　任务实现

1. 任务分析

根据任务要求，页面中的控件较多，为保证界面美观、整齐，整体采用网格 grid 布局。主要编程思路如下所示。

（1）创建文本标签与图像标签，并添加到网格布局中。

（2）创建文本框对象，并添加到网格布局中。

（3）创建按钮对象、编写事件处理函数，并添加到网格布局中。

2. 编码实现

任务实现代码如下所示。

```
import tkinter
from tkinter import *
from tkinter.scrolledtext import ScrolledText
win = tkinter.Tk()
win.title('学生信息录入界面')
win.geometry("800×800+50+10")
win.resizable = True
L1 = Label(win, text = "学生信息录入", font = 'Helvetica - 36 bold', width = 20)
L2 = Label(win, text = "学号:", font = 'song - 20')
L3 = Label(win, text = "姓名:", font = 'song - 20')
```

```
L4 = Label(win, text = "专业:", font = 'song − 20')
L1.grid(row = 0, column = 1)
L2.grid(row = 1, column = 0)
L3.grid(row = 2, column = 0)
L4.grid(row = 3, column = 0)
ph = PhotoImage(file = "图片1.png")
L_ph = Label(image = ph)
L_ph.image = ph
L_ph.grid(row = 0, column = 2, columnspan = 2, rowspan = 5)
t1 = StringVar()
t2 = StringVar()
t3 = StringVar()
e1 = Entry(win, width = 40, font = 'song − 20', textvariable = t1)
e2 = Entry(win, width = 40, font = 'song − 20', textvariable = t2)
e3 = Entry(win, width = 40, font = 'song − 20', textvariable = t3)
e1.grid(row = 1, column = 1)
e2.grid(row = 2, column = 1)
e3.grid(row = 3, column = 1)
def submit():                  #单击"提交"按钮将用户输入在文本框中的内容显示到多行文本框中
    no = t1.get()
    name = t2.get()
    major = t3.get()
    st.insert(END, "学号:{}\n 姓名:{}\n 专业:{}\n\n 您的信息已经被提交"
             .format(no, name, major))
def cancel():                  #单击"取消"按钮销毁窗口
    win.destroy()
def clear():                   #单击"清空"按钮清空文本框
    t1.set("")
    t2.set("")
    t3.set("")
b1 = Button(win, text = "提交", width = 15, command = submit)
b2 = Button(win, text = "取消", width = 15, command = cancel)
b3 = Button(win, text = "清空", width = 15, command = clear)
b1.grid(row = 6, column = 0)
b2.grid(row = 6, column = 1)
b3.grid(row = 6, column = 2)
st = ScrolledText(win, width = 100, height = 15)
st.grid(row = 5, columnspan = 3)
win.mainloop()
```

程序运行结果如图9-12所示。

图9-12　学生信息录入界面的实现

任务五：学生信息管理界面的设计与实现

任务描述：

实现学生信息管理界面的设计，详细要求如下：

（1）创建姓名标签以及单行文本框，实现姓名信息的录入。

（2）创建年级、班级标签，以及下拉框，同时实现年级改变，班级相应发生变化。

（3）创建性别标签以及单选按钮实现性别信息的录入。

（4）创建滚动文本框或者列表框，实现信息的显示。

（5）创建两个按钮，一个显示"添加"，一个显示"删除"。

（6）实现按钮单击功能以及事件处理函数。

① 单击"添加"按钮，将用户输入的姓名、年级、班级、性别等信息显示到滚动文本框或者列表框中。

② 单击"删除"按钮，删除选择的记录。

③ 编写下拉选项改变事件的事件处理函数，当年级发生改变时，修改班级下拉框的内容。

新知准备：

◇ 框架（Frame）与标签框架（LabelFrame）；

◇ 单选按钮（RadioButton）；

◇ 复选框（CheckButton）；

◇ 下拉框（ComboBox）；

◇ 列表框（ListBox）。

9.5　其他控件

Tkinter 提供了丰富的控件来构建图形用户界面。除了标签、按钮、文本框等基础控件外，还有许多其他控件，这些控件可以根据用户的需要进行组合和使用，以创建复杂的用户界面。其中 9.2 节已经介绍了常用控件类的基本原型和常用方法，许多控件类共享相似的结构和功能，因此，对于控件类的原型以及相同的属性与方法，本节将不做赘述。常用的属性及方法直接通过表格的形式进行罗列，同时，读者也可以参考 Tkinter 的官方文档或其他相关资源，以获得更全面和深入的理解。

9.5.1　Frame 控件

Frame 是 Tkinter 中常用的 GUI 控件之一，它为用户提供了一个组织和布局其他 GUI 控件的容器。合理使用 Frame，可以更好地组织用户界面，实现灵活的布局管理，并使界面看起来更加整洁和易于理解。在使用 Frame 时，可以根据实际需求添加、调整和配置内部的 GUI 控件，以满足不同的设计要求。

Frame 可以看作是一个矩形区域，它可以包含其他 GUI 控件，并允许用户对这些控件进行布局和控制，多个 Frame 可以实现界面的分割，将不同的功能或内容分别放置在不同的 Frame 中。另外，还可以通过配置 Frame 的属性和样式，如背景色、边框样式和边框宽度等，来定制化 Frame 的外观。在 Tkinter 中，创建一个 Frame 控件可以使用 Frame 类。Frame 对象常用的属性如表 9-7 所示。

表 9-7 Frame 框架的相关参数以及属性

属 性 选 项	说 明
background/bg	设置 Frame 控件的背景颜色
borderwidth/bd	指定 Frame 的边框宽度,默认值为 2 像素
colormap	指定用于该控件以及其子控件的颜色映射,默认情况下,Frame 使用与其父控件相同的颜色映射。注意:一旦创建 Frame 控件实例,就无法修改这个选项的值
container	该选项如果为 True,意味着该窗口将被用作容器,一些其他应用程序将被嵌入,默认值是 False
width	设置 Frame 的宽度,默认值是 0
highlightbackground	指定当 Frame 没有获得焦点时高亮边框的颜色,默认值由系统指定,通常是标准背景颜色
highlightcolor	指定当 Frame 获得焦点时高亮边框的颜色,默认值由系统指定
highlightthickness	指定高亮边框的宽度,默认值是 0(不带高亮边框)
padx	水平方向上的边距
pady	垂直方向上的边距
relief	指定边框样式,可选的有 flat、sunken、raised、groove、ridge。默认为 flat
takefocus	指定该控件是否接受输入焦点(用户可以通过 Tab 键将焦点转移上来),默认值是 False

【例 9-7】 框架应用示例。在窗口上创建框架并在框架对象上创建标签控件。

```
from tkinter import *
win = Tk()
win.geometry('300×200')
win.title('Frame框架应用示例')
#创建框架1,并在框架中内添加控件
frame1 = Frame(win, bg = "yellow", width = 100, height = 50)
frame1.pack(fill = "both", expand = True)
Label(frame1, text = "我是框架1中的成员").pack()
#创建框架2,并在框架中内添加控件
frame2 = Frame(win, bg = "blue", width = 100, height = 50)
frame2.pack(fill = "both", expand = True)
Label(frame2, text = "我是框架2中的成员").pack()
win.mainloop()
```

Frame 框架 1 如图 9-13 所示。

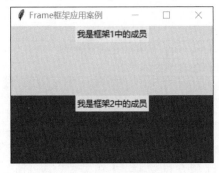

图 9-13 Frame 框架 1

为了提高代码的复用率,在开发过程中,往往通过定义子类使其继承自 Frame 类的方式进行模块的设计与实现,代码改进版本如下:

```
from tkinter import *
#定义 一个类,让其继承自 Frame
class Application(Frame):
    def __init__(self,master,bg,content):              #定义构造方法
        super().__init__(master)
        self.master = master
        self.content = content
        self.bg = bg
        self.config(bg = self.bg, width = 100, height = 50)
        self.pack(fill = "both", expand = True)
        self.createWidget()
    def createWidget(self):                             #编写实例方法,在框架上创建控件
        Label(self,text = self.content).pack()
if __name__ == "__main__":
    win = Tk()
    win.title("框架的使用")
    win.geometry("300×200")
    Application(win,"red","我是框架 1 中的成员")
    Application(win,"blue","我是框架 2 中的成员")
    win.mainloop()
```

9.5.2　单选按钮与复选框

单选按钮与复选框都是用来表示多种"选择"的控件。单选按钮仅允许用户选择单一的选项值,各个选项值之间是互斥的关系,因此只有一个选项可以被用户选择。在 Tkinter 中,可以使用 Radiobutton 类来创建单选按钮。

复选框通常都是成组出现的,允许用户从多个选项中选择多个选项。在 Tkinter 中,可以使用 Checkbutton 类来创建复选框对象。

无论是单选按钮还是复选框,其每一个选项都有两种状态：选中（ON）、未选中（OFF）,其属性和方法也都类似。表 9-8 给出了单选按钮与复选框常用的属性及方法。

表 9-8　单选按钮与复选框常用的属性及方法

属性/方法	说　　明
command	用户选择改变按钮状态,调用相应的方法
text	按钮上的文字内容
variable	控件状态变量,值为 1 时,表示被选中；值为 0 时,表示没选中控件被选中
onvalue	状态变量值为 1
offvalue	状态变量值为 0
state	是否可选,当 state= 'disabled'时,该选项为灰色,不能选择
deselect()	取消该按钮的选中状态
flash()	刷新 Radiobutton 控件,该方法将重绘 Radiobutton 控件若干次（即在 "active" 和 "normal"状态间切换）
select()	将 Radiobutton 控件设置为选中状态

在使用单选按钮和复选框时,通常会使用一个共同的变量来管理选择。这个变量可以是 StringVar 或 IntVar,用于跟踪用户的选择,并在需要时进行读取。因此,在创建单选按钮 Radiobutton 或复选框 Checkbutton 时,要先声明一个选择状态变量,如 chVarDis = tk.IntVar()。该变量记录单选按钮或复选框是否被勾选的状态,可以通过 chVarDis.get()获取其状态,其状态值为 int 类型,勾选为 1,未勾选为 0。

另外,复选框 Checkbutton 对象的 select()方法表示勾选,deselect()方法表示不勾选。

单选按钮的创建示例如例 9-8 所示,首先定义类 Application 使其继承自 Frame,同时增加新的类属性 num 用于记录实例的个数,类属性 mark 用于设置单选按钮各个选项的标识。在构造函数__init__的定义中,增加成员属性 tit 用于表示选择题的题目(作为标签的文本内容),opts 用于表示选项的内容,txt 初始化为 StringVar 对象用于跟踪/设置文本框中显示的内容(文本框用于显示用户选择的答案),radVar 初始化 IntVar()对象用于跟踪单选选项的变化。

定义实例方法 createWidget()用于在框架内容创建各种控件,当选项的状态改变时调用radCall()函数设置文本框显示用户选择的答案。

【例 9-8】 单选按钮应用示例。

```python
from tkinter import *
#定义 一个类,让其继承自 Frame
class Application(Frame):
    num = 0
    mark = "ABCDEFG"
    def __init__(self,master,tit,opts,txt = None,radVar = None):    #定义构造方法
        super().__init__(master)
        Application.num += 1
        self.master = master
        self.tit = tit
        self.txt = StringVar()
        self.radVar  = IntVar()
        self.opts = opts
        self.grid(row = self.num)
        self.createWidget()
    def radCall(self):
        self.txt.set(self.mark[self.radVar.get()])          #设置用户选择的答案
    def createWidget(self):
        Label(self,text = "{}. {:30}".format(self.num,self.tit),font = ('宋体','16'),fg = 'red').grid
(row = 0,column = 0,columnspan = 4,sticky = NW)
        self.txt.set("答案:")
        ans = Entry(self,textvariable = self.txt,width = 15,font = ('华文新魏','16'))
                        .grid(row = 0,column = 4,columnspan = 2)    #做个文本框显示用户选择
                                                                    #的答案


        for col in range(len(self.opts)):
            curRad = Radiobutton(self,text = f"{self.mark[col]}、{self.opts[col]}", variable
= self.radVar, value = col, command = self.radCall)
            curRad.grid(column = 0, row = col + 1, sticky = W)
if __name__ == "__main__":
    win = Tk()
    win.title("单选题的创建")
    win.geometry("300×200")
    Application(win,f"你掌握最熟练的编程语言是什么?",["网络爬虫", "数据分析", "软件开发",
"自动化运维"])
    Application(win,"在 Python 中以下哪个关键字用于声明函数?",["def", "define", "class",
"function"])
    win.mainloop()
```

程序运行效果如图 9-14 所示。

复选框的应用示例如例 9-9 所示,运行效果如图 9-15 所示。其编程思路与单选按钮的创建类似,在这里不做赘述。

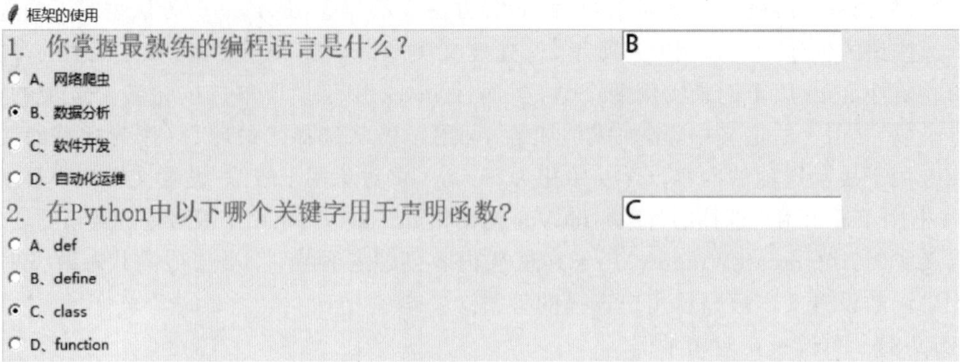

◆ 框架的使用

1. 你掌握最熟练的编程语言是什么？   B
   ○ A、网络爬虫
   ◉ B、数据分析
   ○ C、软件开发
   ○ D、自动化运维

2. 在Python中以下哪个关键字用于声明函数？   C
   ○ A、def
   ○ B、define
   ◉ C、class
   ○ D、function

图 9-14　单选按钮应用示例效果

【例 9-9】　复选框应用示例。

```
from tkinter import *
class Application(Frame):                          ＃定义一个类,让其继承自 Frame
    num = 0                                        ＃记录题号
    mark = "ABCDEFG"                               ＃选项的标号
    def __init__(self,master,tit,opts,txt = None,vars_list = None):        ＃定义构造方法
        super().__init__(master)
        Application.num += 1
        self.master = master
        self.tit = tit
        self.txt = StringVar()
        self.vars_list = []            ＃先定义为列表,后面再添加 IntVar()对象
        self.opts = opts
        self.grid(row = self.num)
        self.createWidget()
    def radCall(self):
        result = ""
        for i in range(len(self.vars_list)):
            if self.vars_list[i].get():
                result += self.mark[i]
        self.txt.set(result)
    def createWidget(self):
        Label(self,text = "{}. {:30}".format(self.num,self.tit),font = ('宋体','16'),fg = 'red')
.grid(row = 0,column = 0,columnspan = 4,sticky = NW)
        self.txt.set("答案:")
        ans = Entry(self,textvariable = self.txt,width = 15,font = ('华文新魏','16')).grid(row =
0,column = 4,columnspan = 2)        ＃做个文本框显示用户选择的答案

        for col in range(len(self.opts)):
            self.vars_list.append(IntVar())
            curRad = Checkbutton(self,text = f"{self.mark[col]}、{self.opts[col]}",
                                variable = self.vars_list[col], command = self.radCall)
            curRad.grid(column = 0, row = col + 1, sticky = W)
if __name__ == "__main__":
    win = Tk()
    win.title("多选题的创建")
    win.geometry("300×200")
    Application(win,"请选择中国的四大发明",["造纸术","印刷术","指南针","火药","地动仪"])
    Application(win,"请选择中国的文房四宝",["笔","墨","纸","砚","书"])
    Application(win,"请选择中国四大名园林",["拙政园","颐和园","避暑山庄","留园"])
    win.mainloop()
```

程序运行效果如图 9-15 所示。

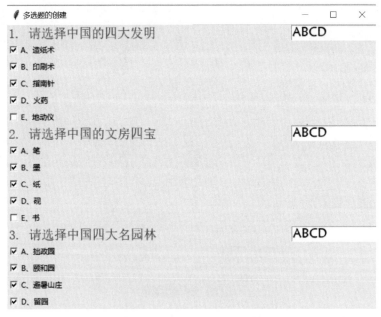

图 9-15 复选框应用示例效果

9.5.3 下拉列表

下拉列表是常用的一种选值控件,它允许用户从一组预定义的选项中选择一个值。下拉列表结合了文本框和选项菜单的功能,当用户单击下拉箭头时,会显示一个包含可用选项的菜单供用户选择。在 Tkinter 中,通过 Combobox 类来创建一个下拉列表对象。

使用下拉列表时要先声明一个取值变量:number=tkinter. StringVar()。该变量记录在下拉列表中预设的值中所选取的字符值,在下拉列表中所预设的值为一个元组。在创建下拉列表对象时,常用的参数如表 9-9 所示。

表 9-9 创建下拉列表对象时常用参数及其含义

参 数	含 义
textvariable	可以设置 Combobox 的变量值
value	Combobox 的选项内容以元组方式存在
postcommand	设置下拉选项改变时所调用的函数

【例 9-10】 下拉列表的创建示例。

```
from tkinter import *
from tkinter import ttk
#定义一个类,让其继承自 Frame
class Application(Frame):
    def __init__(self,master,value,result = None):          #定义构造方法
        super().__init__(master)
        self.master = master
        self.value = value
        self.result = StringVar()
        self.grid(row = 0)
        self.createWidget()
    def createWidget(self):
```

```
        Label(self, text = "二级学院:").grid(row = 0, column = 0)
        cb = ttk. Combobox(self, value = self. value, textvariable = self. result, postcommand =
self.getResult)
        cb.grid(row = 0, column = 1)
        cb.current(0)
    def getResult(self):
        print(self. result.get())
if __name__ == "__main__":
    win = Tk()
    win. title("Combobox 应用示例")
    win. geometry("300 × 200")
    Application(win, ("信息与软件学院", "机电学院", "人工智能学院", "医学院", "商学院"))
    win. mainloop()
```

程序运行效果如图 9-16 所示。

图 9-16　下拉列表应用示例效果

9.5.4　列表框

列表框通常被用于显示一组文本选项,用户可以在列表框中上下滚动查看所有的选项,并且可以选择一个或多个选项。列表框广泛应用于需要显示和选择多个项目的场景,如联系人列表、音乐播放列表等。在 Tkinter 中,通过 Listbox 类来创建一个列表框对象。

注意: 直接创建的 Listbox 控件是空的,若添加文本则可以调用 insert() 函数,该函数有两个参数:第一个参数是插入的索引号,第二个参数是插入的字符串。索引号通常是项目的序号,从 0 开始。若要删除某一行数据,则需要首先调用 curselection() 函数获取被选中的行号,然后调用 delete() 函数进行删除即可。表 9-10 给出了列表框常用的方法及说明。

表 9-10　Listbox 的常用方法及说明

方　　法	说　　明
activate(index)	用于选择指定索引处的行
curselection()	返回一个元组,其中包含所选元素的行号,从 0 开始计数。如果未选择任何元素,则返回一个空元组
delete(first, last=None)	用于删除给定范围内的行
get(first, last=None)	用于获取给定范围内存在的列表项
index(i)	用于将具有指定索引的行放在窗口小部件的顶部
insert(index, * elements)	用于在指定索引之前插入具有指定数量元素的新行
nearest(y)	返回列表框小部件的 y 坐标的最近一行的索引
see(index)	用于调整列表框的位置,使索引指定的行可见
size()	返回 Listbox 小部件中存在的行数

续表

方　　法	说　　明
xview()/yview()	用于使小部件可水平/垂直滚动
xview_moveto(fraction)/view_moveto(fraction)	用于使列表框可以按列表框中存在的最长行的宽度的一小部分水平、垂直滚动
xview_scroll(number,what)/yview_scroll (number,what)	用于使列表框可以按指定的字符数水平/垂直滚动

【例9-11】 ListBox的使用。

```
from tkinter import *
win = Tk()
win.geometry("200×200")
num = 1
Button(win,text = "添加一条记录",command = addInfo).pack()
Button(win,text = "删除一条记录",command = deleInfo).pack()
lb = Listbox(win,width = 100,height = 100)
lb.pack()
def addInfo():
    global num
    info = "第{}条记录".format(num)
    lb.insert(0,info)
    num += 1
def deleInfo():
    global lb
    selected = lb.curselection()
    if selected:
        lb.delete(selected[0])
    else:
        print("您没有选择任何记录")
win.mainloop()
```

例9-11中创建了一个列表框、两个按键,当单击"添加一条记录"时,向列表框中插入一条文本信息,当单击"删除一条记录"时,首先判断用户是否有选中记录,若有则删除相关信息,若没有则打印出提示信息。程序运行结果如图9-17所示。

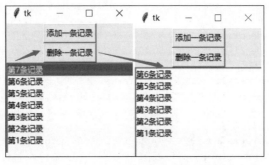

图9-17　列表框增加与删除记录

9.5.5　任务实现

1. 任务分析

根据任务要求,同时考虑代码的复用性,本程序采用面向对象的思想进行编程,将页面相关的控件以及函数定义到类中，通过创建窗口，在窗口中实例化自定义类，来实现学生管理界面。主要编程思路如下所示。

（1）自定义类 Application 使其继承自 Frame。

（2）将学生的年级以及每个年级对应的班级存放在字典中，并且定义为类变量。

（3）定义构造方法，在构造方法中创建各个控件，并进行布局。

（4）定义实例方法，本次任务需要定义至少3个实例方法：当用户单击"添加"按钮时的事件处理函数；当用户单击"删除"按钮时的事件处理函数；当<< ComboboxSelected >>事件发生时的事件处理函数。

（5）在主程序中，创建窗口，添加框架，进入事件主循环。

2. 编码实现

任务实现代码如下所示。

```python
import tkinter
import tkinter.messagebox
import tkinter.ttk
from tkinter import *
class Application(Frame):
    studentClasses = {'1': ['1 班', '2 班', '3 班', '4 班'], '2': ['1 班', '2 班', '3 班', '4 班'], '3':
['1 班', '2 班', '3 班']}
    def __init__(self,master):                #定义构造方法
        super().__init__(master)
        self.master = master

        labelName = tkinter.Label(self, text = '姓名:', justify = tkinter.RIGHT, width = 50)
        labelName.place(x = 10, y = 5, width = 50, height = 20)
        #单行文本框
        self.varName = tkinter.StringVar(value = '')
        entryName = tkinter.Entry(self, width = 170, textvariable = self.varName)
        entryName.place(x = 70, y = 5, width = 170, height = 20)
        #年级标签与下拉框
        labelGrade = tkinter.Label(self, text = '年级:', justify = tkinter.RIGHT, width = 50)
        labelGrade.place(x = 10, y = 40, width = 50, height = 20)
        self.comboGrade = tkinter.ttk.Combobox(self, values = tuple(self.studentClasses
.keys()), width = 50)
        self.comboGrade.place(x = 70, y = 40, width = 50, height = 20)
        self.comboGrade.bind('<< ComboboxSelected >>', self.comboChange)
        #班级标签与下拉框
        self.labelClass = tkinter.Label(self, text = '班级:', justify = tkinter.RIGHT,width = 50)
        self.labelClass.place(x = 130, y = 40, width = 50, height = 20)
        self.comboClass = tkinter.ttk.Combobox(self, width = 50)
        #性别标签与单选按钮
        self.comboClass.place(x = 190, y = 40, width = 50, height = 20)
        labelSex = tkinter.Label(self, text = '性别:', justify = tkinter .RIGHT, width = 50)
        labelSex.place(x = 10, y = 70, width = 50, height = 20)
        self.sex = tkinter.IntVar(value = 1)              #与性别关联的变量,1:男;0:女,默认为男
        radioMan = tkinter.Radiobutton(self, variable = self.sex, value = 1, text = '男')
        radioMan.place(x = 70, y = 70, width = 50, height = 20)
        radioWoman = tkinter. Radiobutton(self, variable = self.sex, value = 0, text = '女')
        radioWoman.place(x = 130, y = 70, width = 70, height = 20)
        buttonAdd = tkinter. Button(self, text = '添加', width = 100, fg = 'blue', command =
self.addInformation)
```

```
        buttonDelete = tkinter.Button(self, text = '删除', width = 100, command =
self.deleteSelection, fg = 'red')
        buttonAdd.place(x = 30, y = 100, width = 100, height = 20)
        buttonDelete.place(x = 150, y = 100, width = 100, height = 20)
        #列表框用于显示信息,
        self.listboxStudents = tkinter.Listbox(self, width = 350)
        self.listboxStudents.place(x = 10, y = 130, width = 300, height = 200)
        self.place(x = 0, y = 0, width = 300, height = 400)          #框架布局
    #事件处理函数(年级变化,班级变化)
    def comboChange(self, event):
        print("hello")
        grade = self.comboGrade.get()
        print(grade)
        if grade:
            self.comboClass["values"] = self.studentClasses.get(grade)
            print("变化")
        else:
            self.comboClass.set([])
    #绑定事件处理函数
    def addInformation(self):
        result = '姓名:' + self.varName.get()
        result = result + ';性别:' + ('男' if self.sex.get() else '女')
        result = result + ';年级:' + self.comboGrade.get()
        result = result + ';班级:' + self.comboClass.get()
        self.listboxStudents.insert(0, result)
    def deleteSelection(self):
        selection = self.listboxStudents.curselection()
        if not selection:
            tkinter.messagebox.showinfo(title = '提示', message = "您没有选择记录!")
        else:
            self.listboxStudents.delete(selection[0])
if __name__ == "__main__":
    win = Tk()
    win.title("学生信息管理")
    win.geometry("400×400")
    Application(win)
    win.mainloop()
```

程序运行结果如图 9-18 所示,录入相关信息后,单击"添加"按钮,信息显示到列表框中。

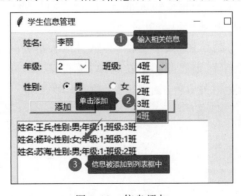

图 9-18　信息添加

当用户选中某条记录,并单击"删除"按钮时,该条记录被删除。若用户没有进行任何选择,直接单击"删除"按钮时,弹出消息框,提示用户,选中要删除的记录,如图 9-19 所示。

图 9-19　未选择记录直接单击"删除"

任务六：简易记事本界面的设计与实现

任务描述：

　　任何一个应用程序,都需要通过各种命令来达成某项功能,而这些命令大多数是通过程序的菜单来实现的,如常用到的记事本的菜单。请参照记事本的界面,编写程序实现相关菜单界面。

新知准备：

　　◇ 菜单的结构；

　　◇ 菜单创建的一般步骤。

视频讲解

9.6　菜单

9.6.1　认识菜单

　　菜单是图形用户界面中的一个重要组成部分,它允许用户通过选择不同的菜单项来执行各种操作。首先,以记事本为例来认识菜单。如图 9-20 所示,在记事本的最上方为标题栏,显示"文件名称",标题栏下面为菜单栏,其中文件、编辑、格式、帮助为菜单,可以称为"文件菜单""编辑菜单"等,单击"文件菜单",则展开其下拉菜单,下拉菜单中的"新建""新窗口""打开"等称为菜单项,单击菜单项触发相关事件,调用函数,执行相关功能。

9.6.2　菜单的实现步骤

　　在 Tkinter 中,Menu 控件是 tkinter.Menu 类的实例,它可以嵌入窗口中,如 Tkinter 的主窗口或对话框中。

　　现假设已经完成了主窗口的创建,主窗口对象为 win,Tkinter 菜单实现的主要步骤总结如下。

　　(1) 创建菜单栏对象,并指定其窗口容器。

　　例如,menubar=Menu(窗口容器)。

菜单　　　　　　标题栏　　　　　　菜单栏

（2）把菜单栏放

例如，窗口容器

（3）在菜单栏

例如，菜单名

（4）为菜单

例如，menu　　　　　　　　　　　　　　　menu＝菜单名称）。

（5）在菜单

例如，菜单　　　　　　　　　　　　名称"，command＝功能函数名）。

在 Tkint　　　　　　　　　　　放置常规的窗口部件（如按钮、标签等）是不同的。通常　　　　　　　　　　局管理器如 pack()、grid() 或 place() 来放置它们在窗　　　　　　　　　　的部件，它通常位于窗口的最上方，并且是窗口的一个　　　　　　　　　　动或重新排列的部件。在 Tkinter 中，菜单栏被设计　　　　　　　　　　个独立的、可以在窗口中自由布局的部件。因此，为了　　　　　　　　　　config() 函数，实现将菜单栏关联到主窗口中。

9.6.3

1.

要实现记　　　　　　　　　口并在窗口上创建菜单栏。主要编程思路如下所示。

（1）创建顶层窗口。

（2）创建滚动文本框对象。

（3）创建菜单栏。

（4）创建菜单。

（5）创建菜单项。

2. 编码实现

任务实现代码如下所示。

```
from tkinter import *
from tkinter.scrolledtext import ScrolledText
```

```python
class MenuDemo:
    win = Tk()
    win.title("简易记事本界面的实现")
    win.geometry("900×900")
    L = ScrolledText(win, width = 850, height = 850, bg = "pink", font = ("宋体", 20))
    L.pack()
    filename = ""
    menubar = Menu(win)
    def __init__(self):
        self.win.config(menu = self.menubar)
        fileMenu = Menu(self.menubar, tearoff = 0)
        self.menubar.add_cascade(label = "文件(F)", menu = fileMenu)
        editMenu = Menu(self.menubar, tearoff = 0)
        self.menubar.add_cascade(label = "编辑(E)", menu = editMenu)
        formatMenu = Menu(self.menubar, tearoff = 0)
        self.menubar.add_cascade(label = "格式(O)", menu = formatMenu)
        viewMenu = Menu(self.menubar, tearoff = 0)
        self.menubar.add_cascade(label = "视图(V)", menu = viewMenu)
        helpMenu = Menu(self.menubar, tearoff = 0)
        self.menubar.add_cascade(label = "帮助(H)", menu = helpMenu)
        #新建、打开、保存、另存为、退出 菜单项添加到文件菜单
        fileMenu.add_command(label = "新建(N) Ctrl + N", command = self.newfile)
                                                    #当该菜单项被单击去调用函数
        fileMenu.add_command(label = "打开(O) Ctrl + O", command = self.openfile)
        fileMenu.add_command(label = "保存(S) Ctrl + S", command = self.savefile)
        fileMenu.add_command(label = "另存为(A) Ctrl + Shift + S", command = self.saveasfile)
        fileMenu.add_command(label = "退出(X)", command = self.exitfile)
        self.win.mainloop()
    def newfile(self):
        pass
    def openfile(self):
        pass
    def savefile(self):
        pass
    def saveasfile(self):
        pass
    def exitfile(self):
        pass
if __name__ == "__main__":
    MenuDemo()
```

程序运行结果如图 9-21 所示，本任务只是实现了菜单栏的界面设计，相关菜单项的功能暂时用空函数来表示，在任务七中将完善函数，实现相关功能。

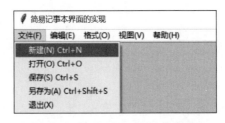

图 9-21　简易记事本界面的实现

任务七：简易记事本部分功能的实现

任务描述：

　　在任务五中已经实现了菜单栏、菜单以及菜单项的创建,但是菜单项的功能还未实现,请编写程序实现记事本的新建、打开、保存、另存为、退出等功能。

新知准备：

　　◇　消息框;

　　◇　对话框。

9.7　消息框与对话框

9.7.1　消息框

　　消息框是一种程序向用户显示信息的方式。消息对话框主要起到信息提示、警告、说明、询问等作用,通常配合"事件函数"一起使用。例如,执行某个操作出现了错误,然后弹出错误消息提示框。通过使用消息对话框可以提升用户的交互体验,也使得 GUI 程序更加人性化。Tkinter 的 Messagebox 模块提供了多种消息框,主要分两种:无返回值的消息框与有返回值的消息框。

　　无返回值的消息对话框主要作用就是弹出消息,提示用户,用户看完消息后单击"确定"按钮关闭即可,常用的有提示框、警告框、错误框,可以分别调用 Messagebox 模块中的 showinfo()函数、showwarning()函数、showerror()函数来实现,另外可以设置消息框的标题与提示内容,如表 9-11 所示。

表 9-11　无返回值的消息框

消息框名称	函　　数	实 现 效 果	常 用 参 数
提示框	showinfo()		
警告框	showwarning()		title:消息框的标题。message:消息框显示的提示内容
错误框	showerror()		

有返回值的消息框，除了提示信息，还包括"确定""取消""重试""是""否"等按钮，用户单击相应按钮后，将用户的选择结果返回。常见的有返回值的消息框相关函数以及效果如表 9-12 所示。

表 9-12　有返回值的消息框

消息框名称	函 数	实 现 效 果	常 用 参 数
"是/否"对话框	askquestion()		
"重试/取消"对话框	askretrycancel()		title：消息框的标题。message：消息框显示的提示内容
"是/否/取消"对话框	askyesnocancel()		

【例 9-12】　消息框的使用。

```python
from tkinter import *
from tkinter.messagebox import *
win = Tk()
win.geometry("200×200")
def getans():
    ans = askquestion("询问框","您确定要执行此操作吗?")
    if ans == "yes":
        print("用户选择了 yes,请继续编代码实现相关操作")
    if ans == "no":
        print("用户选择了 no,请继续编代码实现相关操作")
Button(win,text = "弹出消息框",command = lambda :showinfo("消息框","欢迎使用 XX 系统")).pack()
Button(win,text = "弹出警告框",command = lambda :showwarning("警告框","请注意遵守相关法律法规")).pack()
Button(win,text = "弹出错误框",command = lambda :showerror("错误框","发生了致命错误请处理")).pack()
Button(win,text = "弹出询问框",command = lambda :askquestion("询问框","您确定要执行此操作吗?")).pack()
Button(win,text = "弹出询问框,并判断用户选择",command = getans).pack()
win.mainloop()
```

　　在例 9-12 中创建了若干个按钮，当单击按钮时，弹出对应的消息框，如图 9-22 所示。其中，当单击最后一个按钮时弹出消息框，并监听用户选择，根据函数返回的用户选择，进行下一步操作。

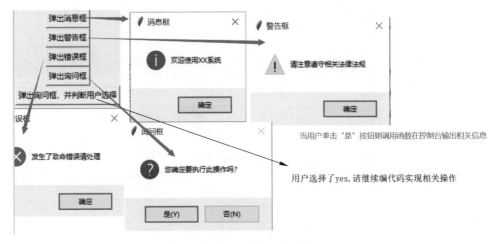

图 9-22 消息框的使用

9.7.2 对话框

Tkinter 中提供的对话框一般有输入对话框、文件选择对话框、颜色选择对话框。

1. 输入对话框

输入对话框用以接收用户的简单输入,并返回用户的输入内容,位于 Tkinter 的 Simpledialog 包中,相关函数及说明如表 9-13 所示。

表 9-13　输入对话框相关方法

方　法	说　明	常用参数
askstring()	接收字符串	title:指定对话框标题栏文本。prompt:指定提示信息
askinteger()	接收字符串、整数	
askfloat()	接收浮点数	

如例 9-13 所示,可以通过输入对话框获取用户的输入信息,并将信息返回,根据用户输入的信息进行下一步的操作。

【例 9-13】 输入对话框的使用。

```python
from tkinter import *
from tkinter.simpledialog import *
win = Tk()
sys_passwd = "123456"
def getPasswd():
    global sys_passwd
    passwd = askstring("解锁","请输入锁屏密码")
    if passwd == sys_passwd:
        showinfo(" ","解锁成功!")
    else:
        showinfo(" ","解锁失败!")
win.geometry("200 × 200")
Button(win,text = '解锁',command = getPasswd).pack()
win.mainloop()
```

执行例 9-13 的程序,其效果如图 9-23 所示,用户单击"解锁"按钮,调用 getPasswd()函数,该函数的作用主要为:弹出输入对话框,返回用户输入,核对用户输入的密码是否与系统预设密码一致，若一致则弹出消息框提示"解锁成功！"，若不一致则弹出消息框"解锁失败！"。

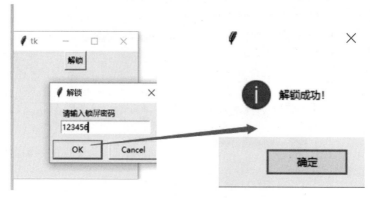

图 9-23　输入对话框的使用

2. 文件选择对话框

在程序运行过程中，当需要手动选择文件或手动选择文件存储路径时，就需要用到 Tkinter 库中 Filedialog 模块所提供的函数。该模块提供了一个简单的对话框界面，用于让用户选择要打开或保存的文件或者目录。文件选择对话框主要函数及其说明如表 9-14 所示。

表 9-14　文件对话框主要函数介绍

方　法	说　明	常 用 参 数
askopenfilename()	打开文件对话框，用于选择一个文件，返回文件路径，类型为字符串	title：指定文件对话框的标题栏文本。defaultextension：指定文件的后缀。例如，defaultextension='.jpg'，允许使用"＊"通配符。filetypes：指定筛选文件类型的下拉菜单选项，该选项的值是由二元组构成的列表，每个二元组由（类型名，后缀）构成。例如，filetypes＝[('文本', '.txt'), ('栅格', '.tif'), ('动图', '.gif')]。initialdir：指定打开保存文件的默认路径，默认路径是当前文件夹
askopenfilenames()	打开文件对话框，用于选择多个文件，返回一个元组，包括所有选择文件的路径	
asksaveasfilename()	保存文件对话框，用于选择文件的保存路径和文件名	
askdirectory()	选择目录对话框，用于选择一个目录，返回目录路径	

【例 9-14】　文件对话框的使用。

```python
from tkinter import *
from tkinter.messagebox import *
from tkinter.filedialog import *
win = Tk()
win.geometry("200×200")
def openfile():
    filename = askopenfilename()
    print(filename)
    with open(filename, "r", encoding = "utf-8") as fd:
        print(fd.read())
def savefile():
    savafilename = asksaveasfilename()
    print("您选择的要保存的文件路径为", savafilename)
Button(win, text = "打开文件对话框", command = openfile).pack()
Button(win, text = "保存文件对话框", command = savefile).pack()
win.mainloop()
```

在例 9-14 的程序中，创建了两个按钮，单击第一个按钮，调用 openfile() 函数，该函数的主要功能为：调用 askopenfilename() 函数弹出文件打开对话框，返回用户选择的要打开的文件的完整路径，然后调用 open() 函数打开、读取并输出文件的内容，其效果如图 9-24 所示。

图 9-24　文件打开对话框

单击第二个按钮，调用 savefile() 函数，该函数的功能是调用 asksaveasfilename() 函数获取用户要保存的文件名，其效果如图 9-25 所示。

图 9-25　文件保存对话框

3. 颜色选择对话框

在文本编辑器应用程序中，为了让用户能够设置文本或背景的颜色，通常会使用"颜色"对话框。可以调用 tkinter. colorchooser 子模块中的 askcolor() 函数，弹出一个"颜色"对话框，供用户进行颜色选择。用户完成颜色选择后，askcolor() 函数会返回一个包含所选颜色值的二元组，该二元组的第一个元素是 RGB 颜色值，第二个元素是对应的十六进制颜色值。如例 9-15 所示，单击"改变颜色"按钮会弹出"颜色"对话框，用户选择颜色后，按钮的字体颜色将根据所选颜色发生改变。

【例 9-15】　"颜色"对话框的使用。

```
import tkinter
from tkinter.colorchooser import *
win = Tk()
```

```
win.geometry("200×200")
def changeColor():
    global button
    color = askcolor()
    print(color)
    button.config(fg = color[1])
button = Button(win, text = "改变颜色", command = changeColor)
button.pack()
win.mainloop()
```

实现效果如图 9-26 所示。

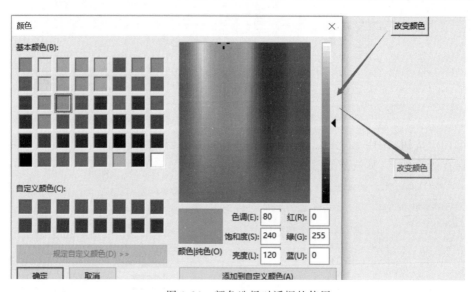

图 9-26　颜色选择对话框的使用

9.7.3　任务实现

1. 任务分析

在任务六中已经实现了记事本的界面设计，本节将完成相关功能的实现，编码思路如下。

（1）实现"打开"功能。

当用户单击"打开"开菜单项时，弹出文件打开对话框，用户选择要打开的文档，返回文件的完整路径，然后进行文件 IO 操作，将读取的文件显示到滚动文本框即可。

（2）实现"另存为"功能。

当用户单击"另存为"菜单项时，弹出文件保存对话框，用户选择要保存的文件路径及名称，然后根据返回的路径，进行文件 IO 操作，将滚动文本框中的内容写入文件中。

（3）实现"保存"功能。

当用户单击"保存"菜单项时，首先判断当前文件的文件名是否为空，若为空应先调用"另存为"函数；若文件名不为空，则直接将滚动文本框中的内容写入文件中。

（4）实现"新建"功能。

当用户单击"新建"菜单项时，首先需要保存当前文件的内容，然后清空滚动文本框，将新文件的标题设置为空。

（5）实现"退出"功能。

当用户单击"退出"菜单项时，关闭窗口，退出程序。

2. 任务实现

任务实现代码如下所示。

```python
from tkinter import *
from tkinter.scrolledtext import ScrolledText
class MenuDemo:
    win = Tk()
    win.title("简易记事本界面的实现")
    win.geometry("900×900")
    L = ScrolledText(win, width = 850, height = 850, bg = "pink", font = ("宋体", 20))
    L.pack()
    filename = ""
    menubar = Menu(win)
    def __init__(self):
        self.win.config(menu = menubar)
        fileMenu = Menu(self.menubar, tearoff = 0)
        self.menubar.add_cascade(label = "文件(F)", menu = fileMenu)
        editMenu = Menu(self.menubar, tearoff = 0)
        self.menubar.add_cascade(label = "编辑(E)", menu = editMenu)
        formatMenu = Menu(self.menubar, tearoff = 0)
        self.menubar.add_cascade(label = "格式(O)", menu = formatMenu)
        viewMenu = Menu(self.menubar, tearoff = 0)
        self.menubar.add_cascade(label = "视图(V)", menu = viewMenu)
        helpMenu = Menu(self.menubar, tearoff = 0)
        self.menubar.add_cascade(label = "帮助(H)", menu = helpMenu)
        #新建、打开、保存、另存为、退出 菜单项添加到文件菜单
        fileMenu.add_command(label = "新建(N) Ctrl + N", command = self.newfile)
                                            #当该菜单项被单击去调用函数
        fileMenu.add_command(label = "打开(O) Ctrl + O", command = self.openfile)
        fileMenu.add_command(label = "保存(S) Ctrl + S", command = self.savefile)
        fileMenu.add_command(label = "另存为(A) Ctrl + Shift + S", command = self.saveasfile)
        fileMenu.add_command(label = "退出(X)", command = self.exitfile)
        self.win.mainloop()
    def newfile(self):
    #1.把文本框当前内容保存
    #2.文本框清空
    #3.将 filename 置空
        self.savefile()
        self.L.delete("1.0", END)
        self.filename = ""
    def openfile(self):
        #1.弹出对话框选择要打开的文件
        #2.读文件
        #3.把读到的文件显示在滚动文本框中
        self.filename = askopenfilename()
        with open(self.filename, "r") as fd:
            text = fd.read()
        self.L.insert("0.0", text)
    def savefile(self):
        #1.判断 filename 是否为空，若为空说明这个文件还没有名字，那么调用 saveasfile()
        #2.不为空，则将文本框内容进行保存
        if not self.filename:
```

```
                    self.saveasfile()
              else:
                    with open(self.filename,"w") as fd:
                        fd.write(self.L.get("1.0",END))
         def saveasfile(self):
             #1.打开保存文件对话框,获取用户要另存为的路径以及文件名
             #2.用新返回的文件名,新建一个文档,打开,将滚动文本框中的内容写入文件中
             newfilename = asksaveasfilename(title = "另存为")
             with open(newfilename,"w") as fd:
                 fd.write(self.L.get("1.0",END))
             self.filename = newfilename
         def exitfile(self):
             self.win.destroy()
if __name__ == "__main__":
    MenuDemo()
```

程序运行结果与记事本的效果类似,这里不做赘述。

任务八：简易记事本快捷键功能的实现

任务描述：

　　快捷键,又叫快速键或热键,指通过某些特定的按键、按键顺序或按键组合来完成一个操作,很多快捷键往往与 Ctrl 键、Shift 键、Alt 键、Fn 键、Windows 键等配合使用。利用快捷键可以代替鼠标做一些工作,如利用键盘快捷键打开、关闭和导航"开始"菜单、桌面、菜单、对话框以及网页等。

　　请为记事本程序相关功能设置款快捷键。例如,Ctrl＋S 组合键实现保存功能;Ctrl＋O 组合键实现打开功能;Ctrl＋N 组合键实现新建功能;Ctrl＋Shift＋S 组合键实现另存为功能。

新知准备：

　　◇ 鼠标事件;

　　◇ 键盘事件。

9.8　鼠标事件与键盘事件

9.8.1　鼠标事件

1. bind()函数

　　在 Tkinter 中,用户可以监听和处理鼠标事件,如单击、双击、拖动和鼠标移动等。bind()函数实现为控件来绑定事件,以及指定事件处理程序。

　　bind()函数的语法格式如下：

```
控件对象.bind(event, handler)
```

　　bind()函数的主要参数及其含义如下：

　　(1) event：是一个字符串,表示要绑定的事件类型。例如,鼠标事件(< Button-1 >、< Double-1 >、< B1-Motion > 等)、键盘事件(< KeyPress-a >、< KeyRelease-a > 等)以及窗口

事件(＜Configure＞,＜Destroy＞等)。

(2) handler:是一个函数,即当事件发生时将被调用的函数。这个函数通常会接收一个参数,即事件对象(event),可以从中获取事件的详细信息,如事件的位置、修饰键等。

2. 鼠标事件

鼠标按钮的单击事件的一般格式为:＜鼠标事件-n＞。其中,n 为鼠标按钮,n 为 1 代表左键,2 代表中键,3 代表右键。例如,＜ButtonPress-1＞表示按下鼠标的左键。

常用的鼠标事件以及说明如表 9-15 所示。

表 9-15　Tkinter 中常用鼠标事件的表示与说明

事　　件	说　　明
＜ButtonPress - n＞	鼠标按钮 n 被按下,n 为 1 代表左键,2 代表中键,3 代表右键
＜ButtonRelease-n＞	鼠标按钮 n 被松开
＜Bn-Motion＞	在按住鼠标按钮 n 的同时,移动鼠标
＜Enter＞	鼠标进入控件
＜Leave＞	鼠标离开控件

可以通过鼠标事件 event 来获得鼠标位置。坐标点(event. x,event. y)为发生事件时,鼠标所在的位置。

【例 9-16】 鼠标事件案例。

按照如下流程完成程序的编写。

(1) 在窗口上创建一个框架。

(2) 为框架绑定鼠标进入事件与鼠标离开事件,当鼠标进入时,打印"鼠标进入"信息并改变框架的背景颜色;鼠标离开时,打印"鼠标离开"信息并改变框架的背景颜色。

(3) 为框架绑定鼠标单击事件,鼠标单击时,打印出鼠标的位置坐标信息。

```python
from tkinter import *
class Application(Frame):
    def __init__(self,master,bg = "red"):          #定义构造方法
        super().__init__(master)
        self.master = master
        self.bg = bg
        self.config(bg = self.bg, width = 50,height = 50)
        self.pack()
        self.bind("< Button - 1 >",self.getPos)
        self.bind("< Enter >",self.inFrame)
        self.bind("< Leave >",self.outFrame)
    def getPos(self,event):
        s = (event. x, event. y)
        print(s)
    def inFrame (self,event):
        print("鼠标进入")
        self.config(bg = "yellow")
    def outFrame(self,event):
        print("鼠标退出")
        self.config(bg = "green")
if __name__ == "__main__":
    win = Tk()
    win.title("框架的使用")
    win.geometry("300 × 200")
```

```
Application(win)
win.mainloop()
```

9.8.2 键盘事件

在 Tkinter 中，处理用户输入，尤其是键盘事件，是构建交互式用户界面的重要组成部分。Tkinter 提供的键盘事件允许捕捉和响应用户按下的键，从而实现如文本输入、命令执行等功能。常用的键盘事件及其说明如表 9-16 所示。

表 9-16　常用键盘事件及其说明

事　　件	说　　明
< KeyPress >	按下任意的键
< KeyRelease >	松开任意键
< KeyPress-key >	按下指定的 key 键
< KeyRelease-key >	松开指定的 key 键
< Prefix-key >	在按住 Prefix 的同时，按下指定的 key 键。其中 Prefix 项是 Alt、Shift、Control 中的一项，也可以是它们的组合，如< Control-Alt-key >

【例 9-17】　键盘事件案例。

按照如下流程完成程序的编写。

（1）在窗口上创建一个标签对象。

（2）为标签对象绑定鼠标单击事件，鼠标单击时，设置标签获取焦点。

（3）为标签对象绑定键盘按下事件，当键盘按下时，显示对应键盘的字符（event. char）。

（4）为窗口对象绑定键盘事件，当按下 Ctrl＋S 组合键时，打印出"模拟保存操作"。

```
from tkinter import *
class Application(Tk):
    def __init__(self):              #定义构造方法
        super().__init__()
        txt = StringVar()
        label = Label(self,width = 20,textvariable = txt,bg = 'pink')
        label.pack()
        label.bind("< Button - 1 >", lambda event:label.focus_set())
        label.bind("< KeyPress >", lambda event:txt.set(event.char + " 键被按下"))
        self.bind("< Control - s >",lambda event:print("模拟保存操作"))
        self.mainloop()
if __name__ == "__main__":
    Application()
```

9.8.3　任务实现

1. 任务分析

为打开、保存、另存为功能绑定快捷键，只需要在任务七的基础上添加几行代码即可。主要编程思路如下所示。

（1）添加事件绑定相关的代码。

（2）为相关函数添加参数 event。

2. 编码实现

任务实现代码如下所示。

```
self.win.bind("<Control-s>",savefile)
self.win.bind("<Control-Shift-s>",saveasfile)
self.win.bind("<Control-o>",openfile)
self.win.bind("<Control-x>",exitfile)
def newfile(self,event):
    #此处省略,与任务七相同
def openfile(self,event):
    #此处省略,与任务七相同
def savefile(self,event):
    #此处省略,与任务七相同
def saveasfile(self,event):
    #此处省略,与任务七相同
def exitfile(self,event):
    #此处省略,与任务七相同
```

9.9 本章实践

实践一:计算器的设计与实现

计算器不仅能够帮助用户解决数学问题,还能进行复杂的模拟计算和数据分析,提高工作效率。此外,编程实现计算器软件对于编程爱好者来说,更是一个提升编程技能、培养逻辑思维和解决问题能力的实践工具。

请使用 Tkinter 编写一个界面简洁的计算器,能够实现简单的加减乘除运算以及清除等功能外,还可以添加其他功能。

实现思路如下所示。

(1)创建一个 Calculator 类,使其继承自继承 Frame 类,用于实现计算器的功能。

(2)在 Calculator 类的构造函数中,创建用于显示输入的内容以及结果的文本框;分别创建 0~9 数字按钮,加、减、乘、除、等号的按钮,以及用于清空文本框内容的按钮等。

(3)为每个按钮绑定事件,当单击时,执行相应的操作。对于数字和操作符按钮,将它们附加到显示框的内容中;对于等于按钮,计算显示框内容的值,并将其结果显示在显示框中。

(4)为了保持各个按钮的风格一致,并提高代码的复用率,将按钮样式设置相关的操作封装在函数中。

(5)实例化对象,进入计算器程序。

任务实现代码如下所示。

```
import tkinter
from tkinter import *
def frame(root, side):
    f = Frame(root)
    f.pack(side = side, expand = YES, fill = BOTH)
    return f
#定义button的样式以及布局方式
def button(root, side, text, command = None):
```

```python
        btn = Button(root, text = text, font = ('宋体','12'), command = command)
        btn.pack(side = side, expand = YES, fill = BOTH)
        return btn


#计算器初始化界面
class Calculator(Frame):
    def __init__(self):
        Frame.__init__(self)
        self.pack(expand = YES, fill = BOTH)
        self.master.title('简易计算器')
        display = StringVar()
        show = Entry(self, relief = SUNKEN, font = ('宋体','20','bold'),textvariable = display)
        show.pack(side = TOP,expand = YES,fill = BOTH)
        clearF = frame(self, TOP)
        button(clearF, LEFT, '清除', lambda w = display:w.set(''))
        for key in('123 + ', '456 - ', '789 * ', '.0 = /'):
            keyF = frame(self, TOP)
            for char in key:
                if char == ' = ':
                    btn = button(keyF, LEFT, char)
                    btn.bind('< ButtonRelease - 1 >', lambda e, s = self, w = display:
s.calc(w), '+')
                else:
                    btn = button(keyF, LEFT, char, lambda w = display, c = char:w.set(w
.get() + c))
    def calc(self, display):
        try:
            display.set(eval(display.get()))
        except:
            display.set("ERROR")


#程序的入口
if __name__ == '__main__':
    Calculator().mainloop()
```

效果如图 9-27 所示，单击相关按钮在文本框中显示案例内容，当单击"＝"按钮时计算文本框中字符串的运算结果并将结果显示到文本框中。

清除			
1	2	3	+
4	5	6	-
7	8	9	*
.	0	=	/

图 9-27　计算器的设计与实现

实践二：简易英汉小词典的设计与实现

随着全球化进程的加速和英语学习者的日益增多，一个方便快捷的英汉小词典成为广大学习者和工作者迫切需要的工具。利用现代编程技术和移动设备普及的有利条件，设计和实现一个易于使用、功能完善的英汉小词典，不仅可以满足用户随时随地查阅单词的需求，还能辅助英语学习者提高学习效率，同时对于编程爱好者来说，也是一个锻炼编程技能、深入理解数据结构和算法的实践项目。

要完成英汉小词典程序的设计,首先需要准备包含英文单词与释义的数据源,可以选择已有的英汉词典数据,如《牛津高阶英汉双解词典》,也可以将包含单词与释义的文件下载到本地,读取数据集中的信息。本次实践以保存到本地的文本文件 dict.txt 为例,进行英汉小词典程序的开发。

实现思路如下所示。

(1) 文本数据结构分析。为了降低数据分析的难度,本案例选用的文本文件 dict.txt 数据结构非常简单,每行一个单词,单词与释义之间使用制表符("\t")进行分隔。

(2) 界面设计。为了方便用户查询单词的含义,使用 Tkinter 设计一个简单的查询界面,在搜索框输入要查询的内容,单击按钮,开始查询,最后将查询结果显示在界面上。

(3) 查询功能实现。定义 search()函数,用于读取字典文件,并搜索用户输入的单词。定义 search_word()函数,用于处理用户输入和显示搜索结果。

任务实现代码如下所示。

```python
import tkinter
from tkinter.scrolledtext import *
#读取内容并执行搜索的方法
def search(word):
    #读取字典内所有内容
    with open(r"dict.txt","r") as file:
        dict_list = file.readlines()          #一行行读取文件的内容 -->列表
        #遍历读取的内容,查看用户输入的英文是否存在
        for d in dict_list:
            dict_item = d.split("\t")
            #不区分大小写查询,查询到就输出英文和中文
            if word.upper() == dict_item[0].upper():
                #把查询的内容返回并结束循环
                return "%s: %s" % (dict_item[0], dict_item[1])
            elif word in dict_item[1]:
                return "%s: %s" % (dict_item[0], dict_item[1])
            else:
                continue
        return "您查询的单词尚未收录,敬请期待。。。\n"
def search_word():
    word = entry.get().strip()          #去除掉字符串前后的空格
    L.delete("1.0", "end")              #清空滚动文本框
    if len(word) != 0:
        #执行搜索的方法,获取搜索的结果
        result = search(word)
        #把结果插入文本显示框
        L.insert(0.0, result)
    else:
        L.insert(0.0, "内容不能为空\n")
#创建主窗口
window = tkinter.Tk()
window.title("简易英汉小词典")
window.geometry("400×300")
entry = tkinter.Entry(window, width=40)          #搜索框
entry.grid(row=0,column=0)
btn_in = tkinter.Button(window, text="查询", width=10, command=search_word)          #查询按钮
btn_in.grid(row=0,column=1)
L = ScrolledText(window,width=50,height=100)          #滚动文本框,用于显示查询结果
```

```
L.grid(row = 1, column = 0, columnspan = 3)
window.mainloop()
```

程序运行结果如图 9-28 所示，在输入框中输入要查询的单词，单击"查询"按钮，则程序调用 search_word() 函数，开始进行单词查询。首先，获取单行文本框中用户输入的字符串，进行字符串的处理，调用 strip() 函数去除字符串前后的空格；其次，清空滚动文本框中的当前内容；然后调用 search() 函数对关键字进行查询，将查询结果返回，并显示到滚动文本框中。其中，search() 函数的作用是：一行行遍历字典文件，将所有单词以及释义存放到列表中，然后遍历列表查找到需要的信息，并将查询结果返回。

注意：每个字典文本文档的数据结构不一定相同，读者在实际开发过程中应该具体问题具体分析。

图 9-28　简易英汉词典的实现

9.10　本章习题

一、单选题

1. 在 Tkinter 中，下列选项中可以创建一个框架容器的是（　　）。

    A. root＝Tk()　　　　　　　　　　　　B. root＝Window()

    C. root＝Tkinter()　　　　　　　　　　D. root＝Frame()

2. 在 Tkinter 中，下列控件中用于创建单行文本框的是（　　）。

    A. Text　　　　　B. ScrolledText　　　C. Entry　　　　　D. Label

3. 在 Tkinter 中，下列控件中用于创建多行文本域的是（　　）。

    A. Listbox　　　　B. Text　　　　　　C. Button　　　　　D. Label

4. 在 Tkinter 中，Python 中基于网格的布局方式的函数是（　　）。

    A. pack()　　　　B. place()　　　　　C. grid()　　　　　D. show()

5. 下列库中为 Python 自带的标准图形用户界面库的是（　　）。

    A. tkinter　　　　B. pyQt　　　　　　C. random　　　　D. matplotlib

6. 在 Python Tkinter 中，下列选项中用于创建单选按钮的是（　　）。

    A. Radiobutton　　B. Checkbutton　　C. Listbox　　　　D. Combobox

7. 在 Python Tkinter 中，下列选项中用于创建复选框的是（　　）。

    A. Radiobutton　　B. Checkbutton　　C. Listbox　　　　D. Combobox

8. 在 Python Tkinter 中,下列选项中用于创建菜单的是( )。

    A. Menu   B. Label   C. Button   D. Frame

9. 在 Python Tkinter 中,下列事件中在按钮被单击时触发的是( )。

    A. pack   B. grid   C. buttonpress   D. click

10. 在 Python Tkinter 中,下列方法中用于设置窗口大小的是( )。

    A. config   B. size   C. geometry   D. resizable

第 **10** 章

数据库编程

任务一：初识 Python 数据库编程

任务描述：

   　使用 Python 编程时，程序通常需要读写大批量的数据。为了保存格式化的数据，使用数据库可以方便地对数据进行增、删、改、查等操作。要想开发复杂的程序，就必须熟练掌握数据库编程的技术。

新知准备：

   　◇ Python 数据库编程入门；
   　◇ Python 数据库编程步骤。

视频讲解

10.1　Python 数据库编程概述

10.1.1　Python 数据库编程入门

   　程序运行过程中产生的数据，通常都是临时保存在缓存中或者存储在文件中，但是如果数据比较复杂，使用存储在文件中的数据时需要对数据进行格式化操作，非常不便。如果要永久保存数据，且方便后期对数据进行查询、删除、更新等操作，通常需要将数据保存在数据库中。

   　Python 是一门高级编程语言，广泛应用于各个领域。在数据库编程方面，Python 也提供了丰富的工具和库，可以方便地连接到各个数据库，并进行数据库的增、删、改、查等操作。

   　数据库系统是一个有组织的数据的集合，包含各种类型的数据。常见的数据库系统包括 MySQL、SQLServer、Oracle、SQLite 等，每种数据库系统都有自己的特点和用途。例如，MySQL 适用于大规模的数据存储和快速的数据检索，而 SQLite 一般适用于小型的应用程序和嵌入式系统。本章以 MySQL 和 SQLite 数据库为例，介绍 Python 数据库编程的用法。

   　Python 数据库编程的主要流程如图 10-1 所示。

10.1.2　Python 数据库编程实现

   　Python 数据库编程主要通过连接数据库、创建游标对象、执行 SQL 语句、关闭游标和数

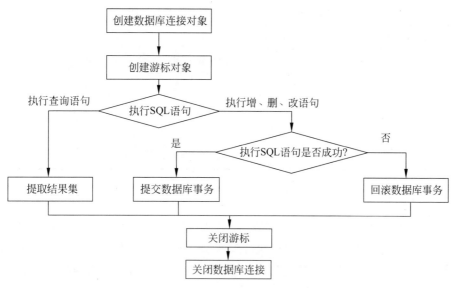

图 10-1　Python 操作数据库的主要流程

据库连接 4 步进行，下面分别进行详细介绍。

1．连接数据库

要获得数据库的连接对象，就需要调用 connect() 函数。该函数在不同的数据库模块中分别有不同的定义，函数的参数设置因连接的数据库不同而不同，其常用参数如表 10-1 所示。

表 10-1　connect() 函数常用参数及其说明

参 数 名	说 明	参 数 名	说 明
dsn	数据源名称	password	密码
host	主机名	db	数据库名称
port	端口号	charset	数据库字符集
user	用户名		

connect() 函数返回数据库连接对象，该对象代表与对应数据库建立了连接，进而可以进行相关事务操作，数据库连接对象的常用方法如表 10-2 所示。

表 10-2　数据库连接对象的常用方法及其说明

方 法 名	说 明	方 法 名	说 明
cursor()	获得该连接的游标对象，执行数据库	rollback()	回滚事务
commit()	提交事务	close()	关闭数据库连接

2．创建游标对象

要操作数据库，仅创建连接对象是不够的，必须获取游标对象才能进行后续操作，如读取数据、添加数据、删除数据等。可以通过调用数据库连接对象 conn 的 cursor() 方法来获取游标。

游标对象的常用方法如表 10-3 所示。

表 10-3　游标对象的常用方法及其说明

方 法 名	说 明
excute(sql[,params])	执行数据库操作的 SQL 语句
excutemany(sql,seq_of_params)	用于批量数据操作,批量添加数据
fetchone()	用于获取查询结果的下一条数据
fetchall()	用于获取查询结果的所有数据
fetchmany(size)	用于获取查询结果中指定数量的数据

3. 执行 SQL 语句

获得游标对象以后,就可以使用如表 10-3 的相应方法进行数据库的各种操作。例如,使用 excute()函数执行各类 SQL 语句,如执行查询操作等,也可以使用游标对象的 fetchone()、fetchall()或 fetchmany()方法获取结果集中的数据。需要注意的是,处理数据库事务时,要确保数据的一致性。

4. 关闭游标与数据库连接

游标对象使用完毕,需要使用游标对象的 close()方法关闭游标对象。

数据库操作完毕,也需要使用连接对象的 close()方法关闭数据库的连接。

任务二：实现用户注册和登录功能

任务描述：

人们的日常生活和工作都离不开各种软件系统。各种软件系统一般都需要最基本的用户信息的管理,用户信息通常会保存在关系数据库中,以备软件对用户信息的增、删、改、查等操作。

请编写程序,连接 SQLite 数据库并创建用户信息表,包括 3 个字段：id、用户名、密码,编程实现用户注册时在表中添加数据和用户登录时查询验证用户信息的功能。

新知准备：

◇ SQLite 数据库的连接;

◇ SQLite 数据库的增、删、改、查等操作。

视频讲解

10.2　SQLite 数据库编程

10.2.1　SQLite 数据库简介

SQLite 是一种嵌入式的轻量级数据库,它不需要另外安装,直接集成在各种应用程序中。SQLite 的数据库是一个独立的文件,它将整个数据库中的表的定义、索引、数据等都存储在该文件中,系统可以直接将文件进行备份或删除。Python 中包含了 SQLite 3 模块,不需要另外安装任何其他模块就可以直接使用。

使用 SQLite 数据库时,需要首先使用 import 语句导入 SQLite 3 模块,然后即可使用该模块中的 connect()方法连接数据库文件并得到连接对象。

语句如下所示。

```
import sqlite3
conn = sqlite3.connect('user.db')
```

其中,user.db 即为 SQLite 数据库文件,若文件存在就创建对该数据库的连接,若不存在则自动在当前目录下创建该文件并创建连接,数据库文件名也可以按绝对路径进行设置,连接绝对路径位置的数据库文件。

10.2.2 SQLite 数据库的操作

建立数据库的连接后,就可以使用连接对象的 cursor()方法获取数据库游标对象,语句代码如下所示。

```
cursor = conn.cursor()
```

数据库游标对象可以通过调用 execute()或 executemany()方法执行 SQL 语句。

1. 创建数据表

使用 SQLite 操作数据库时,数据表也必须通过执行 SQL 语句进行创建。

【例 10-1】 使用 SQLite 连接数据库并创建用户表 tab_user。

```
import sqlite3
conn = sqlite3.connect('test1.db')
cursor = conn.cursor()
sql = """
create table tab_user(
id integer primary key autoincrement,
name varchar(20),
password varchar(20))
"""
cursor.execute(sql)
```

2. 添加、删除和修改数据

数据表创建成功以后,即可使用游标对象直接调用方法执行 insert、update、delete 等相应的 SQL 语句进行数据的增加、修改和删除操作。

【例 10-2】 在用户表 tab_user 中添加用户信息。

```
import sqlite3
conn = sqlite3.connect('test1.db')
cursor = conn.cursor()
sql = "insert into tab_user(name,password) values('abc','123')"
cursor.execute(sql)
conn.commit()
```

注意:使用游标对象执行增、删、改等数据库的更新操作后,一定要对连接对象 conn 调用 commit()方法提交事务,否则,数据的更新并没有真正保存在数据库中。

数据库的操作通常是执行 SQL 语句,而 SQL 语句一般是一个字符串,但是很多情况下由于数据的特殊性,不能将要进行的操作组织成一个完整的字符串语句,这时候就需要使用带参数的 SQL 语句。例如，SQL 语句中需要使用变量作为参数，则在该 SQL 语句中需要先使用占位符替代参数。SQLite 数据库操作时，使用"?"作为占位符，而占位符的参数在游标对象调用 execute() 时设置，所有参数按顺序放在一个元组中，参考用法如下所示。

```
user = 'abc'
pwd = '123'
sql = "insert into tab_user(name,password) values(?,?)"
cursor.execute(sql,(user,pwd))
conn.commit()
```

【例 10-3】 在用户表 tab_user 中删除某用户信息。

```
import sqlite3
conn = sqlite3.connect('test1.db')
cursor = conn.cursor()
uname = 'abc'
upwd = '123'
sql = "delete from tab_user where name = ? and password = ?"
cursor.execute(sql,(uname,upwd))
conn.commit()
```

【例 10-4】 在用户表 tab_user 中修改某用户的密码信息。

```
import sqlite3
conn = sqlite3.connect('test1.db')
cursor = conn.cursor()
uname = 'abc'
new_pwd = '111'
sql = "update tab_user set password = ? where name = ?"
cursor.execute(sql,(new_pwd,uname))
conn.commit()
```

3. 查询数据

要查询数据表中的数据需要使用 SQL 语句中的 select 命令。例如，查询用户表中的所有数据则执行如下语句。

```
sql = "select * from tab_user"
cursor.execute(sql)
```

执行查询语句时，需要继续使用游标对象获取结果集中的数据，游标对象可以直接将 cursor.execute(sql) 的结果集进行遍历进而得到查询结果中的记录，也可以使用 3 种 fetchxxx() 方法进行数据的获取，各方法具体用法如表 10-4 所示。

表 10-4 获取查询结果数据的方法及功能说明

方　法　名	功　能　说　明
fetchone()	获取查询结果集中的下一条记录
fetchall()	获取结果集中的所有记录
fetchmany(size)	获取结果集中的指定数量的记录

【例 10-5】 查询用户表 tab_user 中的用户信息。

```
import sqlite3
conn = sqlite3.connect('test1.db')
```

```
cursor = conn.cursor()
sql = "select * from tab_user"
cursor.execute(sql)
infos = cursor.fetchall()
for row in infos:
    print(row)
```

程序运行结果如下所示。

```
(1, 'abc', '123')
(2, 'aaa', '111')
(3, 'def', '456')
```

10.2.3 任务实现

人们日常所使用的各类软件中,用户注册和登录功能必不可少。用户注册时软件系统将用户信息存储到数据库服务器上,用户登录时,从数据库服务器中查询用户信息,验证用户名和密码是否正确,需要通过连接数据库来完成相关操作。

1. 任务分析

使用 SQLite 数据库实现用户注册和用户登录的功能,首先需要创建对应的数据库和数据表,然后对数据表进行添加数据和查询数据的操作。主要编程思路如下所示。

（1）创建数据库 test,根据实际用户需求创建用户数据表 tab_user,包含 id、name、password 3 个字段。

（2）建立 SQLite 数据库连接,创建游标 cursor 对象。

（3）定义方法分别用于用户注册时用户信息添加和用户登录时信息查询。

2. 编码实现

任务实现代码如下所示。

```
import sqlite3
DB = 'test.db'                        #数据库名

def create_table():
    conn = sqlite3.connect(DB)        #建立数据库连接
    cursor = conn.cursor()
    sql_creattable = """
        create table tab_user(
        id integer primary key autoincrement,
        name varchar(20),
         password varchar(20))
        """
    cursor.execute(sql_creattable)

def insert(user1):
    conn = sqlite3.connect(DB)
    cursor = conn.cursor()
    sql = "insert into tab_user(name,password) values(?,?)"
    try:
```

```
                cursor.execute(sql,user1)
        except Exception as e:
            conn.rollback()
            print("添加用户异常",e)
        else:
            conn.commit()
            print('添加用户成功')
        cursor.close()
        conn.close()

    def checkUser(user1):
        isUser = False
        conn = sqlite3.connect(DB)
        cursor = conn.cursor()
        sql = "select * from tab_user where name = ? and password = ?"
        try:
            cursor.execute(sql,user1)
            if cursor.fetchone():
                isUser = True
        except Exception as e:
            print("查询异常", e)
        cursor.close()
        conn.close()
        return isUser

    if __name__ == '__main__':
        create_table()                    #创建表
        user1 = ('abc','123@qq.com')
        insert(user1)                     #添加用户
        if checkUser(user1):              #查询验证用户信息
            print("用户信息无误,登录成功!")
        else:
            print("用户信息有误,登录失败!")
```

程序运行结果如下所示。

```
添加用户成功
用户信息无误,登录成功!
```

任务三：实现网上购物商品信息管理功能

任务描述：

网上购物是当今人们主流的购物方式之一，各种网上购物系统应运而生。大批量的商品数据需要存储在数据库中，而 MySQL 数据库因其体积小、运行速度快、操作方便等优势被广泛应用于各类管理系统中。

假设 MySQL 数据库中已创建商品信息表，包括 4 个字段：编号、商品名称、商品类别、单价，编写 Python 程序，连接 MySQL 数据库并对商品信息表进行数据的添加、删除、修改和查询等功能。

新知准备：

◇ MySQL 数据库的连接；

◇ MySQL 数据库的增、删、改、查等操作。

10.3　MySQL 数据库编程

10.3.1　MySQL 数据库简介

MySQL 是一个小型的关系型数据库管理系统,由于其软件体积小、运行速度快、操作方便等优点,目前被广泛应用于 Web 上的中小型网站的后台数据库中。

MySQL 数据库的主要优点列举如下:

(1) MySQL 数据库体积小、速度快、开发成本低。

(2) MySQL 数据库的核心线程是完全多线程的,支持多处理器。

(3) MySQL 数据库支持多种操作系统,可以在不同的平台上运行。

(4) MySQL 数据库免费开源。

(5) MySQL 数据库支持大量数据的查询和存储,可以承受大量的并发访问。

(6) MySQL 数据库提供多种开发语言的支持,如 Python、C、C++、Java、PHP 等语言,MySQL 都提供了 API,便于访问和使用。

10.3.2　Python 连接 MySQL 数据库

在 Python 3 中,使用 PyMySQL 库来实现对 MySQL 的连接,在此之前需要操作的电脑已经安装了 MySQL 数据库。PyMySQL 库是一个纯 Python 库,可以直接安装使用,安装时只需要在 Windows 命令行输入如下命令:

```
pip install pymysql
```

通过该命令即可将 PyMySQL 库安装在 Python 中。安装完成后,导入 PyMySQL 模块就可以使用该模块下的 connect()方法连接指定的数据库。

语句如下所示。

```
import pymysql
conn = pymysql.connect(host = '127.0.0.1',
                       port = 3306,
                       user = 'root',
                       password = '123456',
                       db = 'test1',
                       charset = 'utf8')
```

使用 PyMySQL 模块的 connect()方法连接 MySQL 数据库时,参数中的 host 代表数据库服务器名,port 为端口号,user 和 password 分别为 MySQL 数据库连接的用户名和密码,db 则指定数据库的名称,charset 为字符集,通过 connect()方法即可得到数据库连接对象 conn。

10.3.3　MySQL 数据库的操作

通过调用 connect()方法建立 MySQL 数据库的连接并得到连接对象后,即可调用 cursor()方法创建数据库的游标对象。通过游标对象,可以对数据库中的数据表进行数据的添加、删除、修改以及查询等操作。

与 SQLite 不同的是,MySQL 数据库操作的 SQL 语句中参数需要使用"%s"作为占位符,而不是使用"?",其他操作与 SQLite 类似。

【例 10-6】 连接 MySQL 数据库，在数据库"test1"中创建学生表 tab_student，包含学号、姓名、年龄、性别等字段。

```python
import pymysql
conn = pymysql.connect(host = '127.0.0.1',
                       port = 3306,
                       user = 'root',
                       password = '123456',          #自己 MySQL 连接的密码
                       db = 'test1',
                       charset = 'utf8')
cursor = conn.cursor()
sql = """
    create table if not exists tab_student(
      num varchar(10) primary key,
      name varchar(20) not null,
      gender varchar(10),
      age int)
    """
cursor.execute(sql)
cursor.close()
conn.close()
```

运行上述代码即可创建表 tab_student，表结构如图 10-2 所示。

栏位	索引	外键	触发器	选项	注释	SQL 预览
名		类型		长度	小数点	不是 null
num		varchar		10	0	☑ 🔑1
name		varchar		20	0	☑
gender		varchar		10	0	☐
age		int		0	0	☐

图 10-2 表 tab_student 结构

【例 10-7】 连接 MySQL 数据库，在表 tab_student 中添加两条学生数据并查询输出表中所有记录的信息。

```python
import pymysql
conn = pymysql.connect(host = '127.0.0.1',
                       port = 3306,
                       user = 'root',
                       password = '123456',          #自己 MySQL 连接的密码
                       db = 'test1',
                       charset = 'utf8')
cursor = conn.cursor()

def insert(student):
    sql = "insert into tab_student values( % s, % s, % s, % s)"
    try:
        cursor.execute(sql,student)
        conn.commit()
        print('添加学生成功')
    except Exception as e:
        conn.rollback()
        print('添加学生失败',e)
def queryAll():
    sql = 'select * from tab_student'
```

```
    try:
        cursor.execute(sql)              #返回值是 int
        info = cursor.fetchall()
        for row in info:
            print(row)
            print(" - " * 40)
    except Exception as e:
        print('查询异常',e)
if __name__ == '__main__':
    student1 = ('02332001',"李明","男",20)
    student2 = ('02332002',"赵星","女",21)
    insert(student1)
    insert(student2)
    queryAll()
```

程序运行结果如下所示。

```
添加学生成功
添加学生成功
('02332001', '李明', '男', 20)
('02332002', '赵星', '女', 21)
------------------------------------------
```

10.3.4 任务实现

人们在日常生活中,各类购物软件比比皆是。购物软件中的商品信息数据量较大,且数据类型复杂,需要使用关系数据库进行数据的增、删、改、查等操作。

1. 任务分析

要实现对商品信息的管理功能,首先需要创建对应的数据库和数据表,然后对数据表进行增、删、改、查等操作。主要编程思路如下所示。

(1) 创建数据库 dbtest,创建商品表 tab_goods,包括编号、名称、类别、单价 4 个字段,各字段类型及约束设计如表 10-5 所示。

表 10-5 tab_goods 表设计

字 段 名	字 段 类 型	约 束
num	int	主键;自增
name	varchar(100)	非空
category	varchar(50)	
price	double(10,2)	

(2) 连接数据库 dbtest。

(3) 分别定义方法实现商品记录的添加、查询、修改和删除的方法,main()函数中分别调用测试各函数。

2. 编码实现

任务实现代码如下所示。

```
import pymysql
conn = pymysql.connect(host = '127.0.0.1',
```

```
                            port = 3306,
                            user = 'root',
                            password = '123456',        #自己 MySQL 连接的密码
                            db = 'test1',
                            charset = 'utf8')
cursor = conn.cursor()
sql = """
    create table if not exists tab_goods(
    num int primary key auto_increment,
    name varchar(100) not null,
    category varchar(50) ,
    price double(10,2))
    """
cursor.execute(sql)


def insert(goods1):
    sql = "insert into tab_goods(name, category, price) values( % s, % s, % s)"
    try:
        cursor.execute(sql,goods1)
        conn.commit()
        print('添加商品成功')
    except Exception as e:
        conn.rollback()
        print('添加商品失败',e)


def queryAll():
    sql = 'select * from tab_goods'
    try:
        cursor.execute(sql)                    #返回值是 int
        info = cursor.fetchall()
        for row in info:
            print(row)
        print(" - " * 40)
    except Exception as e:
        print('查询异常',e)


def update(name,newPrice):
    sql = "update tab_goods set price = % s where name = % s"
    try:
        cursor.execute(sql,(newPrice,name))
        conn.commit()
        print('修改数据成功')
    except Exception as e:
        conn.rollback()
        print('异常',e)


def delete(name):
    sql = "delete from tab_goods where name = % s"
    try:
        cursor.execute(sql, name)
        conn.commit()
        print('删除数据成功')
    except Exception as e:
        conn.rollback()
        print('异常', e)
```

```
if __name__ == '__main__':
    goods1 = ('笔记本',"文具",3.5)
    goods2 = ('自动铅笔', "文具", 5.0)
    goods3 = ('雨伞', "生活用品", 42.9)
    insert(goods1)
    insert(goods2)
    insert(goods3)
    queryAll()
    update("自动铅笔",5.5)
    queryAll()
    delete("雨伞")
    queryAll()
    cursor.close()
    conn.close()
```

代码运行结果如下所示。

```
添加商品成功
添加商品成功
添加商品成功
(1, '笔记本', '文具', 3.5)
(2, '自动铅笔', '文具', 5.0)
(3, '雨伞', '生活用品', 42.9)
--------------------------------------
修改数据成功
(1, '笔记本', '文具', 3.5)
(2, '自动铅笔', '文具', 5.5)
(3, '雨伞', '生活用品', 42.9)
--------------------------------------
删除数据成功
(1, '笔记本', '文具', 3.5)
(2, '自动铅笔', '文具', 5.5)
--------------------------------------
```

10.4　本章实践

实践一：转账系统数据库设计

随着互联网技术的快速发展，传统的现金交易方式已经无法满足现代社会的快速交易需求。转账系统可以实现资金的高效、快速转移。而转账系统中，各储蓄卡账户中存在大量的数据信息，需要通过数据库进行存储。而转账操作中需要实现对两个储蓄卡账户中余额数据的修改。

主要编程思路如下所示。

（1）创建数据库和储蓄卡信息表。

（2）从当前储蓄卡向目标储蓄卡转账。首先查询两张储蓄卡卡号是否存在数据表中，并验证当前储蓄卡金额是否充足，然后当前储蓄卡去掉转账金额，目标储蓄卡增加转账金额。分别定义相应方法实现上述功能。

（3）main()函数中，调用函数实现转账功能。

在 Navicat 中打开 test1 数据库，创建表 tab_account，表设计如图 10-3 所示。在表中适当添加几条测试记录，测试记录数据如图 10-4 所示。

栏位	索引	外键	触发器	选项	注释	SQL 预览		
名			类型		长度	小数点	不是 null	
cardid			varchar		20	0	☑	🔑1
▸ money			double		0	0	☐	

图 10-3　表 tab_account 结构

cardid	money
0202000000111	50000
0202000000222	20000
0202000000333	10022
0202000003001	4020.5

图 10-4　表 tab_account 原始测试数据

任务实现代码如下所示。

```python
import pymysql
conn = pymysql.connect(host = '127.0.0.1',
                       port = 3306,
                       user = 'root',
                       password = '123456',        #自己 MySQL 连接的密码
                       db = 'test1',
                       charset = 'utf8')

def insert(student):
    cursor = conn.cursor()
    sql = "insert into tab_student values( % s, % s, % s, % s)"
    try:
        cursor.execute(sql, student)
        conn.commit()
        print('添加学生成功')
    except Exception as e:
        conn.rollback()
        print('添加学生失败', e)

def check_card(id):
    cursor = conn.cursor()
    sql = 'select * from tab_account where cardid = % s'
    try:
        cursor.execute(sql, id)                    #返回值是 int
        info = cursor.fetchall()
        if len(info)!= 1:
            raise Exception("the % s is not existed" % id)
    finally:
        cursor.close()

def has_enough_money(id, money):
    cursor = conn.cursor()
    sql = "select * from tab_account where cardid = % s and money > = % s"
    try:
        cursor.execute(sql, (id, money))
        info = cursor.fetchall()
        if len(info)!= 1:
            raise Exception("cardid % s doesn't have enough money" % id)
```

```python
    finally:
        cursor.close()

def reduce_money(id, money):
    cursor = conn.cursor()
    sql = "update tab_account set money = money - %s where cardid = %s"
    try:
        cursor.execute(sql, (money, id))
        if cursor.rowcount != 1:
            raise Exception("cardid %s reduce unsuccessfully" % id)
    finally:
        cursor.close()

def add_money(id, money):
    cursor = conn.cursor()
    sql = "update tab_account set money = money + %s where cardid = %s"
    try:
        cursor.execute(sql, (money, id))
        if cursor.rowcount != 1:
            raise Exception("cardid %s add unsuccessfully" % id)
    finally:
        cursor.close()

def transfer(self_cardid, target_cardid, money):
    try:
        check_card(self_cardid)
        check_card(target_cardid)
        has_enough_money(self_cardid, money)
        reduce_money(self_cardid, money)
        add_money(target_cardid, money)
        print('转账成功!')
        conn.commit()
    except Exception as e:
        conn.rollback()
        print(e)
        raise e

if __name__ == '__main__':
    self_cardid = "0202000000111"
    target_cardid = "0202000000222"
    money = 2000
    transfer(self_cardid, target_cardid, money)
```

程序运行结果如下所示,运行后表 tab_acount 数据如图 10-5 所示。

转账成功!

cardid	money
▶ 0202000000111	48000
0202000000222	22000
0202000000333	10022
0202000003001	4020.5

图 10-5　程序运行后表 tab_acount 数据

实践二:学生信息管理系统数据库设计

随着信息化进程的加快,越来越多的行业开始采用电子化管理,教育行业也不例外,学生信息管理系统的出现是教育信息化发展的产物。学生信息管理系统不仅可以提高管理效率，而且可以减少人为错误。学生信息管理系统中，需要使用数据库存储大量的学生信息。

编写程序，实现学生信息管理系统的数据库设计。

主要编程思路如下所示。

(1) 创建学生信息表 tab_student，包含字段：s_id、s_name、s_email。

(2) 连接数据库。

(3) 分别定义函数实现对学生信息表数据的增、删、改、查等操作。

(4) main()函数中调用各函数。

任务实现代码如下所示。

```python
import sqlite3
DB = 'test2.db'
conn = sqlite3.connect(DB)
cursor = conn.cursor()
sql_create_table = """
    create table tab_student(
    s_id varchar(10) primary key,
    s_name varchar(20),
    s_email varchar(20))
    """
cursor.execute(sql_create_table)

def insert(s1):
    conn = sqlite3.connect(DB)
    cursor = conn.cursor()
    sql = "insert into tab_student values(?,?,?)"
    try:
        cursor.execute(sql, s1)
    except Exception as e:
        conn.rollback()
        print('添加数据异常', e)
    else:
        conn.commit()
        print('添加数据成功')

def queryAll():
    conn = sqlite3.connect(DB)
    cursor = conn.cursor()
    sql = "select * from tab_student"
    try:
        re = cursor.execute(sql)
        for i in re:
            print(i)
    except Exception as e:
        print("查询失败", e)

def update(name, newEmail):
    conn = sqlite3.connect(DB)
    cursor = conn.cursor()
    sql = "update tab_student set s_email = ? " \
        "where s_name = ?"
    try:
        cursor.execute(sql, (newEmail, name))
```

```
            conn.commit()
            print('修改数据成功')
        except Exception as e:
            conn.rollback()
            print('修改数据异常',e)
        cursor.close()
        conn.close()

def delete(id):
    conn = sqlite3.connect(DB)
    cursor = conn.cursor()
    sql = "delete from tab_student where s_id = ?"
    try:
        cursor.execute(sql, (id,))
        conn.commit()
        print('删除数据成功')
    except Exception as e:
        conn.rollback()
        print('删除数据异常', e)
    cursor.close()
    conn.close()


if __name__ == '__main__':
    s1 = ('s0010','lilei','1234e2@qq.com')
    insert(s1)
    queryAll()
    name = 'lilei'
    newEmail = '123@126.com'
    update(name,newEmail)
    queryAll()
    delete('s003')
    queryAll()
```

程序运行结果如下所示。

```
添加数据成功
('s0010', 'lilei', '1234e2@qq.com')
修改数据成功
('s0010', 'lilei', '123@126.com')
删除数据成功
('s0010', 'lilei', '123@126.com')
```

10.5 本章习题

一、选择题

1. 在 Python 中,下列模块中用于操作 SQLite 数据库的是(   )。

　　A. sqlite 3　　　B. mysql-connector　　　C. psycopg2　　　D. pymssql

2. 下列函数中用于创建数据库连接的是(   )。

　　A. connect()　　B. cursor()　　　C. execute()　　　D. commit()

3. 在 Python 中,下列函数中用于执行 SQL 查询的是(   )。

　　A. connect()　　B. cursor()　　　C. execute()　　　D. commit()

4. 下列语句中用于向数据库中插入数据的是( )。
   A. INSERT INTO   B. UPDATE
   C. DELETE   D. SELECT

5. 下列语句中用于从数据库中查询数据的是( )。
   A. INSERT INTO   B. UPDATE
   C. DELETE   D. SELECT

6. 在 Python 中,下列函数中用于提交数据库事务的是( )。
   A. commit()   B. rollback()   C. close()   D. exit()

7. 下列函数中用于关闭数据库连接的是( )。
   A. commit()   B. rollback()   C. close()   D. exit()

8. 在 Python 数据库编程中,下列关键字用于定义主键的是( )。
   A. PRIMARY KEY   B. FOREIGN KEY
   C. UNIQUE KEY   D. AUTOINCREMENT

二、判断题

1. 在 Python 中,使用 mysql-connector-Python 库可以连接到 MySQL 数据库。 (　　)
2. 在 Python 数据库编程中,cursor()函数用于创建数据库连接。 (　　)
3. 在 Python 中,execute()函数用于执行 SQL 查询。 (　　)
4. 在 Python 数据库编程中,每次执行 SQL 操作后都需要手动提交事务。 (　　)
5. Python 中的 commit()函数用于提交数据库事务。 (　　)
6. 在 Python 中,rollback()函数用于回滚数据库事务。 (　　)
7. 在 SQL 中,SELECT 语句用于查询数据库中的数据。 (　　)
8. 在 SQL 中,INSERT INTO 语句用于更新数据库中的数据。 (　　)
9. 在 SQL 中,DELETE 语句用于删除数据库中的数据。 (　　)
10. 在 Python 数据库编程中,关闭数据库连接后,可以重新打开连接。 (　　)
11. 在 Python 中,可以使用 exit()函数关闭数据库连接。 (　　)
12. 在 SQL 中,JOIN 语句用于合并两个或多个表的数据。 (　　)

第 **11** 章

基于Python的图书管理系统的设计与实现

11.1　项目背景描述

为了更好地管理图书馆的藏书和读者信息,提高图书馆的管理效率和服务质量,减少人力成本,开发一个基于 Python 的图书管理系统是非常必要的。

根据图书管理系统使用需求,完成用户注册、用户登录、新书入库、图书查询、图书借阅、图书归还一条线的信息化管理。使用计算机对图书信息进行管理,具有手动管理无法比拟的优点,如检索速度快、查找图书方便、数据信息可靠性高、保密性好、成本低等。

11.2　系统需求分析

根据图书管理系统的特点和学校实际情况,本图书管理系统以学校图书馆业务为基础,突出管理,从专业角度出发,提供科学有效的管理模式。系统需求如下所示。

（1）能够按照图书馆管理员需求提供图书入库并按唯一 ID 编号进行管理。

（2）能够将图书信息、用户信息按照规范存储在关系数据库中保证数据的一致性和信息的安全性。

（3）能够符合学校教师或学生用户需求进行图书信息的检索、借阅以及还书等标准化、流程化管理。

（4）能够提供简单、直观的管理界面,方便用户的操作。

本图书管理系统采用 Python 进行开发,Python 解释器使用 3.10 版本,开发工具使用 PyCharm,数据库使用 MySQL 8.0 版本。

11.3　系统设计

11.3.1　技术选型

前后端技术选型以及数据库的选择如下所示。

（1）前端使用 Tkinter 进行图形用户界面设计。

（2）后端使用第三方 PyMySQL 模块实现后台数据管理。

（3）数据库使用 MySQL 关系数据库。

11.3.2 系统总体设计

根据图书馆管理的具体情况和实际需求，系统分为 4 个模块，分别为用户管理、图书管理、借还管理、关于。系统总体结构图如图 11-1 所示。

（1）用户管理模块，实现用户信息注册、用户登录、注销和退出系统等功能。

（2）图书管理模块，实现图书入库、图书查询、查询所有图书以及删除图书等功能。

（3）借还管理模块，实现图书借阅和图书归还功能。

（4）关于模块，实现版权页面展示功能。

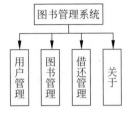

图 11-1　系统结构图

11.3.3 数据库设计

本系统使用 MySQL 关系数据库进行数据的管理，设计的数据库表主要包括用户信息表 tab_user 和图书信息表 tab_book。各信息表结构分别如表 11-1 和表 11-2 所示。

表 11-1　用户信息表 tab_user

字　段　名	数据类型	长度	是否为主键	是否允许为空	说　　明
id	int	10	Yes	No	序号
name	varchar	50	No	No	用户名
pwd	varchar	50	No	No	用户密码

表 11-2　图书信息表 tab_book

字　段　名	数据类型	长度	是否为主键	是否允许为空	说　　明
name	varchar	50	No	No	图书名称
publisher	varchar	50	No	No	出版社
isbn	varchar	50	Yes	No	图书 ISBN
num	int	10	No	No	图书数量

11.3.4 界面设计

系统主页面窗口界面如图 11-2 所示，各子页面框架嵌入主页面中，子页面界面效果分别如图 11-3～图 11-10 所示。

图 11-2　系统主页面窗口界面

图 11-3　注册界面

图 11-4　登录界面

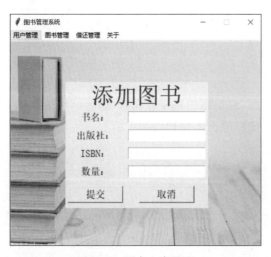

图 11-5　图书入库界面

图 11-6　图书查询界面

图 11-7　查询所有图书界面

图 11-8　删除图书界面

图 11-9　图书借阅界面　　　　　　　　　　图 11-10　图书归还界面

11.4　系统实现

11.4.1　主窗口实现

　　程序主窗口是用户与图书管理系统交互的界面，它是用户直接操作系统的入口，主要功能有显示信息、导航与控制、用户交互等。本系统主窗口界面实现代码如下所示。

```python
class MyBookManager:
    def __init__(self):
        self.isCheck = False
        self.win = Tk()
        self.fm = ImgFrame(self.win)
        self.win.title('图书管理系统')
        self.win.geometry('500x400')
        self.win.resizable(0, 0)

    def initWidget(self):
        self.scrt = ScrolledText(self.win, bg = 'pink')
        imgFile = Image.open('bg.jpg')
        imgFile = imgFile.resize((500, 400))
        global img
        img = ImageTk.PhotoImage(image = imgFile)
        self.labImg = Label(self.win, image = img)
        self.labImg.pack(expand = 1, fill = 'both')

    def initMenu(self):
        self.menubar = Menu(self.win)
        self.win.config(menu = self.menubar)
        self.menuUser = Menu(self.menubar, tearoff = 0)
        self.menuBook = Menu(self.menubar, tearoff = 0)
        self.menuBoRe = Menu(self.menubar, tearoff = 0)
        self.menuAbout = Menu(self.menubar, tearoff = 0)
        self.menubar.add_cascade(label = '用户管理',
                                 menu = self.menuUser)
        self.menubar.add_cascade(label = '图书管理',
```

```
                                     menu = self.menuBook)
        self.menubar.add_cascade(label = '借还管理',
                                     menu = self.menuBoRe)
        self.menubar.add_cascade(label = '关于',
                                     menu = self.menuAbout)
        self.menuUser.add_command(label = '用户注册',command = self.reg)
        self.menuUser.add_command(label = '用户登录',command = self.login)
        self.menuUser.add_command(label = '注销',command = self.logout)
        self.menuUser.add_command(label = '退出系统',command = self.win.destroy)
        self.menuBook.add_command(label = '图书入库',command = self.addBook)
        self.menuBook.add_command(label = '查询图书',command = self.queryBook)
        self.menuBook.add_command(label = '查询所有',command = self.queryAll)
        self.menuBook.add_command(label = '删除图书',command = self.deleteBook)
        self.menuBoRe.add_command(label = '图书借阅',command = self.borrowBook)
        self.menuBoRe.add_command(label = '图书归还',command = self.returnBook)
        self.menuAbout.add_command(label = '版权所有',command = self.showInfo)


    def reg(self):
        self.fm.destroy()
        self.fm = RegistFrame(self.win)
        self.initMenu()
        self.win.mainloop()


    def login(self):
        self.fm.destroy()
        self.fm = LoginFrame(self.win)
        self.initMenu()
        self.win.mainloop()


    def logout(self):
        loginFrame.isCheck = False
        self.fm.destroy()
        messagebox.showwarning(title = '提示', message = '注销成功')


    def addBook(self):
        # print(loginFrame.isCheck)
        if loginFrame.isCheck:
            self.fm.destroy()
            self.fm = AddBookFrame(self.win)
            self.initMenu()
            self.win.mainloop()
        else:
            messagebox.showwarning(title = '提示', message = '请先登录')


    def queryBook(self):
        if loginFrame.isCheck:
            self.fm.destroy()
            self.fm = QueryBookFrame(self.win)
            self.initMenu()
            self.win.mainloop()
        else:
            messagebox.showwarning(title = '提示', message = '请先登录')


    def queryAll(self):
        if loginFrame.isCheck:
            self.fm.destroy()
```

```
            self.fm = QueryAllFrame(self.win)
            self.initMenu()
            self.win.mainloop()
        else:
            messagebox.showwarning(title = '提示', message = '请先登录')

    def deleteBook(self):
        if loginFrame.isCheck:
            self.fm.destroy()
            self.fm = DeleteBookFrame(self.win)
            self.initMenu()
            self.win.mainloop()
        else:
            messagebox.showwarning(title = '提示', message = '请先登录')

    def borrowBook(self):
        if loginFrame.isCheck:
            self.fm.destroy()
            self.fm = BorrowBookFrame(self.win)
            self.initMenu()
            self.win.mainloop()
        else:
            messagebox.showwarning(title = '提示', message = '请先登录')

    def returnBook(self):
        if loginFrame.isCheck:
            self.fm.destroy()
            self.fm = ReturnBookFrame(self.win)
            self.initMenu()
            self.win.mainloop()
        else:
            messagebox.showwarning(title = '提示', message = '请先登录')

    def showInfo(self):
        self.fm.destroy()
        self.fm = InfoFrame(self.win)
        self.initMenu()
        self.win.mainloop()

win = MyBookManager()
win.fm = LoginFrame(win.win)
win.initMenu()
win.win.mainloop()
```

其中背景界面框架类 ImgFrame 代码如下所示。

```
class ImgFrame(Frame):
    def __init__(self, master = None):
        super().__init__(master)
        self.master = master
        self.grid(row = 0, column = 0)
        self.createWidget()

    def createWidget(self):
        imgFile = Image.open('bg.jpg')
        imgFile = imgFile.resize((500, 400))
```

```
        global img
        img = ImageTk.PhotoImage(image = imgFile)
        self.labImg = Label(self, image = img)
        self.labImg.pack(expand = 1, fill = 'both')
```

11.4.2　各子窗口框架实现

子窗口通常是为了提供更专注于特定任务的用户界面而存在的。它们可以帮助用户在进行特定操作时避免主窗口的干扰,同时提供更为精细和专业的操作界面。

(1) 注册界面框架类 RegistFrame 代码如下所示。

```
class RegistFrame(Frame):
    def __init__(self, master = None):
        super().__init__(master)
        self.master = master
        self.grid(row = 0, column = 0, padx = 120, pady = 40)
        self.createWidget()

    def createWidget(self):
        lab = Label(self, text = '用户注册', font = ('宋体', 34), fg = 'blue')
        lab.grid(columnspan = 2, pady = 30)
        lab1 = Label(self, text = '用 户 名:', font = ('宋体', 14))
        lab1.grid(row = 1, column = 0, padx = 5, pady = 10)

        self.v1 = StringVar()
        self.v2 = StringVar()
        self.v3 = StringVar()
        entName = Entry(self, width = 15, font = ('宋体', 14), textvariable = self.v1)
        entName.grid(row = 1, column = 1, padx = 5, pady = 10)

        lab2 = Label(self, text = '密 码:', font = ('宋体', 14))
        lab2.grid(row = 2, column = 0, padx = 5, pady = 10)
        entPwd = Entry(self, width = 15, font = ('宋体', 14), textvariable = self.v2, show = '*')
        entPwd.grid(row = 2, column = 1, padx = 5, pady = 10)

        lab3 = Label(self, text = '确认密码:', font = ('宋体', 14))
        lab3.grid(row = 3, column = 0, padx = 5, pady = 10)
        entRepwd = Entry(self, width = 15, font = ('宋体', 14),
                    textvariable = self.v3, show = '*')
        entRepwd.grid(row = 3, column = 1, padx = 5, pady = 10)

        btnSubmit = Button(self, text = '注册', width = 10, font = ('宋体', 14),
                    command = self.submit)
        btnSubmit.grid(row = 4, column = 0, padx = 5, pady = 10)

        btnCancel = Button(self, text = '取消', width = 10, font = ('宋体', 14),
                    command = self.cancel)
        btnCancel.grid(row = 4, column = 1, padx = 5, pady = 10)

    def submit(self):
        name = self.v1.get().strip()
        pwd = self.v2.get().strip()
        repwd = self.v3.get().strip()
        if(pwd == repwd):
```

```
                u1 = (name, pwd)
                dbuser.insert(u1)
                messagebox.showinfo(title = '提示', message = '注册成功')
                self.destroy()
                fm = LoginFrame(self.master)
            else:
                messagebox.showinfo(title = '提示', message = '密码不一致,注册失败')
                self.v2.set('')
                self.v3.set('')

        def cancel(self):
            self.win.destroy()
```

（2）登录界面框架类 LoginFrame 代码如下所示。

```
class LoginFrame(Frame):
    isCheck = False
    def __init__(self, master = None):
        super().__init__(master)
        self.master = master
        self.grid(row = 0, column = 0, padx = 100, pady = 50)
        self.createWidget()

    def createWidget(self):
        lab = Label(self, text = '用户登录', font = ('宋体', 34), fg = 'blue')
        lab.grid(columnspan = 2, pady = 30)
        lab1 = Label(self, text = '用 户 名:', font = ('宋体', 14))
        lab1.grid(row = 1, column = 0, padx = 5, pady = 10)
        self.v1 = StringVar()
        self.v2 = StringVar()
        self.v3 = StringVar()
        entName = Entry(self, width = 15, font = ('宋体', 14), textvariable = self.v1)
        entName.grid(row = 1, column = 1, padx = 5, pady = 10)
        lab2 = Label(self, text = '密 码:', font = ('宋体', 14))
        lab2.grid(row = 2, column = 0, padx = 5, pady = 10)
        entPwd = Entry(self, width = 15, font = ('宋体', 14),
                    textvariable = self.v2, show = '*')
        entPwd.grid(row = 2, column = 1, padx = 5, pady = 10)
        btnSubmit = Button(self, text = '登录', width = 10, font = ('宋体', 14),
                        command = self.submit)
        btnSubmit.grid(row = 4, column = 0, padx = 5, pady = 10)
        btnCancel = Button(self, text = '取消', width = 10, font = ('宋体', 14),
                        command = self.cancel)
        btnCancel.grid(row = 4, column = 1, padx = 5, pady = 10)

    def submit(self):
        name = self.v1.get().strip()
        pwd = self.v2.get().strip()
        u1 = (name, pwd)
        if dbuser.query(u1):
            messagebox.showinfo(title = '提示', message = '登录成功')
            global isCheck
            isCheck = True
            self.destroy()
            fm = ImgFrame(self.master)
        else:
```

```
                messagebox.showinfo(title = '提示', message = '登录失败')
                self.v1.set('')
                self.v2.set('')

        def cancel(self):
            self.v1.set('')
            self.v2.set('')
```

（3）图书入库界面框架类 AddBookFrame 代码如下所示。

```
class AddBookFrame(Frame):
    def __init__(self, master = None):
        super().__init__(master)
        self.master = master
        self.grid(row = 0, column = 0, padx = 20, pady = 20)
        self.createWidget()

    def createWidget(self):
        lab = Label(self, text = '添加图书', font = ('宋体', 34), fg = 'red')
        lab.grid(columnspan = 2)
        lab1 = Label(self, text = '书名:', font = ('宋体', 14))
        lab1.grid(row = 1, column = 0, padx = 5, pady = 5)
        self.v1 = StringVar()
        self.v2 = StringVar()
        self.v3 = StringVar()
        entBookName = Entry(self, width = 15, font = ('宋体', 14), textvariable = self.v1)
        entBookName.grid(row = 1, column = 1, padx = 5, pady = 5)
        lab2 = Label(self, text = '出版社:', font = ('宋体', 14))
        lab2.grid(row = 2, column = 0, padx = 5, pady = 5)
        entPublisher = Entry(self, width = 15, font = ('宋体', 14), textvariable = self.v2)
        entPublisher.grid(row = 2, column = 1, padx = 5, pady = 5)
        lab3 = Label(self, text = 'ISBN:', font = ('宋体', 14))
        lab3.grid(row = 3, column = 0, padx = 5, pady = 5)
        entIsbn = Entry(self, width = 15, font = ('宋体', 14), textvariable = self.v3)
        entIsbn.grid(row = 3, column = 1, padx = 5, pady = 5)
        lab4 = Label(self, text = '数量:', font = ('宋体', 14))
        lab4.grid(row = 4, column = 0, padx = 5, pady = 5)
        self.v4 = StringVar()
        entNum = Entry(self, width = 15, font = ('宋体', 14), textvariable = self.v4)
        entNum.grid(row = 4, column = 1, padx = 5, pady = 5)

        btnSubmit = Button(self, text = '提交', width = 10, font = ('宋体', 14),
                    command = self.submit)
        btnSubmit.grid(row = 5, column = 0, padx = 5, pady = 10)
        btnCancel = Button(self, text = '取消', width = 10, font = ('宋体', 14),
                    command = self.cancel)
        btnCancel.grid(row = 5, column = 1, padx = 5, pady = 10)

    def submit(self):
        name = self.v1.get().strip()
        publisher = self.v2.get().strip()
        isbn = self.v3.get().strip()
        i = int(self.v4.get())
        if i == 0:
            messagebox.showinfo(title = '提示', message = '数量不能为 0')
            return
```

```
                book1 = (name, publisher, isbn, i)
                if dbbook.queryisbn(isbn):
                    dbbook.updateState(isbn, i)
                    #messagebox.showinfo(title = '提示', message = '该书已存在')
                else:
                    dbbook.insert(book1)
                    messagebox.showinfo(title = '提示', message = '添加图书成功')
                    self.destroy()

        def cancel(self):
            self.v1.set('')
            self.v2.set('')
            self.v3.set('')
            self.v4.set('')
```

（4）图书查询界面框架类 QueryBookFrame 代码如下所示。

```
class QueryBookFrame(Frame):
    def __init__(self, master = None):
        super().__init__(master)
        self.master = master
        self.grid(row = 0, column = 0, padx = 50, pady = 20)
        self.createWidget()

    def createWidget(self):
        lab1 = Label(self, text = '书名:', font = ('宋体', 14))
        lab1.grid(row = 0, column = 0, padx = 5, pady = 5)
        self.v1 = StringVar()
        entBookName = Entry(self, width = 20, font = ('宋体', 14), textvariable = self.v1)
        entBookName.grid(row = 0, column = 1, padx = 5, pady = 5)
        btnSubmit = Button(self, text = '查询', width = 10, font = ('宋体', 14), command = self.
submit)
        btnSubmit.grid(row = 0, column = 2, padx = 5, pady = 10)
        self.tree = ttk.Treeview(self, height = 10)
        self.tree.grid(row = 1, column = 0, rowspan = 10, columnspan = 3, padx = 5, pady = 10)
        self.tree['columns'] = ("name", "publisher", "isbn", "num")
        self.tree.heading('#0', text = '序号', anchor = 'w')
        self.tree.heading("name", text = '书名')
        self.tree.heading("publisher", text = '出版社')
        self.tree.heading("isbn", text = 'ISBN')
        self.tree.heading("num", text = '数量')
        self.tree.column('#0', width = 50, anchor = 'w')
        self.tree.column("name", width = 100)
        self.tree.column("publisher", width = 100)
        self.tree.column("isbn", width = 100)
        self.tree.column("num", width = 50)

    def submit(self):
        name = self.v1.get().strip()
        if name == '':
            list1 = dbbook.queryAll()
        else:
            list1 = dbbook.query(name)
        self.tree.delete( * self.tree.get_children())
        i = 1
        for row in list1:
```

```
        self.tree.insert('', END, text = str(i), values = row)
        i += 1
```

（5）查询所有图书界面框架类 QueryAllFrame 代码如下所示。

```
class QueryAllFrame(Frame):
    def __init__(self, master = None):
        super().__init__(master)
        self.master = master
        self.grid(row = 0, column = 0, padx = 50, pady = 20)
        self.createWidget()

    def createWidget(self):
        btnSubmit = Button(self, text = '查询所有图书', width = 20, font = ('宋体', 10),
                            command = self.submit)
        btnSubmit.grid(row = 0, column = 0, columnspan = 3, padx = 5, pady = 10)
        self.tree = ttk.Treeview(self, height = 10)
        self.tree.grid(row = 1, column = 0, rowspan = 10, columnspan = 3, padx = 5, pady = 10)
        self.tree['columns'] = ("name", "publisher", "isbn", "num")
        self.tree.heading('#0', text = '序号', anchor = 'w')
        self.tree.heading("name", text = '书名')
        self.tree.heading("publisher", text = '出版社')
        self.tree.heading("isbn", text = 'ISBN')
        self.tree.heading("num", text = '数量')
        self.tree.column('#0', width = 50, anchor = 'w')
        self.tree.column("name", width = 100)
        self.tree.column("publisher", width = 100)
        self.tree.column("isbn", width = 100)
        self.tree.column("num", width = 50)

    def submit(self):
        list1 = dbbook.queryAll()
        self.tree.delete( * self.tree.get_children())
        i = 1
        for row in list1:
            self.tree.insert('', END, text = str(i), values = row)
            i += 1
```

（6）删除图书界面框架类 DeleteBookFrame 代码如下所示。

```
class DeleteBookFrame(Frame):
    def __init__(self, master = None):
        super().__init__(master)
        self.master = master
        self.grid(row = 0, column = 0, padx = 50, pady = 20)
        self.createWidget()

    def createWidget(self):
        lab1 = Label(self, text = 'ISBN:', font = ('宋体', 14))
        lab1.grid(row = 0, column = 0, padx = 5, pady = 5)
        self.v1 = StringVar()
        entBookisbn = Entry(self, width = 20, font = ('宋体', 14), textvariable = self.v1)
        entBookisbn.grid(row = 0, column = 1, padx = 5, pady = 5)
        btnSubmit = Button(self, text = '查询', width = 10, font = ('宋体', 14),
                            command = self.submit)
        btnSubmit.grid(row = 0, column = 2, padx = 5, pady = 10)
```

```
        self.tree = ttk.Treeview(self, height = 10)
        self.tree.grid(row = 1, column = 0, rowspan = 10, columnspan = 3, padx = 5, pady = 10)
        self.tree['columns'] = ("name","publisher","isbn","num")
        self.tree.heading('#0', text = '序号', anchor = 'w')
        self.tree.heading("name", text = '书名')
        self.tree.heading("publisher", text = '出版社')
        self.tree.heading("isbn", text = 'ISBN')
        self.tree.heading("num", text = '数量')
        self.tree.column('#0', width = 50, anchor = 'w')
        self.tree.column("name", width = 100)
        self.tree.column("publisher", width = 100)
        self.tree.column("isbn", width = 100)
        self.tree.column("num", width = 50)
        btnSubmit = Button(self, text = '删除图书', width = 20, font = ('宋体', 10),
                          command = self.deletebook)
        btnSubmit.grid(row = 11, column = 0, columnspan = 3, padx = 5, pady = 10)

    def submit(self):
        isbn = self.v1.get().strip()
        if isbn == '':
            list1 = dbbook.queryAll()
        else:
            list1 = dbbook.queryisbn(isbn)
        self.tree.delete( * self.tree.get_children())
        i = 1
        for row in list1:
            self.tree.insert('', END, text = str(i), values = row)
            i += 1

    def deletebook(self):
        item = self.tree.set(self.tree.focus())
        book1 = list(item.values())
        if book1 != None:
            dbbook.delete(book1[2])
            messagebox.showinfo(title = '提示', message = '删除成功')
            self.submit()
        else:
            messagebox.showinfo(title = '提示', message = '请选中要删除的图书')
```

（7）图书借阅界面框架类 BorrowBookFrame 代码如下所示。

```
class BorrowBookFrame(Frame):
    def __init__(self, master = None):
        super().__init__(master)
        self.master = master
        self.grid(row = 0, column = 0, padx = 50, pady = 20)
        self.createWidget()

    def createWidget(self):
        lab1 = Label(self, text = '书名:', font = ('宋体', 14))
        lab1.grid(row = 0, column = 0, padx = 5, pady = 5)
        self.v1 = StringVar()
        entBookName = Entry(self, width = 20, font = ('宋体', 14), textvariable = self.v1)
        entBookName.grid(row = 0, column = 1, padx = 5, pady = 5)
        btnSubmit = Button(self, text = '查询', width = 10, font = ('宋体', 14), command = self.
submit)
```

```
        btnSubmit.grid(row = 0, column = 2, padx = 5, pady = 10)
        self.tree = ttk.Treeview(self, height = 10)
        self.tree.grid(row = 1, column = 0, rowspan = 10, columnspan = 3, padx = 5, pady = 10)
        self.tree['columns'] = ("name", "publisher", "isbn", "num")
        self.tree.heading('#0', text = '序号', anchor = 'w')
        self.tree.heading("name", text = '书名')
        self.tree.heading("publisher", text = '出版社')
        self.tree.heading("isbn", text = 'ISBN')
        self.tree.heading("num", text = '数量')
        self.tree.column('#0', width = 50, anchor = 'w')
        self.tree.column("name", width = 100)
        self.tree.column("publisher", width = 100)
        self.tree.column("isbn", width = 100)
        self.tree.column("num", width = 50)
        btnSubmit = Button(self, text = '借阅选中图书', width = 20, font = ('宋体', 10), command =
self.borrow)
        btnSubmit.grid(row = 11, column = 0, columnspan = 3, padx = 5, pady = 10)

    def submit(self):
        name = self.v1.get().strip()
        if name == '':
            list1 = dbbook.queryAll()
        else:
            list1 = dbbook.query(name)
        self.tree.delete(* self.tree.get_children())
        i = 1
        for row in list1:
            self.tree.insert('', END, text = str(i), values = row)
            i += 1

    def borrow(self):
        item = self.tree.set(self.tree.focus())
        print(item)
        book1 = list(item.values())
        if int(book1[3]) > 0:
            dbbook.updateState(book1[2], - 1)
            messagebox.showinfo(title = '提示', message = '借阅成功')
            self.submit()
        else:
            messagebox.showinfo(title = '提示', message = '该书已被借出')
```

（8）图书归还界面框架类 ReturnBookFrame 代码如下所示。

```
class ReturnBookFrame(Frame):
    def __init__(self, master = None):
        super().__init__(master)
        self.master = master
        self.grid(row = 0, column = 0, padx = 50, pady = 20)
        self.createWidget()

    def createWidget(self):

        lab1 = Label(self, text = 'ISBN:', font = ('宋体', 14))
        lab1.grid(row = 0, column = 0, padx = 5, pady = 5)

        self.v1 = StringVar()
```

```
        entBookisbn = Entry(self, width = 20, font = ('宋体', 14), textvariable = self.v1)
        entBookisbn.grid(row = 0, column = 1, padx = 5, pady = 5)
        btnSubmit = Button(self, text = '查询', width = 10, font = ('宋体', 14), command = self.
submit)
        btnSubmit.grid(row = 0, column = 2, padx = 5, pady = 10)
        self.tree = ttk.Treeview(self, height = 10)
        self.tree.grid(row = 1, column = 0, rowspan = 10, columnspan = 3, padx = 5, pady = 10)
        self.tree['columns'] = ("name", "publisher", "isbn", "num")
        self.tree.heading('♯0', text = '序号', anchor = 'w')
        self.tree.heading("name", text = '书名')
        self.tree.heading("publisher", text = '出版社')
        self.tree.heading("isbn", text = 'ISBN')
        self.tree.heading("num", text = '数量')
        self.tree.column('♯0', width = 50, anchor = 'w')
        self.tree.column("name", width = 100)
        self.tree.column("publisher", width = 100)
        self.tree.column("isbn", width = 100)
        self.tree.column("num", width = 50)
        btnSubmit = Button(self, text = '还书', width = 20, font = ('宋体', 10), command = self.
returnbook)
        btnSubmit.grid(row = 11, column = 0, columnspan = 3, padx = 5, pady = 10)

    def submit(self):
        name = self.v1.get().strip()
        if name == '':
            list1 = dbbook.queryAll()
        else:
            list1 = dbbook.query(name)
        self.tree.delete( * self.tree.get_children())
        i = 1
        for row in list1:
            self.tree.insert('', END, text = str(i), values = row)
            i += 1

    def returnbook(self):
        item = self.tree.set(self.tree.focus())
        book1 = list(item.values())
        dbbook.updateState(book1[2], 1)
        messagebox.showinfo(title = '提示', message = '还书成功')
        self.submit()
```

（9）版权信息界面框架类 InfoFrame 代码如下所示。

```
class InfoFrame(Frame):
    def __init__(self, master = None):
        super().__init__(master)
        self.master = master
        self.grid(row = 0, column = 0)
        self.createWidget()

    def createWidget(self):
        self.infolab = Label(self, text = '版权所有@XXX 所有',
                             fg = 'blue', font = ('华文新魏', 30))
        self.infolab.pack(side = 'top', fill = 'x')
```

11.4.3　数据库操作层实现

数据库操作层主要负责各数据表的增、删、改、查等操作方法的实现。在本系统中数据库操作层主要实现对用户信息表的添加和查询操作，以及对图书信息表的添加、查询、修改和删除的操作。

（1）用户信息表操作实现。

用户信息表操作实现代码如下。

```python
import pymysql
from tkinter import messagebox
conn = pymysql.connect(host = '127.0.0.1',
                       port = 3306,
                       user = 'root',
                       password = '123456',
                       db = 'bookms',
                       charset = 'utf8')
cursor = conn.cursor()

def insert(u1):
    sql = "insert into tab_user(name,pwd) values( % s, % s)"
    try:
        cursor.execute(sql,u1)
        conn.commit()
    except Exception as e:
        conn.rollback()
        messagebox.showerror(title = '异常提示',
                             message = e)

def query(u1):
    sql = 'select  *  from tab_user where name = % s and pwd = % s'
    try:
        n = cursor.execute(sql,(u1))
        if n > 0:
            return True
        else:
            return False
    except Exception as e:
        print('异常',e)

def queryAll():
    sql = 'select  *  from tab_user'
    try:
        cursor.execute(sql)
        info = cursor.fetchall()
        for row in info:
            print(row)
    except Exception as e:
        print('异常',e)
```

（2）图书信息表操作实现。

图书信息表操作实现代码如下所示。

```python
import pymysql
from tkinter import messagebox
conn = pymysql.connect(host = '127.0.0.1',
                        port = 3306,
                        user = 'root',
                        password = '123456',
                        db = 'bookms',
                        charset = 'utf8')
cursor = conn.cursor()

def insert(book1):
    sql = "insert into tab_book values( % s, % s, % s, % s)"
    try:
        cursor.execute(sql, book1)
        conn.commit()
    except Exception as e:
        conn.rollback()
        messagebox.showerror(title = '异常提示',
                                message = e)

def query(name):
    sql = 'select * from tab_book where name = % s'
    list1 = []
    try:
        n = cursor.execute(sql, name)
        info = cursor.fetchall()
        for i in info:
            list1.append(list(i))
        return list1
    except Exception as e:
        print('异常', e)

def queryisbn(isbn):
    sql = 'select * from tab_book where isbn = % s'
    list1 = []
    try:
        n = cursor.execute(sql, isbn)
        info = cursor.fetchall()
        for i in info:
            list1.append(list(i))
        return list1
    except Exception as e:
        print('异常', e)

def queryAll():
    sql = 'select * from tab_book'
    list1 = []
    try:
        n = cursor.execute(sql)
        info = cursor.fetchall()
        for i in info:
            list1.append(list(i))
        return list1
    except Exception as e:
```

```
            print('异常',e)

    def updateState(isbn,n):
        sql1 = "select num from tab_book where isbn = % s"
        sql  = "update tab_book set num = % s where isbn = % s"
        try:
            cursor.execute(sql1,isbn)
            i = cursor.fetchone()[0]
            cursor.execute(sql, (i + n,isbn))
            conn.commit()
            print('修改成功')
        except Exception as e:
            conn.rollback()
            print('异常', e)

    def delete(isbn):
        sql = "delete from tab_book where isbn = % s"
        try:
            cursor.execute(sql,isbn)
            conn.commit()
            print('删除图书成功')
        except Exception as e:
            conn.rollback()
            print('异常', e)
```

11.5　本章习题

判断题

1. Python 中的列表是一种有序的数据结构，可以用来存储图书的信息。　　　（　　）

2. 在 Python 中，字典是一种无序的数据结构，不适合用于存储图书的信息。　（　　）

3. Python 的 os 模块可以用于操作文件和目录，如创建、删除和移动文件。　（　　）

4. 在设计图书管理系统时，不需要考虑数据库的设计，只需要关注软件的部分功能即可。

（　　）

5. 在 Python 的图书管理系统中，应该使用图形用户界面（GUI）来提高用户的使用体验。

（　　）

6. Python 的 tkinter 模块是默认的 GUI 库，它提供了创建窗口、按钮、文本框等控件的
功能。　　　　　　　　　　　　　　　　　　　　　　　　　　　　　　　　　（　　）

7. 在 Python 中，应该将所有的代码放在一个文件中，这样可以方便地进行维护和调试。

（　　）

8. Python 中的类（class）定义使用 class 关键字，类中的属性和方法定义使用冒号（:）和
缩进。　　　　　　　　　　　　　　　　　　　　　　　　　　　　　　　　　（　　）

9. Python 在桌面应用程序开发中不常用，因为它主要用于服务器端开发。　　（　　）

参 考 文 献

［1］ 江红,余青松.Python 程序设计与算法基础教程［M］.北京：清华大学出版社,2023.

［2］ 董付国.Python 程序设计基础［M］.北京：清华大学出版社,2020.

［3］ 嵩天,李锐,蒋炎岩.Python 语言程序设计［M］.北京：高等教育出版社,2018.

［4］ 明日科技.零基础学 Python［M］.长春：吉林大学出版社,2021.

［5］ MATTHES E. Python Crash Course［M］. 2nd ed. San Francisco：No Starch Press,2019.

［6］ 夏敏捷,宋宝卫.Python 基础入门：微课视频版［M］.北京：清华大学出版社,2020.

［7］ 黄瑞军.Python 程序设计［M］.北京：高等教育出版社,2021.

［8］ 埃里克·马瑟斯.Python 编程［M］.袁国忠,译.3 版.北京：人民邮电出版社,2023.

［9］ 洪锦魁.Python GUI 设计：tkinter 菜鸟编程［M］.北京：清华大学出版社,2019.

［10］ 明日科技.Python 项目开发实践入门［M］.长春：吉林大学出版社,2020.